LE MYTHE DES ÉNERGIES RENOUVELABLES

QUAND ON AIME ON NE COMPTE PAS

RÉMY PRUD'HOMME

LE MYTHE DES ÉNERGIES RENOUVELABLES

QUAND ON AIME ON NE COMPTE PAS

L'ARTILLEUR

collection

« Grandeur Nature »

dirigée par Benoît Rittaud

ISBN 978-2-81000-791-2

16 rue Vézelay – 75008 Paris

www.lartilleur.fr

A ma mère, qui a passé les 19 premières années de sa vie dans une ferme angevine éclairée seulement (et fort mal) par une éolienne et par des lampes à pétrole.

Sommaire

I. **Introduction** 11
Contexte technologique : quatre distinctions 14
Contexte politique : six objectifs 24
Contexte français : trois spécificités 28
Plan de l'ouvrage : sept dimensions 34

II. **L'irruption des renouvelables** 37
Deux arguments fragiles 38
Le discours amoureux 47
Les résultats obtenus 61

III. **Trois études de cas** 69
Danemark, ou le champion dopé 69
Espagne, ou le rêve brisé 80
Allemagne, ou la passion en marche 94

IV. **L'intermittence des renouvelables** 111
Caractéristiques de l'intermittence 112
Conséquences de l'intermittence 121
Les palliatifs à l'intermittence 129

V. **Les coûts des renouvelables** 143
Tous les coûts sont permis 144
Coûts directs 149
Coûts indirects 153

Subventions aux renouvelables 168
Impacts sur les prix 181

VI. Les renouvelables sur le pseudo-marché de l'electricité 189
Le pseudo marché de l'électricité.................. 189
Le choc des renouvelables sur ce marché 200

VII. Les industries des renouvelables 209
Les acteurs du secteur 210
L'économie du secteur 223
Le complexe climato-industriel 231

VIII. Les avenirs des renouvelables 239
L'avenir des renouvelables en France 240
L'avenir des renouvelables dans le monde 258
L'avenir des renouvelables à plus long terme 279

IX. Conclusion : énergies alternaïves 289

Sources 305

Sigles & acronymes 311

Références... 313

I

Introduction[1]

« Ces choses-là sont rudes
Il faut pour les comprendre avoir fait ses études »

Victor Hugo, *Les Pauvres Gens*

En juin 2015, Corinne Lepage a remis à la ministre de l'Ecologie un rapport de 140 pages modestement intitulé *L'Economie du Nouveau Monde*. A la page 25 de ce rapport, on lit : « *En 2014, l'énergie solaire représente 10 % de l'électricité du monde* ». En réalité, la part du solaire dans l'électricité du globe est en 2014 de 0,8 %[2]. Cette grossière surestimation n'est pas anodine, pour au moins quatre raisons. La première est son ampleur ; dans l'entreprise ou l'université, une erreur de 1 à 13 disqualifie durablement son ou ses auteurs. Ensuite, il ne s'agit pas d'une erreur lâchée dans le feu d'une discussion, comme chacun peut en commettre, mais bien d'une phrase écrite, pensée, relue, contrôlée, qui exprime ce que pensent vraiment ses auteurs. Troisièmement, l'auteure principale et signataire

1. L'auteur croit devoir souligner sa totale indépendance institutionnelle et financière vis-à-vis des entreprises, administrations, ONG, etc. citées dans cet ouvrage. La recherche ici présentée n'a bénéficié d'aucun crédit de recherche et d'aucune subvention (directe ou indirecte).

2. Dans *BP Statistical Review of Energy*, la production mondiale d'électricité solaire en 2014 est évaluée à 191 TWh, et la production d'électricité totale à 23 893 TWh. Le ratio de l'un à l'autre est de 0,8 %.

n'est pas n'importe qui en France : Corinne Lepage, qui a été ministre de l'Environnement, est considérée comme une autorité en matière de climat et d'énergie, et fréquemment interrogée en tant que telle dans les médias français. Quatrièmement, le rapport cité[1] est le produit d'un groupe de 27 spécialistes (ou soi-disant tels) assistés par les fonctionnaires du ministère de l'Ecologie, qui en ont tous relu et approuvé le texte. La grossière erreur évoquée ici n'est donc pas le fait de la seule Madame Lepage. Elle est ce que croient et font croire des centaines d'acteurs politiques et administratifs du domaine. Aucun « climatologue » patenté ne l'a relevée. Elle est la vérité de la France officielle. Cette bourde est significative du climat (si l'on ose le mot) d'imprécision, de fantasmes, d'ignorance des faits, de mépris des chiffres, qui entoure la réflexion et les politiques relatives aux énergies renouvelables. Elle en signe le caractère mythique, ou à tout le moins passionnel.

Un mythe, selon le *Petit Robert*, est une « *image simplifiée, souvent illusoire, que des groupes humains élaborent ou acceptent au sujet d'un individu ou d'un fait et qui joue une rôle déterminant dans leur comportement ou leur appréciation* ». Cette définition colle parfaitement aux « renouvelables ». Le « *fait* » est que le soleil et le vent peuvent effectivement servir à produire de l'électricité. Ce fait est transformé en une image, une vision, une croyance, une croisade : que ces renouvelables sont l'avenir de l'humanité. Cette image « *simplifiée et souvent illusoire* » est élaborée et acceptée par des « *groupes humains* » nombreux, influents, organisés. Elle joue *un rôle déterminant dans leur comportement*, et au-delà influence d'une façon majeure les politiques de l'énergie, et donc les

1. On a cherché à savoir combien il avait été payé. Secret d'Etat. Entre deux discours sur la transparence, le ministère de l'Ecologie a refusé de répondre à cette demande, pourtant formulée par écrit.

politiques économiques en général, dans beaucoup de pays, dont la France. Cet essai s'efforce de présenter et d'analyser ce mythe, et la passion dont les renouvelables sont l'objet.

M. Hulot, ministre de l'Ecologie, aime afficher sa *foi absolue* dans les énergies renouvelables. On préférera ici une attitude moins religieuse et plus scientifique, moins *absolue* et davantage nuancée. L'essentiel de cette analyse consiste à confronter l'image aux faits. Le recours aux « renouvelables » a longtemps été, et continue d'être, un rêve magnifique. Depuis une quinzaine d'années, ce rêve s'est incarné, et une douzaine de pays ont mis en œuvre, avec l'argent des contribuables, des programmes d'investissement massifs dans ce domaine. On dispose donc maintenant d'un ensemble d'expériences, de données, de succès, d'échecs, de coûts, qui permettent de comparer le rêve aux réalités, et d'en tirer quelques leçons.

Le caractère technique, et plus précisément technologique, des problèmes soulevés est évident. Cela ne signifie pas que la problématique des renouvelables puisse être réduite à ses dimensions techniques. Elle débouche au contraire sur des conflits de valeurs, des choix éthiques, des décisions politiques, qui sont bien entendu l'essentiel. Mais cet essentiel est circonscrit par des réalités physiques et technologiques. Les ignorer, c'est construire sur du sable. Les auteurs du Parthénon ou de la cathédrale de Chartres n'ont pas fait que de la physique, mais s'ils n'en avaient pas fait, nous ne pourrions pas rêver en contemplant leurs créations. Les renouvelables sont d'abord une (ou plus exactement plusieurs) technologie(s). On ne peut pas s'y intéresser sérieusement sans faire un minimum d'investissement intellectuel dans le domaine. Avant de juger, de préconiser, de décider, il faut commencer par comprendre. « *On ne commande la nature qu'en lui obéissant* » disait déjà Francis Bacon au 16e siècle. La constatation est classique et triviale.

On la répète seulement parce que ceux qui transforment les faits en mythes croient parfois pouvoir s'en affranchir.

Contexte technologique : quatre distinctions

Dans le cas des renouvelables, ce nécessaire détour épistémologique est heureusement assez facile à faire. On l'esquissera ici en présentant brièvement quatre distinctions de base. Les spécialistes peuvent sauter les pages qui suivent. Mais les non-spécialistes y trouveront des notions qui les aideront à mieux comprendre.

Renouvelables et renouvelables – La première notion de base, qui est définitionnelle, concerne la diversité des « renouvelables ». On connait au moins une quinzaine de « renouvelables », qui sont autant de technologies ou de filières. Ces filières n'ont guère que deux caractéristiques communes. Elles utilisent des sources ou des matériaux inépuisables ou naturellement renouvelables. Elles sont presque toutes subventionnées dans presque tous les pays, et en tout cas en France. Mais elles diffèrent sur beaucoup de points.

Dans leurs *usages* : certains produisent de l'électricité, d'autres de la chaleur, d'autres enfin du transport. Dans leur *impact environnemental* : les uns, comme la combustion du bois, rejettent CO_2 et polluants[1] ; d'autres, comme l'éolien, ne

1. La combustion du bois est une importante source de la pollution par les particules et par le monoxyde de carbone (CO). Elle rejette également beaucoup de CO_2. Les militants des renouvelables ne le nient pas, mais affirment que ce CO_2 est absorbé par les arbres, et que la combustion du bois est ainsi neutre en carbone. Cet argument

rejettent aucun polluant, mais causent une pollution visuelle. Dans leur caractère *temporel*: certains, notamment l'éolien et le solaire ne fonctionnent qu'un nombre limité d'heures par an, et qui plus est d'heures largement imprévisibles ; d'autres peuvent fonctionner au moment que l'on choisit. Dans leurs possibilités de *développement*: la production de certains, comme les résidus agricoles ou même le bois, ne peut pas facilement être beaucoup augmentée ; celle de certains autres, comme le solaire ou l'éolien, peut au contraire, au moins en théorie, être techniquement accrue sans limites. Dans leur *importance*: qui varie évidemment selon le pays et le temps. Le tableau I-1 présente sommairement cette diversité, et donne des ordres de grandeur pour la France d'aujourd'hui.

On voit que la notion de « renouvelable » est plutôt hétérogène. On ne peut pas mettre tous les renouvelables dans le même sac. Ce qui est vrai de l'un ne l'est pas d'un autre.

Pour simplifier l'analyse, on emploiera ici le mot de renouvelable pour désigner le solaire et l'éolien :

Renouvelable = Solaire + Eolien

Ce choix est réducteur, mais justifiable. Il ne veut évidemment pas dire que les autres filières ne présentent aucun intérêt.

---

m'apparaît peu convaincant. S'il est bien vrai que les bons arbres se nourrissent du méchant CO_2, on ne voit pas pourquoi ils préféreraient le CO_2 du bois au CO_2 du gaz ou du charbon ; brûler du bois n'augmente en rien l'absorption du CO_2 par les forêts existantes. Un autre argument avancé en faveur de la neutralité en carbone de la combustion du bois est que si le bois n'était pas brulé, il finirait par se décomposer et, ce faisant, par émettre du CO_2. Il n'est pas non plus très convaincant. Cette décomposition productrice de CO_2 (i) sera incomplète, et (ii) interviendra dans quelques dizaines ou centaines d'années.

Tableau I-1 – Renouvelables : variété des filières, 2015

Filière	Production	Pollution	Intermittence	Importance (Mtep)
Eolien				
terrestre	Electricité	Peu	Oui	1,8
maritime	Electricité	Peu	Oui	–
Solaire				
PV	Electricité	Peu	Oui	0,7
thermique	Chaleur	Peu	Oui	e
Hydraulique	Electricité	Peu	Non	4,7
Biomasse				
Bois	Chaleur	Oui	Non	9,1
Biocarburants	Transport	Oui	Non	2,6
Biogaz	Electricité	Peu	Non	0,6
Résidus agri.	Mixte	Oui	Non	0,2
Géothermie	Chaleur	Non	Non	0,2
Pompes à chaleur	Chaleur	Non	Non	1,8

Note – L'importance se rapporte à la France en 2015 ; elle est estimée en millions de tonnes équivalent-pétrole, selon : Commissariat Général au Développement Durable. 2016. *Chiffres clés de l'énergie*, édition 2016, p. 43. On trouve, à la même source, p. 13, des chiffres sensiblement différents.

L'hydraulique, par exemple, est évidemment une énergie renouvelable, et elle produit davantage, souvent bien davantage, d'électricité que le solaire et l'éolien réunis. Mais il s'agit d'une filière ancienne, classique, mature, qui ne peut guère, au moins dans les pays développés déjà équipés, donner lieu à beaucoup d'installations nouvelles. La biomasse, sous ses diverses formes, peut bien entendu produire une énergie renouvelable importante. Mais son développement est lui aussi limité : par l'accroissement possible de la biomasse, et par les coûts en pollutions diverses et en productions agricoles déplacées qui l'accompagnent. La géothermie présente également un grand intérêt, mais il s'agit d'un renouvelable assez spécifique géographiquement qui ne peut pas être généralisé.

Solaire et éolien au contraire ont un caractère universel et infini, ainsi que des caractéristiques communes. Ce sont en quelque sorte les renouvelables par excellence. Ils sont du reste très souvent traités comme tels, et la plupart des textes ou des politiques qui parlent de « renouvelables » visent en fait le solaire et l'éolien. En proposant de nous limiter à ces deux renouvelables, nous ne faisons que rendre explicite ce qui est déjà une pratique implicite.

Notre choix se justifie aussi par l'importance économique du solaire et de l'éolien. Bloomberg New Energy Finance recense et analyse chaque année les investissements réalisés dans les « énergies renouvelables ». En 2015, dans le monde, ces investissements se sont élevés à 286 milliards de dollars : 161 dans le solaire, 110 dans l'éolien, et 15 dans l'ensemble des autres renouvelables (biocarburants, biomasse, petite hydraulique, géothermie). Solaire et éolien représentaient 95 % des investissements du secteur. Pour les années antérieures, on obtient des ordres de grandeur comparables. En se limitant au solaire et à l'éolien, on capture donc bien l'essentiel de l'économie des renouvelables.

Energie et électricité – Définir les renouvelables comme l'éolien plus le solaire a une implication importante. Ce choix associe étroitement renouvelables et électricité :

Renouvelables = Electricité

Bizarrement, la quasi-totalité du discours sur les renouvelables les présente comme une forme d'énergie : le E d'EnR veut dire énergie. En simplifiant considérablement, on peut considérer trois grands secteurs consommateurs d'énergie : (i) l'industrie et l'agriculture, (ii) le logement et les bureaux, et (iii) les transports. Et trois formes d'énergie : (i) le pétrole, (ii) le charbon et le gaz, et (iii) l'électricité. A chaque usage, sa forme, ou ses formes d'énergie. Les transports, par exemple, utilisent principalement du pétrole, sous forme d'essence et de gazole, même si les transports ferroviaires, dont la part dans l'ensemble des transports est faible (environ 3 % en valeur en France) et les véhicules électriques (dont la part est encore plus faible), utilisent un peu d'électricité. Les possibilités de substitution de forme d'énergie pour les transports sont, au moins actuellement, très modestes. L'industrie consomme de l'énergie sous les trois formes, mais pas pour les mêmes usages. Pour certains processus industriels, telle l'électrolyse, seule l'électricité convient. Pour d'autres, comme la production de fonte à partir du minerai de fer, pas moyen de se passer du charbon (sous forme de coke). Là encore, les possibilités de substitution sont limitées. Il en va de même pour l'énergie consommée par les logements et les bureaux. Pour le chauffage et l'eau chaude sanitaire, plusieurs formes (gaz, fuel, charbon, électricité) sont en concurrence. Mais pour d'autres usages, de l'éclairage à la télévision en passant par internet, l'électricité est la seule à faire l'affaire.

Unités de compte électriques

La puissance se mesure en Watts (W), la production et la consommation en Watt-heures (Wh). On utilise les notations suivantes :

Kilo (K)	=	1 000	=	mille	=	10^3
Mega (M)	=	1 000 000	=	1 million	=	10^6
Giga (G)	=	1 000 000 000	=	1 milliard	=	10^9
Tera (T)	=	1 000 000 000 000	=	mille milliards	=	10^{12}

NB – En anglais, un billion = 10^9, et un trillion = 10^{12}. En français, un billion = 10^{12}, et un trillion est 10^{18}. Pour éviter toute ambigüité, on évitera d'utiliser les mots de billion et de trillion.

Les renouvelables dans leur ensemble (hydraulique, éolien, photovoltaïque, biomasse) contribuent à la production d'énergie principalement sous la forme d'électricité. Les exceptions sont l'énergie mécanique fournie par les cours d'eau ou par les éoliennes, qui ont, dans un temps révolu, fait fonctionner les moulins à eau ou à vent; le solaire qui peut produire directement de la chaleur pour le chauffage ou l'eau chaude sanitaire; et surtout le bois de chauffage. La contribution (actuelle ou potentielle) des renouvelables à la consommation d'énergie est donc nettement inférieure à leur contribution à la consommation d'électricité. Pour fixer les idées, le tableau I-2 donne ces contributions dans le cas de la France en 2014.

Tableau I-2 – Contribution des renouvelables à la consommation d'énergie et d'électricité, France, 2015

	Energie		Electricité	
	(Mtep)	(%)	(TWh)	(%)
Total	257,0	100 %	546	100 %
Renouvelables :				
Stricto sensu (éolien + solaire)	2,5	1 %	29	5 %
Largo sensu (éolien + solaire + hydr)	7,2	3 %	82	15 %
Tous renouvelables	27,0	9 %	88	16 %

Sources : Pour l'énergie : Commissariat au Développement durable. 2016. *Chiffres clés de l'énergie ed. 2015.* p. 43. Pour l'électricité : RTE. 2015. Bilan électrique 2015. p. 13. L'énergie se mesure en millions de tonnes-équivalent pétrole (Mtep) ; l'électricité en TeraWatt-heures (TWh). Pour l'énergie, les chiffres se rapportent à la consommation, bien plus importante que la production nationale du fait d'un solde importateur net ; pour l'électricité, ils se rapportent à la production, plus importante que la consommation du fait d'un solde exportateur net.

De plus, la contribution non-électrique des renouvelables, comme le chauffage au bois, n'est sans doute guère susceptible d'être beaucoup augmentée par des actions politiques. Celles-ci se concentrent principalement sur l'électricité. Réfléchir sur les renouvelables, c'est donc pour l'essentiel réfléchir sur leur contribution à la production et à la consommation d'électricité.

Notons au passage que la question : quelle est l'importance des renouvelables en France ? a plusieurs réponses, qui varient de 1 % à 16 % selon que l'on considère l'énergie ou l'électricité, et selon que l'on considère les renouvelables stricto sensu (éolien + solaire) ou largo sensu (éolien + solaire + hydraulique). Le plus significatif, selon nous, est celui qui correspond à la part de l'éolien et du solaire dans la production d'électricité. Il est en France, en 2015, d'un peu plus de 5 %.

Puissance et production – On ne peut pas réfléchir sur l'électricité, et en particulier sur le rôle des renouvelables, sans avoir compris la distinction entre la *puissance* d'une installation électrique et la *production* qu'elle assure. On lit, hélas, tous les jours des articles de journaux qui confondent ces deux notions. La distinction, qui s'enseigne au collège (en 4e), est pourtant fort simple. La puissance, mesurée en Watts, indique la production que l'installation, à un moment donné, est susceptible de générer. On l'appelle aussi : capacité. La production est la puissance multipliée par le temps de production. Une installation d'une puissance de 1 MW qui fonctionne pendant 1 heure assure une production de 1 MWh :

$$\text{Production} = \text{Puissance} \times \text{Temps}$$

La puissance se rapporte à un instant donné ; la production à une période. On retrouve la différence entre un compte de bilan et un compte d'exploitation. Les deux notions sont utiles, et même complémentaires, mais elles sont bien distinctes. Il y a 8 760 heures dans une année. Pour produire la même quantité d'électricité (8 760 MWh), on peut avoir une installation de 1 MW fonctionnant toutes les heures de l'année, ou une installation de 2 MW fonctionnant la moitié des heures de l'année. Ces deux installations sont bien différentes. La deuxième est à peu près certainement bien plus coûteuse que la première. Le tableau I-3 donne, pour la France, et pour différentes filières, la puissance installée, la production, et par voie de conséquence la durée d'utilisation moyenne.

Tableau I-3 – Puissance, production et durée de fonctionnement par filière, France, 2015

	Puissance (GW)	Production (TWh)	Durée de fonctionnement (h/an)	(% h année)
Nucléaire	63,1	417	6600	75 %
Hydraulique	25,4	59	2100	24 %
Eolien	10,3	21	2200	24 %
Solaire PV	6,2	7	1200	14 %

Source: RTE. 2016. *Bilan électrique 2015*. p. 13. La puissance indiquée est la moyenne entre la puissance au 1.1.2015 et au 31.12.2015. La durée de fonctionnement est la production divisée par la puissance.

Selon que l'on considère la puissance ou la production, l'importance relative des filières varie considérablement. Le solaire représente 10 % de la puissance du nucléaire, et 1,6 % de la production du même nucléaire. La raison en est que la durée de fonctionnement des différents types d'installation (ce qu'on appelle le taux de charge) est très variable : 75 % des 8 760 heures de l'année pour le nucléaire, 14 % de ces mêmes 8 760 heures pour le solaire. On notera au passage que la durée de fonctionnement des renouvelables est relativement faible : 24 % pour l'éolien et 14 % pour le photovoltaïque. Les chiffres pour la France sont très proches des chiffres que l'on peut calculer pour le globe : 23 % pour l'éolien, 14,1 % pour le photovoltaïque. La raison en est évidente. L'éolien ne fonctionne pas lorsqu'il n'y a pas de vent. Ni le solaire lorsqu'il n'y a pas de soleil, lorsque celui-ci est couché ou lorsqu'il est caché par des nuages. Bien entendu, ces chiffres sont des moyennes. Les chiffres effectifs sont plus élevés dans certains sites – et donc plus faibles dans d'autres. Et ils concernent la France de 2015. Ils n'en constituent pas moins des ordres de grandeurs significatifs.

Electricité demandée et électricité produite – La demande d'électricité n'est pas constante dans le temps, elle a un profil temporel. L'offre d'électricité également, en particulier l'électricité d'origine renouvelable. Le malheur veut que ces deux profils ne coïncident pas naturellement.

Lorsque l'on dit que la consommation a été en 2015 de 475 TWh, soit 54 GWh par heure, cela ne veut pas dire que la consommation a été de 54 GWh durant chacune des 8 760 heures de l'année. Il s'en faut de beaucoup. Elle est, de toute évidence, plus élevée en hiver qu'en été, et plus élevée le jour et la soirée que la nuit. Durant beaucoup d'heures, elle a été inférieure à 40 GWh ; durant quelques centaines d'heures, elle a été supérieure à 70 GWh ; le 9 décembre à 19 h, elle a été supérieure à 82,5 GWh (le 8 février 2012, elle a dépassé 102 GWh) : c'est ce qu'on appelle la pointe ou l'hyper-pointe. En d'autres termes, le profil temporel de la demande d'électricité n'est pas plat, même s'il est à peu près prévisible. Le système électrique doit être conçu, et géré, de façon à faire face à ce profil et en particulier à ses pointes.

Le profil de la production, ou si l'on préfère la faculté d'adaptation de la production à la demande, dépend des moyens de production utilisés, de ce qu'on appelle le mélange électrique (le mix en franglais). Le nucléaire est assez bien adaptable aux variations saisonnières : on peut programmer les arrêts nécessaires (pour le rechargement ou l'entretien) durant les périodes d'été, et s'assurer que toutes les centrales nucléaires produisent durant les mois d'hiver où la demande est forte. Il est moins facilement adaptable aux variations horaires, encore que l'on peut (au moins en France) deux fois par jour diminuer la production d'une centrale d'environ 80 % pendant une période de deux heures. L'hydraulique de barrage est un parangon d'adaptabilité : on peut le mettre en marche en quelques minutes, lorsque la demande est forte, et laisser l'eau dans les lacs de retenue lorsque la demande est faible. Les centrales thermiques, notamment au gaz, peuvent également démarrer très rapidement, en cas de besoin, et seulement en cas de besoin. Eolien et solaire sont au contraire déplorables en termes d'adaptabilité. Non seulement, ces renouvelables sont intermittents (ils ne fonctionnent qu'un petit nombre d'heures par an, comme on l'a vu), mais ces heures n'ont aucune raison d'être les heures de forte demande, et elles sont largement imprévisibles. Le solaire en particulier tend à produire à contre-emploi : surtout l'été, et uniquement le jour, c'est-à-dire principalement lorsque la demande est la plus faible (dans un pays comme la France).

La difficile adaptation du profil de l'offre d'électricité au profil de la demande d'électricité souligne la dimension *temporelle* de la production. Répondre à la demande ne consiste pas seulement à produire 465 TWh durant l'année, mais à produire ces TWh aux moments où ils sont désirés. Tous les TWh ne sont pas égaux. Il y en a qui ne valent pas grand chose, parce qu'ils sont produits à des moments où ils ne servent pas à grand chose. Il y en a d'autres qui sont très précieux, parce qu'ils sont produits en période de pointe et qu'ils évitent une grande panne aux conséquences désastreuses. L'opération qui consiste à ajouter des TWh hydrauliques, éoliens, et nucléaires revient un peu à ajouter des pommes et des abricots. En toute rigueur, on devrait s'en abstenir. En pratique, elle est inévitable, mais elle doit être faite avec prudence, avec une conscience claire de ses limites. Lorsque l'on dit que telle ferme éolienne ou solaire peut « assurer la consommation d'une ville comme Saumur », cela est à la fois très vrai et complètement faux. Vrai sans doute en termes de GWh ; mais faux en ce sens qu'avec cette seule source d'électricité, les Saumurois seraient sans électricité trois heures sur quatre.

On dira qu'il en va de même pour beaucoup d'autres biens. La demande de carburant n'est pas non plus stable dans le temps : elle est plus élevée le week-end de Pentecôte qu'un jour ordinaire de novembre. La différence est que le carburant peut se stocker, et que l'électricité ne peut pas se stocker – actuellement et en quantités importantes. On reviendra sur ce point fondamental pour l'avenir des renouvelables. On peut stocker du carburant pour le week-end de la Pentecôte. On ne peut pratiquement pas stocker de l'électricité pour l'hyper-pointe des soirées d'hiver.

Contexte politique : six objectifs

Les renouvelables sont un mode, ou comme on dit parfois une filière, de production d'électricité. Les objectifs à viser en matière de renouvelables sont les objectifs visés en matière d'électricité. On peut en identifier six. C'est par rapport à ces objectifs que l'on peut analyser et évaluer les politiques engagées ou envisagées.

Assurer l'approvisionnement – Le premier objectif d'une politique électrique, et même énergétique, est évidemment de répondre à la demande des ménages et des entreprises. Le rôle de l'électricité dans le développement et le fonctionnement des économies est absolument essentiel. Cela est aussi vrai des pays pauvres que des pays riches. Sans électricité, pas de lumière, pas de machines efficaces, pas d'information, pas de téléphone portable, pas d'internet – et pas de développement. La notion d'approvisionnement a une dimension géographique (assurer l'électricité partout) et une dimension temporelle (l'assurer tout le temps). La demande elle-même n'est pas intangible ; elle peut également faire l'objet de politiques : de stimulation, d'économies, ou encore d'étalement.

Minimiser les coûts – Le deuxième objectif, également évident, est d'assurer cet approvisionnement au moindre coût possible. Le coût de l'électricité est le coût de sa production, mais aussi le coût de son transport et de sa distribution (qui dans un pays comme la France pèsent à peu près aussi lourd l'un que l'autre). La notion de coût n'est pas simple. Il n'y a pas « un » coût, mais « des » coûts : le coût aux heures creuses est bien différent du coût aux heures de pointe ; le coût de fonctionnement du système existant peut être bien différent du coût de l'extension de ce système, etc. Tous ces coûts sont intéressants, et légitimes, mais ils ne doivent pas être confondus, ni comparés à la légère.

Ces coûts sont en grande partie déterminés par le « mélange électrique », c'est-à-dire par la structure de la production. A chaque filière électrique, son coût (ou ses coûts). Le poids relatif de chaque filière définit ainsi le coût moyen de l'électricité distribuée. D'un pays à un autre, on observe de très grandes différences entre mélanges électriques, qui engendrent de grandes différences dans les coûts de l'électricité produite et distribuée.

Entre les coûts des producteurs et les prix de vente aux consommateurs, il y a un mélange de marché et de régulation. Pendant longtemps, les prix ont été régulés, c'est-à-dire décidés par les politiques, en liaison avec le ou les producteurs, en particulier dans le cas de monopoles publics. Depuis une vingtaine d'années, dans beaucoup de pays (notamment en Europe), les prix sont en principe le résultat du fonctionnement d'un marché ; en pratique ce marché est autant ou plus qu'auparavant régulé, influencé, contraint par des décisions politiques, en particulier relatives aux renouvelables.

Les coûts, ou plus exactement les prix, ont une grande importance sociale. La raison en est que la consommation d'électricité des ménages est peu élastique au revenu. Lorsque le revenu augmente de 10 %, la consommation d'un ménage augmente de 2 ou 3 %. La part de l'électricité dans le budget des ménages est nettement plus élevée dans le budget des pauvres que dans celui des riches. Une hausse du prix de l'électricité affecte ainsi beaucoup plus les pauvres que les riches.

Réduire les pollutions – La production et le transport d'électricité peuvent être la source de pollutions : de l'air, de l'eau, visuelles, acoustiques, etc. Ces pollutions varient beaucoup d'une filière à une autre. Le thermique, surtout au charbon mais aussi à la biomasse, rejette beaucoup de particules et d'oxydes d'azote. Ce n'est pas le cas du nucléaire ou des renouvelables. A peu près toutes les filières engendrent des pollutions visuelles : les grosses centrales thermiques ou nucléaires du fait de leur volume qui fait souvent tache dans les paysages, les éoliennes du fait de leur hauteur (maintenant bien plus grande que celle des plus grandes cathédrales françaises). Diminuer ces pollutions nocives à la santé et au bien-être est évidemment un objectif, ou une contrainte, important.

Diminuer les rejets de CO_2 – Les rejets de CO_2 vont généralement de pair avec les rejets de polluants de l'air. Il est cependant utile de les distinguer. Le CO_2 n'est pas à proprement parler un polluant, en ce qu'il n'affecte pas directement la santé de ceux qui l'inhalent. C'est un gaz dit à effet de serre, accusé d'être la cause principale d'un catastrophique réchauffement de la planète. Peu importe ici la solidité scientifique de la chaine causale qui va des rejets de CO_2 aux catastrophes planétaires, le fait est qu'existe un certain consensus politique sur l'importance de diminuer les rejets de CO_2. Ce consensus est plus marqué dans les déclarations que dans les décisions, et dans les pays riches que dans les pays pauvres, et il ne sera peut-être pas durable. Mais pour le moment il est assez fort et ne peut pas être ignoré. Au niveau du globe, qui est le niveau pertinent pour l'effet de serre, la production d'électricité est de loin le premier responsable des rejets de CO_2 (un peu plus de 40 % du total). Les rejets de CO_2 d'un pays ou d'une région dépendent presque totalement du mélange électrique. Les filières qui utilisent des combustibles fossiles, et en particulier le charbon, rejettent beaucoup de CO_2. Les autres filières, l'hydraulique, les renouvelables, le nucléaire n'en rejettent pratiquement pas.

Promouvoir l'indépendance énergétique – La production d'électricité, et plus généralement d'énergie, s'appuie sur des ressources domestiques et sur des ressources importées. On appelle taux d'indépendance la part des ressources domestiques dans les ressources totales. En France, par exemple, les combustibles fossiles, l'uranium, la plupart des panneaux solaires et des éoliennes, sont importés. En théorie, dans une économie globalisée où le commerce international est la règle, le taux d'indépendance énergétique ou électrique n'est pas un critère significatif. En réalité, il en va différemment. L'approvisionnement en énergie et en électricité est si nécessaire, et le marché des intrants si imparfait (avec des pays ou des cartels exportateurs susceptibles de contrôler les livraisons), que la plupart des nations visent un certain degré d'indépendance dans ces domaines. La diversité des sources peut y contribuer : mieux vaut être dépendant de 15 pays exportateurs que d'un seul ; et de pays amis que de pays ennemis. Les décisions relatives au mélange électrique ont des conséquences sur les taux d'indépendance.

Favoriser l'industrie nationale – Un dernier objectif des politiques électriques consiste à favoriser l'industrie domestique située en amont de la production et de la distribution d'électricité. La plupart des filières sont hautement capitalistiques. Les panneaux solaires, les éoliennes, les barrages hydro-électriques, les turbo-alternateurs (qui transforment la chaleur en électricité), les cuves des centrales nucléaires, ou les compteurs intelligents sont des enjeux industriels importants. Leur fabrication mobilise dans des entreprises spécialisées des dizaines ou des centaines de milliers d'emplois, et des savoir-faire précieux. Chaque pays rêve d'être leader, et donc exportateur, dans ces secteurs. Et cherche à favoriser leur développement. Ces stratégies sont en partie illégales (elles vont à l'encontre des accords de libre-échange signés par beaucoup de pays, en particulier la France) et illusoires (tout le monde ne peut évidemment pas gagner à ce jeu). Elles peuvent cependant se justifier par la théorie du « premier venu ». L'entreprise qui s'engage la première dans une filière nouvelle peut y jouir d'une situation monopolistique ou des avantages de la taille (avec les économies d'échelles qui s'y attachent). La force de cette théorie n'est pas certaine. Mais le souci de l'industrie nationale est effectivement, et dans certains cas mérite d'être, pris en compte dans les politiques de l'électricité.

Contexte français : trois spécificités

En matière d'électricité et de renouvelable, plus que dans beaucoup d'autres domaines, il faut se méfier des généralités : chaque pays, et chaque époque, sont des cas particuliers. Ce qui est vrai ici ne l'est pas là. Ce qui se vérifiait hier ne s'avère pas aujourd'hui, et se réalisera encore moins demain. Cela saute aux yeux en ce qui concerne les renouvelables. Il y a des pays comme la Norvège ou le Brésil dont la géographie se prête à l'électricité hydraulique, et d'autres, comme les Pays-Bas, qui n'ont pas cette chance. Il y a des pays comme l'Islande ou l'Ethiopie, qui ont des ressources géothermiques, et d'autres qui en sont dépourvus. Il y a des pays qui ont beaucoup de soleil, et d'autres qui en ont peu. Les politiques de l'électricité – et des renouvelables – ne sont pas universelles, mais spécifiques. Pour être pertinentes, elles ne peuvent pas concerner tous les pays, mais doivent au contraire porter sur des pays bien identifiés et prendre en compte les caractéristiques de chacun de ces pays.

On prendra, à titre d'exemple, le cas de la France. Trois spécificités méritent d'être soulignées : la quasi stagnation de la demande d'électricité ; le poids considérable du nucléaire et de l'hydraulique dans le mélange électrique ; la position d'exportateur net d'électricité.

La stagnation de la demande – Dans les années de l'après-guerre, la consommation d'électricité en France augmentait à un taux annuel élevé (8 % dans les années 1950, 7 % dans la décennie suivante). Elle a ensuite continué à augmenter, mais de moins en moins vite (5 % dans les années 1970, 4 % dans la décennie suivante, 2 % dans les années 1990, puis 1 % dans les années 2000. Depuis 2010, elle stagne, aux alentours de 480 TWh. En d'autres termes, la courbe représentant la consommation en fonction du temps a la forme (dite logistique) d'un S aplati, et devient dans les années récentes asymptotique à 480 TWh.

Les facteurs de cette évolution sont nombreux et bien connus. La croissance de la population et de l'activité économique, qui soutient (et permet) l'augmentation de la demande d'électricité, n'est plus ce qu'elle a été. Le déclin relatif et parfois absolu de l'industrie, grosse consommatrice d'électricité, tire la demande vers le bas, même si la multiplication des appareils électroménagers et informatiques la tire vers le haut. Les progrès de la productivité en électricité, qui permettent de faire la même chose avec moins d'électricité, ont évidemment un effet dépressif sur la demande d'électricité. La réglementation, qui a limité et pratiquement éliminé (dans la construction neuve) le chauffage électrique, a le même effet. La hausse des prix de l'électricité (due largement aux renouvelables) joue également dans le même sens.

La stagnation actuelle de la demande va-t-elle se poursuivre dans les années à venir ? Cela semble probable. Les facteurs qui l'expliquent sont toujours présents, et actifs.

On cite souvent, *a contrario*, le coup de fouet que pourrait donner le développement de la voiture électrique. Mais cette prévision, ou plutôt ce souhait, résiste mal à l'examen des chiffres. Un véhicule électrique consomme environ 0,2 kWh au km ; la circulation des voitures particulières et des véhicules utilitaires légers représente en France annuellement 580 milliards de km, et n'augmente plus. Si 10 % de cette circulation était le fait de véhicules électriques, ces véhicules consommeraient 12 TWh par an, soit 2 % de la consommation actuelle de 480 TWh. Et cette estimation est très généreuse, à la fois parce que le progrès technique va faire diminuer la consommation d'électricité au km parcouru, et parce que l'hypothèse de 10 % de la circulation assurée par des véhicules électriques dans un futur proche est peu vraisemblable (ne serait-ce que parce qu'elle implique des subventions colossales).

RTE, le Réseau de Transport de l'Electricité, qui s'interroge sur la demande future (dans ses Bilans prévisionnels de l'équilibre offre-demande d'électricité en France) prévoit pour 2021, dans son scénario de référence, une consommation de 471 TWh, un peu inférieure à la consommation de 2015. RTE n'est pas suspect de sous-évaluation, au contraire ; dans son bilan prévisionnel de 2010, il prévoyait pour 2015 une consommation de 520 TWh, une surestimation de près de 9 %. Il n'est donc pas déraisonnable de prévoir pour les dix ou quinze ans à venir, une demande d'électricité stagnante à son niveau actuel.

L'évolution de beaucoup de pays développés, en particulier en Europe, est assez comparable à celle de la France. Mais il n'en va pas de même dans la plupart des autres pays du monde. Au cours de la période 2004-2014, la consommation d'électricité a augmentée de 34 % en Russie, de 37 % au Brésil, de 41 % en Inde, et de plus de 300 % en Chine ; et elle va continuer d'augmenter à un rythme soutenu dans ces pays. La problématique de la fourniture d'électricité en général, et des renouvelables en particulier, ne se pose pas du tout de la même façon dans un pays comme la France, où la demande est constante, et dans un pays comme la Chine, où elle augmente d'une façon soutenue.

Le poids de l'hydraulique et du nucléaire – La structure de l'appareil de production d'électricité de la France est caractérisée par la prédominance de l'hydraulique et du nucléaire, comme le montre le tableau I-4 ci-après.

Le nucléaire et l'hydraulique représentent, on le voit, près de 90 % (87 % exactement) de la production d'électricité de la France. Il faut voir là le résultat d'une politique volontariste guidée par des considérations politiques (le souci de l'indépendance énergétique du pays) autant ou davantage que par des considérations économiques. Une première vague d'investissement massif a doté la France dans les années 1950-1960 de centrales hydrauliques ; une deuxième vague, dans les années

Tableau I-4 – Mélange électrique français, 2015

Source	TWh	%
Nucléaire	417	76
Hydraulique	59[a]	11
Thermique fossiles	34[b]	6
Eolien	21	4
Solaire	7	1,4
Bio-énergie	8	1,4
Total	546	100

Source : RTE.2016.Bilan électrique 2015. p. 13.

Notes : [a]Le chiffre qui figure ici est plus élevé que celui qui figure au tableau I-3 ; c'est qu'il inclut la production d'électricité assurée avec l'eau pompée (avec de l'électricité) dans des lacs de réservoir. [b]dont : gaz (4 % du total), charbon (1,6 %) et fioul (0,6 %)

1970-1980, a donné lieu au parc nucléaire actuel. Ces deux modes sont également décarbonés. Ni l'électricité hydraulique ni l'électricité nucléaire ne rejettent de CO_2. Il s'ensuit que globalement l'électricité produite en France a un contenu en CO_2 parmi les plus faibles du globe.

La part de l'électricité thermique à base de combustibles fossiles est par conséquent faible : 6 % de la production globale. Les polluantes centrales au charbon et au fioul, qui produisaient autrefois l'essentiel de l'électricité, ont presque disparu : elles assurent 2 % de la production totale. Elles sont progressivement remplacées par des centrales au gaz.

Le solde est assuré par des éoliennes (4 % du total) et des panneaux solaires (1,4 % du total). La quantité d'électricité produite par ces renouvelables augmente assez rapidement, mais leur poids relatif (5 %), qui n'est pas négligeable, reste finalement faible. Cela ne fait pas l'affaire des militants du renouvelable, qui font de leur mieux pour cacher ce détail désagréable.

Ils utilisent à cet effet au moins quatre tours de passe-passe. (i) Le premier consiste à annexer discrètement l'hydraulique et à ne donner que des chiffres regroupant éolien, solaire et hydraulique, ce qui multiplie par trois l'importance des renouvelables. (ii) Le deuxième consiste à donner surtout des chiffres relatifs à la puissance installée, et non à la production effective, des différents modes, ce qui n'a pas grand sens (puisque la puissance des renouvelables est largement virtuelle) mais multiplie aussi par deux ou trois le poids apparent des renouvelables. (iii) Le troisième consiste à mettre en avant, à des fins de comparaison, le taux de croissance des différents modes : celui de l'éolien et su solaire est en effet bien plus rapide que celui des autres modes. (iv) Enfin, un dernier procédé consiste à rapporter la production d'électricité renouvelable à la consommation de la France plutôt qu'à la production de la France. Comme la production est nettement plus élevée de la consommation, ce procédé augmente la part affichée des renouvelables. Les utilisateurs de ce dernier procédé espèrent que leurs lecteurs ne feront pas le même calcul pour tous les autres modes et ne verront pas que le total des parts ainsi calculées est égal à 114 % de la consommation.

Ce mélange électrique français diffère considérablement des mélanges électriques qui prévalent dans la plupart des pays. La part du thermique carboné dans la production d'électricité (6 % en France) est de 66 % pour l'ensemble du globe.

L'importance des exportations nettes d'électricité – Une dernière spécificité française concerne le poids des exportations nettes d'électricité de la France. La France, qui est passablement connectée à la plupart des autres pays européens est à la fois importatrice et exportatrice d'électricité, selon les différentes heures de l'année. Il faut s'en féliciter. Ces flux permettent, au moins en principe, de produire à chaque moment l'électricité là où elle est la moins chère. Globalement cependant nos exportations sont bien plus importantes que nos importations : d'environ 50 TWh (le chiffre varie beaucoup d'une année à une autre), ce qui représente 9 % de notre production (et 10 % de notre consommation). La France est le deuxième exportateur net d'électricité du monde, juste derrière le Canada (qui vend beaucoup d'électricité aux Etats-Unis). Cette position exportatrice n'est pas due à une volonté explicite. Elle résulte d'un léger sur-calibrage du programme nucléaire des années 1970-1980, ou si l'on préfère d'un ralentissement de la demande un peu plus marqué que prévu.

Plan de l'ouvrage : sept dimensions

Les pages qui suivent abordent le thème des renouvelables sous sept angles différents, mais complémentaires. Un premier chapitre est consacré à l'*irruption* de l'éolien et du photovoltaïque au cours des dix dernières années, au système économico-social qui a produit cette irruption, et à placer la production d'électricité dans le cadre de la production d'électricité de la planète (Chapitre II). Pour apporter un peu de chair aux considérations précédentes, et mettre en évidence les grandes différences qui existent entre pays dans ce domaine, on examine ensuite le cas ou si l'on préfère *l'expérience, des trois pays* du monde où la part des renouvelables intermittents dans la production d'électricité est la plus importante : le Danemark, l'Allemagne et l'Espagne (Chapitre III). Le chapitre suivant est consacré à l'analyse d'une caractéristique majeure des renouvelables : *l'intermittence.* Il examine également les réponses apportées ou à apporter aux problèmes sérieux posés par l'intermittence, et notamment le stockage de l'électricité (Chapitre IV). On examine ensuite les questions relatives aux *coûts* de la production d'électricité renouvelable, aux systèmes de subventions mis en place, et aux conséquences sur le prix de l'électricité payé par les ménages et les entreprises (Chapitre V). Le chapitre suivant présente le *marché*, ou pseudo-marché, européen de l'électricité et la façon dont il est impacté par la production d'électricité renouvelable (Chapitre VI). Un autre chapitre est consacré à un essai d'analyse du *secteur économique et financier* généré par l'irruption des renouvelables subventionnés, et au rôle macro-économique que l'on prête souvent à ce secteur (Chapitre VII). Un dernier chapitre, qui s'appuie sur tous les précédents, cherche à savoir quel peut être l'*avenir* des renouvelables dans le futur à moyen ou long terme, en France et ailleurs, en fonction des évolutions possibles des technologies et des demandes (Chapitre VIII). Enfin, un chapitre de conclusion essaye de tirer quelques conclusions de l'effort de recherche entrepris (Chapitre IX).

II

L'irruption des renouvelables

> « Panurge, sans en dire davantage, jette en pleine mer son mouton qui criait et bêlait. Tous les autres moutons, criant et bêlant sur le même ton, commencèrent à s'élancer et à sauter en mer, à sa suite, à la file. On se pressait : c'était à qui serait le premier à y sauter après son compagnon. Il n'était pas possible de les en empêcher, comme vous connaissez le naturel du mouton qui est de toujours suivre le premier, où qu'il aille »
>
> Rabelais, *Le Quart Livre*, chap. 8

L'utilisation de l'eau courante, du vent, du bois, et à un moindre degré du soleil, comme sources d'énergie est vieille comme le monde. A partir du début du 19e siècle, ces ressources du sol et du sur-sol sont délaissées au profit des ressources du sous-sol. En matière d'énergie, cela veut dire recourir aux combustibles fossiles, ce qui a pour effet de multiplier d'une façon vertigineuse l'énergie utilisée par les hommes. Comme le dit joliment Bertrand de Jouvenel, on passe alors « de Cérès à Pluton ». C'est seulement à partir des années 1980 que ce modèle commence à être mis en question. On assiste alors à ce que l'on pourrait appeler la revanche de Cérès. On crie haro sur Pluton. Se développe alors une véritable passion, le mot n'est pas trop fort, pour les énergies renouvelables. Cette passion commence par un dépit amoureux : les énergies fossiles ont cessé de plaire, à bas les énergies fossiles ! Et vive leur contraire, les énergies renouvelables ! Très vite, cette passion négative se transforme en passion positive : les renouvelables n'ont que des qualités, eux seuls peuvent sauver l'humanité, il faut tout leur sacrifier. Ce chapitre présente successivement : (i) les arguments avancés par les amoureux, qui ne pèsent pas bien lourd, (ii) la vision dichotomique passionnelle qui prévaut, (iii) les résultats obtenus, c'est-à-dire l'importance, plutôt modeste, des renouvelables dans les mélanges électriques et énergétiques des différents pays du monde.

Deux arguments fragiles

La passion ne se nourrit pas principalement des qualités et des avantages de l'être adoré. On aime « parce que c'était lui ; parce que c'était moi », comme dit Montaigne. Les amoureux cependant cherchent souvent à justifier (à autrui et à eux-mêmes) leur choix, en lui prêtant toutes sortes de qualités plus ou moins imaginaires. C'est ainsi que les renouvelablophiles mettent en avant deux arguments en faveur de l'éolien et du solaire.

La raréfaction des énergies fossiles – Le premier est que la fin des énergies fossiles est proche, et qu'il est donc urgent de leur trouver un successeur, sous la forme d'énergies renouvelables, par définition inépuisables. Pluton se meurt, tournons-nous vite vers Cérès. L'argument de l'épuisement des ressources naturelles est simple. Il y a une quantité finie de charbon, de pétrole, de gaz, et aussi de fer – disons 1 000 – dans les entrailles de la terre. Si nous en consommons 20 par an, nous aurons consommé tout le stock dans 50 ans. Si notre consommation, de 20 aujourd'hui, augmente de 5 % par an, nous aurons consommé tout le stock dans 26 ans. Ce raisonnement rationnel rejoint un sentiment irrationnel venu du fonds des temps : la peur de manquer. De Malthus (pour la terre agricole) à Meadows et au Club de Rome (pour toutes les ressources naturelles) en passant par Jevons (pour le charbon anglais), nombreux sont les auteurs qui ont utilisé cet argument pour prévoir des pénuries dramatiques. Ils ont régulièrement été démentis par les réalités.

En ce qui concerne les combustibles fossiles, ce pessimisme ancien a redoublé à partir des années 1980. Il a été aiguillonné par les « chocs pétroliers » des années 1970 (de brutales augmentations du prix du pétrole, qui étaient pourtant uniquement d'origine politique). L'idée que nous allions très bientôt manquer de pétrole, puis par extension de gaz et de charbon, s'est répandue en occident. Aux Etats-Unis, le sympathique Lester Brown publie en 1979 un livre à succès titré *Running on Empty* (*Rouler à vide*), et utilise sa bicyclette pour se rendre à son bureau à Washington. (En 2006, Jean-Marc Jancovici et Alain Grandjean publieront, comme en écho, un ouvrage intitulé *Le plein s'il vous plait*, qui propose le même message).

La notion de *peak-oil* structure alors le discours dominant. Le peak-oil est le moment où la production mondiale de pétrole atteint son maximum et se met à diminuer, et où, corrélativement le prix du pétrole s'envole. Quand ce peak-oil surviendra-t-il ? Très bientôt, affirment tous les experts. Les pétroliers ne sont pas les derniers à brandir cette menace. « *Les estimations publiées par les opérateurs pétroliers vont de 2010 à 2030. Shell, par exemple, situe ce moment vers 2025 mais Total le met plutôt vers 2020, tout en n'excluant pas qu'il survienne auparavant* » écrit Jancovici (2006 p. 34). Cet auteur – talentueux, savant, et péremptoire – est en France (avec son associé Alain Granjean) l'un des meilleurs avocats ou porte-paroles de cette prédiction, qui devient vite dominante. Elle constitue, par exemple, l'un des principaux piliers de l'édifice du Grenelle de l'Environnement en 2007. Elle implique la nécessité de trouver des substituts à ces combustibles fossiles en voie de disparition, et en particulier de développer les électricités renouvelables[1]. Cette nécessité est à la fois impérieuse et urgente. Impérieuse, car il y va de l'avenir de la planète. Urgente, car le temps presse. Le titre d'un ouvrage de Jancovici et Granjean (2009) résume bien ce programme : *C'est maintenant ! 3 ans pour sauver le monde.*

Les économistes ont dans leur très grande majorité critiqué ces affirmations catastrophiques. Philippe Simonnot va jusqu'à décrire le peak-oil comme « *une manipulation intellectuelle réunissant les compagnies pétrolières, l'OPEP, et les écologistes, trois parties ayant intérêt à avoir des prix du pétrole élevés* » (lenouveleconomiste.fr, 28.03.2016). Les économistes ont toujours fait remarquer que ces prévisions apocalyptiques supposaient un monde sans progrès technique et sans système de prix, qui n'est pas le nôtre. La notion de ressources finies a certes un sens physique : il y a un nombre fini de molécules de pétrole (ou de fer) dans notre globe. Mais ce nombre n'a en pratique absolument aucun intérêt. La plupart de ces molécules existent à des doses infimes, notamment dans les mers, et sont totalement inexploitables. Ce qui est intéressant à connaître, c'est la quantité de pétrole (ou de fer) disponible à un coût donné. Elle est représentée par une courbe : nulle à un coût zéro, de 100 (unités de pétrole, barils ou tonnes) à un coût de 10 dollars, de 200 à un coût de 20 dollars, et peut-être de 500 à un coût de 30 dollars. Et cette courbe des réserves en fonction des prix reflète un état de la technologie. Des innovations techniques abaissant les coûts d'extraction vont déplacer la courbe vers le haut. Demain, à 10 dollars la tonne, les réserves ne seront plus de 100, mais bien de 150 ou davantage. La notion de « réserves » finies, on le voit, est à prendre avec beaucoup de précaution.

1. Jancovici est prudent sur les renouvelables, et préconise plutôt le développement du nucléaire, et surtout des réductions drastiques de la consommation d'énergie.

La notion de demande annuelle de consommation également. Elle est également fonction du prix de la ressource considérée. Si ce prix augmente, la demande diminue, sous l'effet des économies de consommation toujours possibles, et du remplacement partiel de la ressource par un ou plusieurs substituts. L'analyse qui consiste à dire : « il y a une ressource de 1 000, une consommation de 20, dans 50 ans notre ressource aura disparu » est donc d'un simplisme puéril, qui ne peut que conduire à des conclusions erronées.

Les données statistiques disponibles, présentées au tableau II-1, vont dans le sens de cette analyse économique.

La production mondiale de combustibles fossiles, loin d'atteindre un pic et de décliner, augmente au contraire d'une façon régulière, à un taux d'environ 20 % par décennie. On aurait pu penser que cette augmentation du total des trois grands types de combustibles fossiles cachait le déclin de certains d'entre eux et des phénomènes de substitution. Il n'en est rien. Pétrole, gaz, et charbon voient tous les trois leur importance augmenter (au moins durant les 30 dernières années). Il faut faire preuve de beaucoup d'imagination pour voir dans ces chiffres l'indication d'un « pic » qui serait survenu au cours des années 2000-2010.

Le tableau II-1 montre également que les « réserves » de combustibles fossiles n'ont nullement diminué, en dépit des prélèvements croissants, et contrairement à la thèse de « l'épuisement » des ressources. On a vu que la notion de « réserve » est à prendre avec précaution. Mais la notion de variation des réserves, si celles-ci sont mesurées de la même façon au cours du temps, est beaucoup plus significative. En valeur absolue, les chiffres ne veulent pas dire grand chose, mais en valeur relative,

Tableau II-1 – Production, réserves, et prix des combustibles fossiles, 1985-2015

	1985	1995	2005	2015
Production mondiale :				
Pétrole (Mt)	2800	3290	3940	4360
Gaz naturel (Mtep)	1490	1910	2520	3200
Charbon (Mtep)	2100	2260	3030	3830
Total (Mtep)	6390	7410	9490	11390
Réserves mondiales :				
Pétrole (G barrils)	800	1130	1370	1700
Gaz (Tm3)	84	120	157	187
Charbon (Gt)				890
Prix internationaux :				
Pétrole ($ de 2015/barril)	61	26	66	52
Gaz ($ de 2015/MtBtu)	9,2	5,4	7,3	10,3
Charbon ($ de 12015/t)	67	69	74	56

Source : BP Statistical Review of the World Energy 2016

Notes : Mt = million de tonnes. Mtep = millions de tonnes-équivalent pétrole. G = Giga = milliards. T = Tera = trillions. Le pétrole dont on donne le prix est le Brent. Le gaz dont on donne le prix des le prix du gaz importé en Allemagne ; Le prix du charbon dont on donne le prix est le prix du marché en Europe du Nord-Est. Le prix en dollars courant a été déflaté à l'aide de l'indice des prix à la consommation aux Etats-Unis.

ils sont davantage crédibles. Au cours des trente dernières années, les réserves ont donc augmenté. Des données portant sur une période bien plus longue confirmeraient ce phénomène, mis en évidence depuis longtemps.

La survenance du pétrole et du gaz de schiste au cours des années récentes a illustré et renforcé ce propos d'une façon magistrale (Bressand 2016). Tout a commencé avec une innovation technologique : le fracking horizontal, qui permet d'exploiter des gisements préalablement inexploitables. Ces gisements étaient auparavant « inexistants » : ils sont maintenant devenus réalité. Le paysage des combustibles fossiles en a été complètement bouleversé : les quantités « disponibles » ont été multipliées, leur localisation n'est plus la même, leurs conditions d'exploitation non plus. Le modèle d'un gisement fixe en voie d'épuisement proche était inadéquat ; il est devenu ridicule.

L'analyse de l'évolution des prix est délicate. A un moment donné, il y a plusieurs prix, parfois fort différents, en fonction du type de combustible, et du lieu de livraison. En 2015, par exemple, le prix du gaz aux Etats-Unis est deux ou trois fois inférieur au prix du gaz en Europe : c'est que le gaz ne se transporte pas aussi facilement que le pétrole. Et les prix fluctuent parfois beaucoup d'une année sur l'autre. Ceci dit, les prix présentés au tableau II-1 ne montrent pas la hausse vertigineuse prédite par les prophètes de l'épuisement des ressources. Ils suggèrent au contraire une réelle stabilité (en dollars constants), et même, au cours des années récentes, une légère baisse.

L'argument de la raréfaction des combustibles fossiles qui rendrait impérieux leur remplacement immédiat par des renouvelables apparaît donc comme mal fondé. Il a clairement été infirmé par l'évolution du demi-siècle passé. Tout suggère qu'il le sera également dans le demi-siècle à venir.

La contribution des énergies fossiles aux rejets de CO_2 – Le deuxième argument avancé pour justifier les énergies renouvelables intermittentes n'est guère moins fragile. Il est que l'utilisation des combustibles fossiles contribue au réchauffement de la planète et aux conséquences dramatiques (certains parlent de la survie de l'humanité) qu'il entraînerait ; et donc que leur remplacement par des renouvelables est absolument nécessaire. Cet argument appelle deux observations.

Tout d'abord, s'il est assez bien établi que la température moyenne du globe a augmenté depuis un siècle (d'un peu moins de 1° centigrade), un doute subsiste sur la cause anthropique de cette évolution, ainsi que sur le caractère catastrophique de ses conséquences. Le sujet (auquel nous avons consacré un livre en 2015) est vaste et controversé. L'analyse du climat, de ses déterminants et de ses implications, est une science très complexe et très jeune. Elle a été prise en main par des politiques pressés, et en quelques années réduite à une orthodoxie simple, pour ne pas dire simpliste : le réchauffement est causé par les rejets de CO_2 de l'activité économique, point à la ligne. L'existence de ces rejets, et leur augmentation constante, sont certaines. Ce qui ne l'est pas, c'est la causalité automatique postulée par la science officielle entre CO_2 et température. La notion même qu'un phénomène aussi complexe que le climat puisse avoir une explication monocausale est peu vraisemblable. Surtout, il est facile de trouver dans le passé lointain ou proche des périodes où il y eu réchauffement sans CO_2 anthropique et des périodes où il y a eu CO_2 anthropique sans réchauffement. D'autre part, l'incertitude relative aux conséquences du réchauffement (sur les cyclones, les sécheresses, les banquises, ou le niveau des mers, etc.) est plus grande encore. La plupart des prédictions catastrophiques formulées sur ces thèmes il y a vingt ou trente ans apparaissent erronées. C'est ainsi, par exemple, que la production alimentaire mondiale, loin de décliner comme prévu par les climato-crédules, continue d'augmenter régulièrement, en partie à cause de l'augmentation des teneurs en CO_2. Il est actuellement impossible d'affirmer que l'arrêt des rejets de CO_2 est la condition nécessaire et suffisante de la survie de l'humanité.

Supposons cependant qu'un tel arrêt soit effectivement une condition nécessaire et suffisante de survie. Peut-on pour autant dire que le développement des renouvelables est la condition nécessaire et suffisante de cet arrêt des rejets de CO_2 ? Certainement pas. Le solaire et l'éolien ne peuvent agir, on l'a vu, que par l'intermédiaire de l'électricité. La production d'électricité avec des centrales thermiques (au charbon, au gaz et au fioul) est en effet émettrice de CO_2. Remplacer une centrale au charbon par un parc éolien est une façon de diminuer les rejets de CO_2. Mais il faut mesurer l'ampleur possible de cet effet: elle est variable selon les pays mais généralement assez faible. Le tableau II-2 rapporte le CO_2 émis par l'électricité dans le monde, en Europe, et en France, au CO_2 émis dans le monde.

Tableau II-2 – Contribution de l'électricité aux émissions de CO_2, 2013

	Rejets de CO_2 (en Mt)	Part du total (en %)
Total CO_2 monde	31 800	100 %
CO_2 électricité monde	12 700	40 %
CO_2 électricité Europe UE à 28)	1 200	3,8 %
CO_2 électricité France	39	0,12 %

Sources: Pour le total monde: BP. Pour le CO_2 associé à la production d'électricité: Ministère de l'Ecologie. *Chiffres clés du climat 2016*, p. 22

Dans le cas de la France, la contribution des renouvelables à la réduction du CO_2 mondial ne peut qu'être dérisoire. Si toutes les centrales thermiques étaient remplacées par des installations solaires et éoliennes, les émissions de CO_2 du globe diminueraient d'environ un millième (exactement de 0,12 % aujourd'hui, moins encore demain). Mais cette hypothèse est invraisemblable. Les centrales thermiques, qui assurent actuellement un peu plus de 6 % de la production d'électricité de la France ont l'avantage de pouvoir être mises en route en quelques minutes lorsque l'on en a besoin, permettant ainsi de faire face aux pointes de la demande d'électricité. On ne peut guère s'en passer, sauf à courir le risque de dramatiques pannes d'électricité. Elles ne peuvent pas être remplacées par des installations de renouvelables. Bien au contraire, une forte augmentation du recours aux renouvelables, qui se fera au détriment des installations qui produisent en continu ou à volonté (comme le nucléaire ou l'hydraulique), augmentera la probabilité de défaillance durant les heures (nombreuses) sans vent et soleil. Pour se prémunir contre ces défaillances, on sera obligé de construire davantage de centrales thermiques Plus de renouvelables veut donc dire, dans le cas d'un pays comme la France, davantage de centrales polluantes, et autant ou plus d'émissions de CO_2 du système électrique. Il ne s'agit pas ici d'hypothèses théoriques farfelues. Le cas de l'Allemagne, comme on le verra au chapitre suivant, illustre parfaitement cet enchaînement. L'Allemagne a massivement investi dans le solaire et l'éolien (entre 2004 et 2014, la production d'électricité renouvelable y a été multipliée par 3,4). Dans le même temps, la production d'électricité thermique, et donc de rejets de CO_2 liés à la production d'électricité n'a pas diminué, mais bien augmenté (de 7 %). Dans les pays développés, l'argument selon lequel le développement des renouvelables est le seul et le meilleur moyen de réduire les rejets de CO_2 et d'empêcher un insupportable réchauffement de la planète est largement un argument bidon. C'est loin d'être le seul moyen de réduction des rejets. Et son efficacité est dérisoire puisqu'il ne réduit pas ou dans des proportions infimes les rejets de CO_2 du globe.

Pour l'Europe, la contribution des renouvelables aux réductions de CO_2 du globe est un peu moins ridicule, mais reste dérisoire. Elle serait *au maximum* de 3,6 %, dans l'hypothèse ou l'électricité renouvelable remplacerait totalement l'électricité thermique. Mais cette hypothèse, comme le montrent la réflexion sur l'intermittence aussi bien que l'expérience allemande, est irréaliste. 1 000 TWh d'électricité renouvelable concentrés sur un petit nombre d'heures imprévisibles ne remplacent pas 1 000 TWh d'électricité thermique disponible aux heures où on en a besoin. Au mieux, un effort massif d'investissements dans les renouvelables pourrait se substituer à quelque chose comme la moitié de l'électricité thermique, et pourrait réduire les rejets de CO_2 de la planète d'environ 2 %. Si la survie du globe impose de les réduire de 100 %, ou même seulement de 75 %, la généralisation des renouvelables en Europe n'est pas la solution, et pas même une partie importante de la solution.

Le cas d'un certain nombre d'autres pays, en particulier de pays en développement, est, il est vrai, potentiellement différent. La part de l'électricité thermique dans le mélange électrique y est souvent (pas toujours) élevée, et la part du CO_2 d'origine électrique dans le CO_2 mondial y est importante. En principe, dans ces pays, un glissement de l'électricité thermique vers l'électricité renouvelable réduirait les rejets de CO_2 du globe d'une façon notable. En réalité, ce glissement ne *réduirait* rien du tout, il *freinerait l'augmentation* de ces rejets. Il n'aurait en effet aucun impact sur les rejets des secteurs émetteurs autres que l'électricité (comme les transports, le chauffage ou la cuisine). Et dans le secteur de l'électricité, l'augmentation de la production est telle que l'augmentation de tous les modes, y compris le thermique, sera probablement nécessaire pour y faire face.

Le discours amoureux

La faiblesse des arguments rationnels en faveur des renouvelables n'est absolument pas un obstacle à la passion que suscitent ces mêmes renouvelables. On en esquissera ici l'analyse sur le cas de la France, mais il y a lieu de croire que le cas des autres pays développés n'est pas très différent.

Figure II-1 – Le système politico-médiatique de la renouvelablophilie

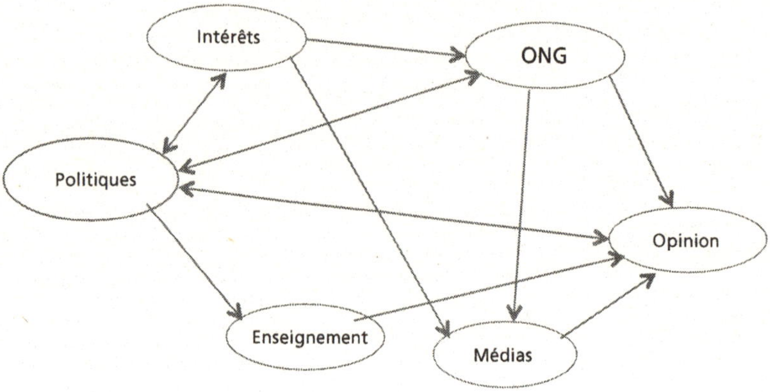

La passion pour les renouvelables est le produit d'un véritable système (le mot d'écosystème serait sans doute plus approprié) dans lequel au moins six entités interviennent : les politiques, les groupes d'intérêts économiques, les ONG, l'opinion, les médias, l'enseignement. Ces diverses entités entretiennent entre elles des relations que la figure II-1, évidemment très schématique, s'efforce d'identifier. Certaines sont unidirectionnelles ; d'autres sont réciproques. Ce système n'est nullement un complot, et il n'a évidemment aucun chef d'orchestre. Il n'en est pas moins solidement structuré ; chaque élément renforce tous les autres ; c'est le « un pour tous, tous pour un » des *Trois Mousquetaires*.

On notera l'absence d'une entité « science ». C'est en effet une caractéristique du phénomène social qu'est l'amour des renouvelables (comme de beaucoup d'autres phénomènes sociaux, du reste) que de fonctionner et de prospérer indépendamment des données et des informations objectives que la science peut produire. Pour prendre un exemple, le fait (mentionné ci-dessus) que les renouvelables en France ne peuvent pratiquement pas contribuer à réduire les rejets de CO_2 du globe, ce fait glisse sur tous les agents du système comme l'eau sur le dos d'un canard. Il n'est pas discuté et réfuté, il est simplement ignoré ou écarté. Examinons rapidement les six entités retenues. L'ordre dans lequel on le fait est aléatoire et importe peu, puisque les six entités de ce système interagissent les unes avec les autres.

Les politiciens – Les politiques de droite comme de gauche associent systématiquement promotion des renouvelables à lutte contre les rejets de CO_2. Pour faire plaisir aux autres groupes identifiés, ils veulent absolument avoir l'air de réduire ces rejets. Quand on leur demande comment ils vont y parvenir, ils répondent illico : « renouvelables », et ensuite seulement : « économies d'énergie ». Les exemples abondent. On se contentera d'en citer deux.

L'Union Européenne a adopté en 2007 une soi-disant « stratégie » connue sous le nom de « paquet climat-énergie » et dite des 3 × 20 : à l'horizon de 2020, réduire de 20 % les émissions de gaz à effet de serre, porter à 20 % la part des renouvelables dans la consommation d'énergie, améliorer de 20 % l'efficacité énergétique. Passons sur le caractère grossièrement publicitaire de ces chiffres ronds ; sur l'absurdité de viser les mêmes progrès pour des pays aussi différents que la Suède et la Pologne ; sur les confusions et les ambigüités entre énergie et électricité ; sur l'hétérogénéité des trois thèmes proposés (le premier est un objectif, le second un moyen pour l'atteindre, le troisième une évolution naturelle désirable comme tous les progrès de productivité) ; ou encore sur l'absence totale de chiffrage des coûts de ce « paquet ». Ce texte est évidemment un texte de communication, pas de politique. Ce qui nous intéresse ici, c'est que l'augmentation des renouvelables est pratiquement le seul outil proposé.

La France s'est dotée en 2015 d'une loi « de transition énergétique pour la croissance verte », vendue comme une arme de destruction massive des rejets de CO_2[1]. Les renouvelables y occupent une place de choix. Sur le site du ministère de l'Ecologie, le texte de cette loi est à la première page accompagné de quatre photos représentant : une éolienne, des panneaux photovoltaïques, une voiture électrique, et une maison individuelle en bois, qui en illustrent bien l'esprit. Suit une déclaration du Président de la République qui enfonce le clou : « *La loi sur la transition énergétique pour la croissance verte porte une grande ambition : faire de la France, dans la continuité du Sommet de Paris sur le climat, un pays exemplaire en matière de réduction de ses émissions de gaz à effet de serre, de diversification de son modèle énergétique et de montée en puissance des énergies renouvelables* ». Le message est clair : la fin est la réduction de nos rejets de CO_2, le moyen la promotion des renouvelables. La « diversification du modèle énergétique » – entendez : la diminution du nucléaire – n'est que le corollaire de l'augmentation des renouvelables. Que le moyen avancé ne puisse en rien contribuer à la fin affichée ne semble pas gêner les hommes politiques.

L'amour des politiciens pour les renouvelables – qui conforte leur image de visionnaire et de sauveur du monde, et leur vaut le vote de nombreux électeurs – n'est pas platonique. Il donne lieu à toutes sortes d'interdictions et surtout de subventions publiques, sans lesquelles les renouvelables ne se seraient pas développés au cours des quinze dernières années.

Les politiciens, et les administrations qu'ils dirigent, sont des agents actifs de propagande pro-renouvelable. Ils n'hésitent guère à franchir la frontière qui sépare l'information de la désinformation. On en a donné plus haut un exemple en citant Madame Lepage, ancienne ministre de l'Environnement assistée

1. Voir par exemple le très officiel document : http : fr..calameo. com/ read/004420578f40c67f34f3e

d'un groupe d'une trentaine de spécialistes et de fonctionnaires de ce ministère, qui affirmait dans un rapport écrit qu'en 2014 le solaire assurait 10 % de la production d'électricité du globe, alors qu'il en assurait moins de 1 %.

Mais l'actuelle ministre de l'Environnement, Madame Royal, n'est pas en reste. Le 17 janvier 2017, jour de grand froid et de forte demande d'électricité, elle affirmait : « aujourd'hui éolien et solaire vont produire autant d'électricité que 8 réacteurs nucléaires ». Ce jour-là éolien et solaire ont produit autant que 4,3 réacteurs. Transformer 4,3 en 8 cela ne s'appelle pas arrondir mais tricher. Sans parler du fait que le jour choisi était le jour de la semaine où la production éolienne et solaire était la plus élevée. Ni du fait que le moment crucial n'était pas la journée, mais l'heure de pointe du soir, et qu'à ces heures-là la production solaire était nulle et la production éolienne faible. Alors que les chiffres disponibles faisaient clairement apparaître la faible et incertaine contribution des renouvelables à la sécurité du système électrique français, le discours ministériel prétendait que les renouvelables nous avaient permis d'échapper à la grande panne ! Les ministres ne sont pas directement en cause, du reste. Ils ne font que répéter ce que leur écrivent des conseillers plus militants que sérieux. Mais des conseillers qui disent aux ministres ce que ceux-ci veulent entendre, et qui sont choisis à cet effet.

Les intérêts – Ces interventions, qui se chiffrent en centaines de milliards d'euros, ont créé un véritable secteur industriel et financier (auquel est consacré le chapitre VII infra). Ce secteur a fait, et continue de faire, vivre des centaines d'entreprises, et des dizaine de milliers de personnes. La continuation des interdictions et des subventions est une nécessité vitale pour son développement et même sa survie. La prédominance dans ce secteur de très grosses entreprises et de très grandes banques a facilité sa structuration, et ses actions d'information (pour ne pas dire de propagande) auprès des politiciens, des médias et plus généralement des opinions. Le secteur a créé à cet effet de puissantes structures. On en recense une bonne centaine dans le monde. Citons à titre d'exemple : le SER (Syndicat des Energies Renouvelables) en France ; la Renewable Energy Association, au Royaume-Uni ; la Solar Energy Industries Association, aux Etats-Unis ; le European Renewable Energy Council Europe, au niveau européen ; ou encore la World Wind Energy Association, au niveau mondial. Toutes ces associations se livrent à d'intenses campagnes de lobbying et d'« information ».

Les ONG – Les ONG environnementales sont presque toutes des militantes actives de la promotion des renouvelables intermittents. Elles se comptent par milliers. La CCNUCC (Convention Cadre des Nations Unies sur le Changement Climatique) publie la liste de celles qui sont formellement invitées aux COPs (Conférence des Parties) annuelles : à la seule lettre A, on en compte 170. On utilise même, au moins en anglais, un mot spécial pour les désigner : ENGOs (Environmental Non Governmental Organizations). Les plus importantes sont des ONGs créées dans un pays développé (généralement les Etats-Unis) qui ont ouvert des succursales dans des dizaines de pays et sont devenues de véritables multinationales : WWF, Greenpeace, CAN (Climate Action Network), Worldwatch Institute, les Amis de la Terre, Sierra Club, etc. S'agissant de la France, en plus des succursales des multinationales précédentes, on trouve : la Fondation Nicolas Hulot, Planète éolienne, France Nature Environnement, Alliance pour la Planète. Ces énumérations ne sont nullement exhaustives, et on espère que les institutions non citées nous pardonneront.

Ces associations sont riches et puissantes. Le budget annuel de Greenpeace-France, par exemple, est supérieur à 230 millions d'euros, selon la Cour des Comptes. Leurs ressources proviennent des cotisations des membres, des donations des sympathisants, et des subventions des gouvernements nationaux ou internationaux. Leurs dirigeants sont souvent d'anciens (ou de futurs) dirigeants politiques de rang ministériel. Elles emploient des dizaines ou des centaines de milliers de salariés. L'estimation suivante, qui n'a aucune prétention scientifique, en suggère un ordre de grandeur. Les COPs (Conférences des Parties) comme la COP 21 à Paris ou la COP 22 à Marrakech rassemblent environ 40 000 participants, dont peut-être la moitié sont des représentants d'ONGs, ou pour mieux dire d'ENGOs. On peut estimer que derrière chaque délégué, il y a en moyenne au moins une dizaine d'employés à plein temps. Cela ferait 400 000 permanents de la lutte contre le réchauffement et pour le développement des renouvelables.

Les ONGs environnementales ne consacrent point leurs ressources et leurs talents à la compréhension de la réalité, ou recherche de la vérité. La vérité, ils la connaissent, elle leur a été révélée. Il s'agit seulement de la répéter, de la répandre, de la vendre. Leur action est une action d'*agitprop*. Le mot date des premières années de l'URSS. Il désignait le « département pour l'agitation et la propagande » des comités centraux et régionaux du Parti Communiste de l'Union Soviétique. L'analogie n'est pas parfaite. L'agitprop était centralisée alors que l'action des ONGs est décentralisée. Mais les objectifs, les techniques, et les résultats sont identiques.

Les médias – Dans les pays développés au moins, journaux, radios et télévisions tiennent un discours systématiquement et sans nuances en faveur des renouvelables. Cela s'explique en partie, et en France davantage que dans les pays anglo-saxons, par l'absence de formation scientifique des journalistes, y compris de ceux qui tiennent des rubriques scientifiques ; ils sont donc assez mal équipés pour résister à la propagande des gouvernements et des groupes de pression. Pour prendre un exemple frappant, la quasi totalité des articles publiés dans la presse française confondent allègrement la puissance (qui se mesure en Watts) avec la production (qui se mesure en Watt-heures). Cette confusion leur interdit de comprendre, et de faire comprendre, les problèmes posés par les variations temporelles de la demande d'électricité, qui sont pourtant au cœur de l'avenir de l'éolien et du photovoltaïque. Les médias se contentent de reproduire tels quels, mot pour mot, les déclarations officielles ou les communiqués de presse intéressés.

On donnera un exemple, parmi mille, de ce rôle militant des médias. Le 9 février 2017, l'Agence France-Presse diffuse une dépêche intitulée : « *L'énergie éolienne dépasse le charbon en Europe* » – affirmation et/ou titre repris par des dizaines ou des centaines de médias abonnés à l'Agence France-Presse. Vérification faite, auprès du Shift Project (une institution engagée dans la défense des énergies renouvelables), la production d'électricité éolienne en Europe était en 2014 de 280 TWh, la production d'électricité à partir du charbon de 890 TWh, trois fois plus. Le charbon dépasse donc – et de beaucoup ! – l'énergie éolienne en Europe. On peut le déplorer, mais pas le nier. L'auteur de cette dépêche fait sans doute référence à la capacité installée des deux sources d'électricité, dont on a vu qu'elle était pratiquement sans signification pour l'éolien. En lisant attentivement le contenu de la dépêche, on comprend qu'elle est la copie conforme du communiqué de presse du dirigeant d'un lobby éolien. Ce dernier (qui comprend certainement très bien la distinction entre production et puissance) fait son métier, qui consiste à vendre son activité ; il n'y a là rien que de normal. Ce qui l'est moins, c'est que ce propos soit repris sans vérification ni contextualisation par la presse. Est-ce ignorance, ou connivence ? On ne sait, mais ce qui est sûr, c'est que cela fait système.

L'enseignement – L'Education Nationale joue un rôle éminent dans la construction de la passion pour les renouvelables, en liaison avec les autres entités mentionnées. Elle obéit (en France) aux ordres des politiques, est informée par le discours médiatique, et forme (ou déforme) les jeunes esprits qui constitueront bientôt l'opinion. On a cherché à savoir ce que les manuels de Sciences de la Vie et de la Terre disent de la « transition énergétique », thème au programme des classes de 3e et de seconde – étant entendu que les manuels ne sont que le reflet des programmes de l'Education Nationale. Les six manuels consultés sont totalement manichéens. On croirait lire des ouvrages soviétiques présentant le capitalisme et le socialisme. D'un côté, le mal : les énergies fossiles. De l'autre, le bien : les énergies renouvelables.

Les énergies fossiles ont tous les défauts : « leur épuisement est prévisible dans un bref délai, et leur utilisation produit de grandes quantités de CO_2 qui accroissent l'effet de serre responsable du réchauffement climatique ». Les énergies renouvelables ont toutes les qualités. La conclusion s'impose : il faut préférer le bien au mal. « Le défi énergétique : du non renouvelable au renouvelable » : ce titre du chapitre consacré au sujet par un manuel résume bien le message envoyé par tous. Selon une technique classique, les illustrations compensent les faiblesses de l'argumentation : la photo de magnifiques éoliennes dans une campagne verdoyante est accolée à la photo de vilaines torchères dans un paysage gris.

Il y a bien entendu du vrai dans ces affirmations. C'est le propre de toute propagande efficace. Les ouvrages soviétiques opposant les crises et le chômage du système capitaliste à l'absence de crise et de chômage du système communiste disaient vrai également. Les célèbres photos de queues devant la boulangerie Poilane publiées dans la *Pravda* dans les années

1950 n'étaient pas truquées. Mais on peut aussi mentir par omission. Et on trouve dans nos manuels beaucoup de silences, d'à-peu-près, et même d'erreurs.

Rien, ou des sottises, sur le coût de ces merveilleuses énergies renouvelables. L'éolien est « économiquement bien placé ». « L'énergie solaire est gratuite ». Pourquoi alors les producteurs exigent-ils que les réseaux (et donc les utilisateurs ou les contribuables) achètent cette électricité-là deux, trois et jusqu'à dix fois plus cher que la méchante électricité conventionnelle ? Voilà un gratuit bien coûteux. Rien sur le nucléaire. Il assure 75 à 80 % de la production d'électricité française. Mais puisqu'il n'est ni épuisable ni polluant il ne trouve pas sa place dans la dichotomie assénée. Embarrassant, à glisser sous le tapis, afin de ne pas perturber la doctrine. Rien sur l'intermittence du solaire et de l'éolien, ni sur l'impossibilité actuelle d'un stockage massif économique de l'électricité. Ces considérations troubleraient le credo que les manuels véhiculent. Elles pourraient conduire les élèves à réfléchir, à poser des questions, à douter peut-être. A éviter. Certains diront que ces questions sont trop complexes pour des ados de 14 ans. Peut-être. Mais alors pourquoi donc les mettre au programme ? Si les questions de PISA portaient sur le politiquement correct, la France n'y serait pas aussi mal classée.

L'opinion – Sur un sujet aussi compliqué que les renouvelables, le public n'a ni le temps, ni les connaissances, ni les données nécessaires pour se faire directement une opinion. L'opinion est très facilement manipulable. On connaît l'histoire (vraie) de cette enquête d'opinion sur le monoxyde de dihydrogène. Cette molécule était présentée comme : la composante principale des pluies acides, la cause de dizaines de milliers de morts par inhalation, la source brulures graves à l'état gazeux, et présente dans la plupart des cellule cancéreuses. La question posée était : faut-il l'interdire ? la réglementer sévèrement ? la taxer lourdement ? ou ne rien faire ? 82 % des personnes interrogées choisissaient l'interdiction, 12 % la réglementation, 5 % la taxe, et 2 % seulement identifiaient la molécule comme étant H_20, l'eau.

L'opinion ne peut guère que croire, et répéter, ce que politiciens, administrations, médias, industriels, écoles et ONG lui rabâchent. Il n'est donc pas surprenant que l'opinion soit très majoritairement favorables aux renouvelables intermittents, comme le montre le tableau II-3.

Tableau II-3 – Opinions sur les différentes filières, France, 2016

(en %)

	Croyance[a]	Souhaits[b]	Prévisions[c]
Panneaux solaires	83	91	90
Eolien en mer	67	77	81
Eolien terrestre	65	71	80
Barrages	34	85	57
Centrales nucléaires	17	12	20
Centrales au gaz	5	20	24
Centrales au charbon	3	6	11
Centrales au fioul	2	9	10

Source : Baromètre de l'énergie, sondage CSA/EDF, janvier 2016

Notes : [a] Détail des questions posées : Parmi les moyens de production l'électricité suivants, quels sont, selon vous, ceux qui sont les énergies d'avenir ? [b] Pour chacune de ces énergies, souhaitez-vous que, dans les 15 ans qui viennent, on l'utilise plus ? [c] A votre avis, quel sera la situation dans 15 ans ? On utilisera plus, autant, moins les moyens listés ? Le chiffre donné est le pourcentage des réponses « plus ».

L'opinion du public apparaît sans appel. On remarque toutefois que les questions posées le sont dans l'absolu, dans l'abstrait, et font une impasse totale sur les conséquences économiques des préférences ainsi affichées. La prise en compte de ces conséquences change pourtant substantiellement ces préférences. Christian Gerondeau rend compte de quatre enquêtes simultanées posant la question : Etes-vous favorables aux énergies renouvelables ? La première précisait : il s'agit d'énergies gratuites. La deuxième n'offrait aucun commentaire. La troisième indiquait que l'aide aux énergies renouvelables augmenterait les tarifs de 30 % dans les années à venir par rapport à ce qu'ils seraient en leur absence (ce qui est une hypothèse assez plausible, comme on le verra au chapitre V). La dernière expliquait qu'il y avait lieu de s'attendre à une hausse des tarifs « de plus de 40 % » (ce qu'illustre le cas de l'Allemagne). Le tableau II-4 présente les résultats de ces enquêtes.

Tableau II-4 – Opinions sur les renouvelables en fonction de l'impact sur les tarifs de l'électricité, France, 2015

	% d'opinions favorables
Energies gratuites	93 %
Sans information sur les coûts	87 %
Surtarification de 30 %	47 %
Surtarification de + de 40 %	32 %

Source : Sondages IFOP, cités dans Gerondeau 2015 p. 131

Les réponses aux deux premières questions sont assez proches des réponses du tableau précédent pour le solaire et l'éolien. Mais dès que les enquêtés sont invités à considérer le surcoût possible ou probable associé à une assez forte augmentation des renouvelables, leur opinion se modifie substantiellement. Le très fort pourcentage (environ 90 %) d'opinions favorables cesse d'être majoritaire et se réduit à un peu plus de 30 % dans l'hypothèse d'un surcoût de plus de 40 %. L'adhésion massive suggérée par le tableau II-3 se dissipe largement. Elle reflétait largement l'absence d'information sur une dimension pourtant essentielle : celle du coût des choix proposés. Cette distinction entre opinion informée et opinion non informée est purement théorique. Comme on l'a vu, tous les acteurs sont engagés au mieux dans la propagande, au pire dans la désinformation. En pratique on a donc simplement une opinion non informée, et de ce fait consensuelle.

Le système politico-médiatique de la renouvelablophilie est ainsi bouclé. L'opinion, formatée par les médias, les ONG, les industriels, demande plus de renouvelables aux politiciens, qui pour plaire à l'opinion rajoutent une couche de désinformation, et dépensent de l'argent public, dont bénéficient industriels et banquiers, ainsi que les ONGs.

Pour mettre un peu de chair sur ce squelette analytique, on donnera deux exemples, pris en France, de la façon dont s'articule l'action des différents groupes d'acteurs mentionnés.

Le premier se rapporte à l'affaire des éoliennes de Paris. En 2010, la mairie de Paris inaugure en grande pompe deux mini-éoliennes implantées sur le toit de la Maison de l'Air, à Belleville, dans le 20e arrondissement. Elle se flatte de lancer une innovation révolutionnaire. Chacune de ses éoliennes va produire 15 000 kWh d'électricité par an. C'est le début d'une ère nouvelle. Bientôt Paris sera autosuffisant en énergie. Et, une fois de plus, montrera la voie à toutes les villes du monde. Boum boum. Toute la presse applaudit, et relaye, en l'amplifiant encore, ce discours dithyrambique. Ces éoliennes sont « une première capitale pour le développement durable » dit l'un, qui « fait le plein d'avenir » selon un autre.

Un an plus tard, par curiosité, on a cherché à savoir ce qu'il en était advenu, et combien d'électricité avait effectivement été produite au cours de l'année écoulée par ces petites merveilles écologiques. La réponse fut : rien du tout. Zéro kWh. La mairie de Paris, attirée et aveuglée par le vert comme le taureau par le rouge, s'était purement et simplement fait arnaquer. Cette information restera un secret bien gardé. Aucun journal n'a accepté de la publier. Six ans plus tard, le chercheur qui interroge internet en tapant « Eoliennes à Paris » trouve des dizaines d'articles présentant et louangeant ces malheureuses éoliennes, et pas un seul article exposant leur échec complet. Pour l'opinion, elles sont donc un bel exemple d'innovation industrielle au service du combat contre l'effet de serre et à la gloire des élus de Paris.

Un second exemple concerne l'affaire de l'avis conforme des Bâtiments Historiques pour l'implantation des éoliennes. La photographie ci-dessous de la commune de Saint Jean d'Angély (Charente Maritime), dont la basilique royale est classée au Patrimoine Mondial de l'Humanité de l'UNESCO, montre assez la réalité du problème posé.

En janvier 2016, un projet de loi intitulé « Liberté de création, architecture et patrimoine » porté par le ministère de la Culture est présenté au Parlement. Le Sénat l'enrichit d'un amendement qui rend obligatoire un *avis* de l'Architecte des Bâtiments de

France (ABF) pour l'implantation d'éoliennes industrielles (les grosses éoliennes de plus de 100 m de hauteur) situées à moins de 10 km d'un bâtiment classé monument historique. Il s'inscrit dans la mission traditionnelle des ABF, et vise à éviter la reproduction de la situation qu'illustre la photographie ci-dessus. Les ONG, les lobbies, et la presse – curieusement emmenés par les défenseurs de la sauvegarde des paysages et de la qualité de l'architecture – se déchainent contre cet amendement. La demande d'avis de l'ABF est présentée comme une « interdiction », et l'amendement systématiquement qualifié « d'éolicide ». L'auteur (socialiste) de l'amendement sénatorial est vilipendé, et traité de « septuagénaire » (ce qui sous la plume du journaliste qui s'exprime ainsi n'est certainement pas un compliment). Finalement, sous la pression de l'opinion, et des ministres de l'Environnement et de la Culture, l'amendement est rejeté par l'Assemblée et retiré par le Sénat. D'autres Saint Jean d'Angély pourront survenir. Cela sera d'autant plus facile qu'un décret du 26 janvier 2017 a sorti les éoliennes du champs du permis de construire. Il faut un permis pour construire une cabane à outils dans un coin invisible de votre jardin. Il n'en faut plus pour édifier une éolienne de plus de 100 mètres de hauteur derrière un monument classé.

Les résultats obtenus

Cet amour pour les renouvelables s'est traduit par de nombreuses preuves d'amour. Dans les pays développés, d'importantes politiques de soutien au solaire et à l'éolien ont été mises en œuvre, qui reposaient généralement sur deux piliers : l'obligation faite aux opérateurs d'électricité d'acheter toute la production d'électricité renouvelable ; l'engagement de la payer à des prix élevés, bien plus élevés que le prix auquel l'électricité était vendue (ce qui définit une subvention). Selon une source autorisée, les investissements dans l'éolien et le solaire dans le monde pour la période 2004-2015 se sont élevés à 2 300 milliards de dollars, ce qui constitue une jolie preuve d'amour. On reviendra en détail au chapitre IV sur ces politiques et leurs coûts. On se focalisera ici sur les résultats obtenus, c'est-à-dire sur la part actuelle de l'électricité renouvelable dans le mélange électrique des grands pays amoureux.

Réalités – Le tableau II-5 présente les données pour 2015 en quantités absolues (en TWh) et en pourcentage du total de l'électricité produite. On peut considérer qu'en 2000 la production d'éolien et de solaire était partout voisine de zéro, et que les chiffres donnés rendent compte des variations de production au cours de la période 2000-2015. Ce tableau appelle plusieurs commentaires.

(i) La douzaine de pays mentionnés assurent environ 85 % de la production d'éolien et de solaire du globe. Ils représentent donc une part très majoritaire des pays engagés dans cette aventure. La France figure dans ce lot, d'une façon assez modeste du reste.

(ii) Les pays sont classés en fonction de la part des renouvelables dans le mélange électrique. Cette part atteint ou dépasse 20 % dans trois pays seulement : le Danemark, l'Espagne, et l'Allemagne, qui sont en quelque sorte les champions du monde des renouvelables. Viennent ensuite deux pays, le Royaume-Uni et l'Italie ou cette part est d'environ 15 %. Dans tous les autres pays cités, dont la France, elle est de 4 ou 5 %. Pour l'ensemble des autres pays (non cités dans le tableau), elle est d'environ 2 %. Pour l'ensemble du globe elle est de 4,4 %.

(iii) La passion des renouvelables est largement européenne. Les cinq premiers pays de notre liste sont européens. Si on y ajoute les Etats-Unis, le Canada et le Japon, tous les pays de la liste sauf trois (la Chine, l'Inde, le Brésil) sont des pays développés. Dans la plupart des pays en développement, la part des renouvelables est très faible. Les renouvelables sont largement une passion de riches.

Tableau II-5 – Grands pays producteurs de renouvelables, 2015

	Eolien (TWh)	Solaire (TWh)	Total (TWh)	Part dans électricité
Danemark	14	1	15	52 %
Espagne	49	14	63	23 %
Allemagne	88	38	126	20 %
Royaume-Uni	40	8	48	14 %
Italie	15	25	40	14 %
Suède	17	–	17	10 %
Etats-Unis	193	39	232	5 %
France	20	7	27	5 %
Canada	25	3	28	5 %
Chine	185	39	224	4 %
Inde	41	7	48	4 %
Brésil	22	–	22	4 %
Japon	5	31	36	3 %
Autres pays [a]	122	41	163	2 %
Total monde	841	253	1 094	4 %

Source : calculé d'après : British Petroleum. *Statistical Review of World Energy*. June 2016. *Note* : [a] Une centaine d'autres pays représentant à peu près 29 % de la production d'électricité du globe.

(iv) Pour l'ensemble du globe, l'électricité éolienne est environ trois plus importante (en termes de production) que l'électricité solaire. Ce ratio varie toutefois beaucoup d'un pays à un autre. Il y a des pays comme la Suède ou le Brésil ou le seul renouvelable utilisé est l'éolien. Il y en a d'autres, comme l'Italie ou le Japon, où le soleil est au contraire prépondérant.

(v) Les données de production d'électricité renouvelable en valeur absolue (en TWh) donnent évidemment un autre classement. Les deux premiers producteurs sont de loin les Etats-Unis et la Chine, du fait de l'importance de leur production totale d'électricité. Suit l'Allemagne, avec une production totale importante et une part de renouvelable également importante. Tous les autres pays sont loin derrière.

(vi) Finalement, au terme de quinze ans de politiques de promotion des renouvelables – présentés comme la seule façon de sauver l'humanité – et malgré des investissements cumulés évalués à 2 300 milliards de dollars, le résultat obtenu apparaît modeste. Le pourcentage d'électricité renouvelable ne dépasse 6 % que dans 5 pays du globe ; il est inférieur à 6 % dans tous les autres pays.

(vii) La contribution des renouvelables a été ici rapportée à la production d'*électricité* : 4,4 % pour le globe en 2015. Mais on peut aussi la rapporter à la production d'*énergie* en général : c'est ce que fait le discours dominant, qui présente systématiquement les renouvelables (intermittents) comme la solution aux problèmes « de l'énergie ». C'est ce que fait le tableau II-6, pour le globe et pour la France.

Tableau II-6 – Poids des renouvelables dans la consommation d'énergie, Monde et France, 2015

	Monde	France
Photovoltaïque	0,4 %	0,7 %
Eolien	1,4 %	1,9 %
Renouvelables intermittents	1,8 %	2,6 %
Consommation d'énergie	100,0 %	100,0 %

Source : *BP Statistical Review of World Energy 2016*. *Notes* : Les pourcentaqges ont été calculés à partir de consommations exprimées en Mtep (millions de tonnes équivalent pétrole).

Les chiffres du Tableau II-6 sont à prendre avec précaution parce qu'ils impliquent des taux de conversion (des TWh électriques en tep) en partie arbitraires. Ils fournissent néanmoins des ordres de grandeur raisonnables. On retiendra qu'au niveau du globe le solaire et l'éolien produisent actuellement environ 2 % de l'énergie consommée. Dans la suite de cet ouvrage, on s'intéressera surtout à la place que les renouvelables intermittents occupent dans la production et la consommation d'électricité : c'est un choix très favorable aux renouvelables intermittents.

(viii) Les renouvelables économisent du CO_2. Combien ? Il est facile de l'estimer. En 2015, dans le monde la production d'électricité rejette 12,7 Gt (milliards de tonnes) de CO_2 ; les autres secteurs 20,8 Gt ; le globe rejette donc 35,5 Gt. Supposons maintenant que les renouvelables disparaissent, et que la production totale d'électricité reste constante. L'électricité éolienne et solaire va être remplacée par d'autres formes d'électricité (thermique, fossile, nucléaire, hydraulique). Les rejets de CO_2 de l'électricité vont augmenter. De la part du renouvelable dans la production d'électricité, si l'on fait l'hypothèse raisonnable (la seule faisable, en fait) d'une augmentation homothétique des autres modes, c'est à dire de 4,4 %, soit de 0,5 Gt. Les rejets totaux de CO_2 vont donc passer à 36,0 Gt. Ils vont ainsi augmenter de 1,4 %. Une autre façon d'exprimer la même réalité consiste à dire qu'en l'absence d'éolien et de solaire, les rejets de CO_2 du globe seraient augmentés de 1,4 %. On a là une mesure de la contribution des renouvelables à la lutte contre le réchauffement climatique. Ce qui est présenté come absolument essentiel, comme « la » solution, est en réalité bien modeste.

Stratégies des renouvelablophiles – Les amoureux du solaire et de l'éolien n'aiment pas les chiffres ci-dessus, qui ne sont pas à la hauteur de leurs espoirs, de leurs rêves, et de leurs discours.

Ils cherchent donc à les cacher, ou à les gonfler. Ils utilisent à cet effet différents stratagèmes.

Le plus grossier consiste à inventer de toutes pièces des chiffres faux sur l'importance des renouvelables. On a déjà cité, dans le chapitre I, le très officiel rapport de Madame Corinne Lepage qui affirme que l'électricité éolienne représente en 2014 10 % de l'électricité produite dans le monde ; le chiffre correct, 0,8 %, est multiplié par un facteur 12,5. De telles absurdités sont heureusement rares, mais le fait qu'elles existent, qu'elles aient un caractère officiel, et qu'elles ne soient dénoncées par personne, montre jusqu'où peuvent aller les aveuglements de la passion.

Un deuxième stratagème, plus courant, consiste à considérer les données chiffrées come un secret d'Etat, et à les taire ou les cacher. Dans les dizaines de milliers de pages consacrées à la gloire et à l'importance de ces renouvelables sur les sites des ministères français (notamment de l'Ecologie et de l'Education Nationale), vous chercherez en vain les 2 % de leur part dans la consommation d'énergie.

Appeler l'hydraulique à la rescousse est un troisième stratagème. Le poids de l'hydraulique dans le monde est environ trois fois celui du solaire et de l'éolien. Il est donc tentant d'amalgamer solaire, éolien et hydraulique sous le même vocable de « renouvelables ». Beaucoup de rapports, d'études, de statistiques, de manuels scolaires (tous ceux que nous avons consultés en tout cas) cèdent à cette tentation. En réalité, ceux qui pratiquent cet amalgame pensent « éolien et solaire » lorsqu'ils disent « renouvelables », comme le montre assez leur discours. Beaucoup d'entre eux se montrent même opposés aux investissements hydrauliques, et punissent les banques françaises qui financent des barrages dans des pays en développement. De toutes façons, dans les pays développés au moins, les centrales hydrauliques qui pouvaient être construites l'ont déjà été.

Un quatrième stratagème consiste à préférer systématiquement les données en *puissance* installée (en MW) aux données en *production* effective (en TWh). La raison en est simple. Comme on l'a vu au Chapitre I *supra*, le nombre d'heures de fonctionnement des installations éoliennes ou solaires est (selon le mode, le lieu, la période) de deux à quatre fois moindre que le nombre d'heures de fonctionnement d'une installation classique comme une centrale nucléaire. Des chiffres de puissance sont donc de deux à quatre fois plus gros que des chiffres de production. Mais ils n'ont pratiquement aucune signification. D'une façon générale, la puissance installée d'un système électrique est une donnée importante, car elle permet de savoir si et comment le système considéré sera capable de faire face aux pointes de consommation, qui se mesurent effectivement en termes de puissance. Additionner la puissance des centrales nucléaires à la puissance des centrales hydrauliques et thermiques a un sens, car on peut, le moment venu, les faire toutes fonctionner simultanément, afin de répondre à la demande de consommation de la société. Mais ajouter la puissance des installations éoliennes et solaires à la puissance des centrales classiques n'a pas de sens, car rien ne garantit qu'il y aura du vent ou du soleil au moment de la demande de pointe. Leur puissance est en quelque sorte potentielle, virtuelle, elle mesure une possibilité de production, pas une certitude de production. L'addition ou la comparaison de cette puissance à celle des installations classiques est une forme de tromperie.

Un dernier stratagème, moins illégitime, mais cependant potentiellement trompeur, consiste à comparer des taux de croissance plutôt que des grandeurs absolues. Il est vrai, et important de le noter, que la contribution de l'éolien et du solaire à la production d'électricité, ou à la consommation d'énergie, augmente beaucoup plus rapidement que la production totale d'électricité ou que la consommation d'énergie. Rien de bien surprenant à cela, puisque éolien et solaire partaient de zéro en 2000. Leur croissance sur 2000-2015 est donc pratiquement infinie. Le tableau II-7 donne l'évolution absolue et les taux de croissance de la production d'électricité éolienne et solaire, et d'électricité totale, dans le monde sur la période 2005-2015.

Tableau II-7 – Electricité renouvelable et totale, monde, 2005-2015

	2005		2010		2015
Valeurs absolues (TWh)					
Electricité totale	18 360		21 490		24 100
Electricité renouvelable	108		375		1 095
Taux de croissance annuels (%)					
Electricité totale		3,2 %		2,3 %	
Electricité renouvelable		28,3 %		23,9 %	

Source : calculé d'après : British Petroleum. *Statistical Review of World Energy*. June 2016. *Note* : Renouvelable = éolien + solaire

Au cours des dix dernières années, la production d'électricité dans le monde a augmenté à un taux modeste de 3 % par an. L'électricité éolienne et solaire a dans le même temps augmenté à un taux *annuel* d'environ 25 %, effectivement considérable. En 10 ans, elle a été multipliée par dix. C'est d'ailleurs la raison pour laquelle nous nous intéressons à ce phénomène. Il est légitime de mettre l'accent sur cette croissance rapide. Mais cela ne doit pas faire oublier qu'en 2015, cette production reste très minoritaire, puisqu'elle ne représente que 4,4 % de la production totale d'électricité, et à peine 2 % de la consommation d'énergie.

III

Trois études de cas

« Les exemples vivants sont d'un autre pouvoir »
Corneille, *Le Cid*

On a souligné combien la géographie, l'histoire l'économie, rendaient les pays différents en matière de mélange électrique, et donc différents dans le rôle que les renouvelables peuvent jouer. Pour se prémunir des dangers de la généralisation, les études de cas sont un antidote désirable. Quels pays choisir ? Le tableau II-5 du chapitre précédent le suggère assez naturellement. Il montre les pays du monde les plus en pointe dans le développement des renouvelables, en termes de part des renouvelables dans la production d'électricité : le Danemark, l'Espagne, et l'Allemagne. Ce sont les expériences que l'on analyse dans ce chapitre, avec l'espoir d'en tirer quelques leçons utiles pour la France.

Danemark, ou le champion dopé

Le cas du Danemark est important et significatif parce que ce pays est, on l'a vu, le champion du monde de l'éolien. Après avoir présenté (i) quelques éléments de contexte, on montrera (ii) que le développement des renouvelables doit tout aux politiques publiques, (iii) qui ont permis un développement remarquable de l'éolien, (iv) bien que l'électricité danoise reste significativement carbonée, (v) mais que le choix du périmètre national est discutable pour ne pas dire trompeur, (vi) que les coûts et les prix de l'électricité sont particulièrement élevés, et enfin (vii) que le gouvernement danois, en 2016, a donné un remarquable coup de frein pour ne pas dire un coup d'arrêt au développement des renouvelables.

Contexte – Quelques éléments de contexte peuvent être mentionnés. Le premier est que le Danemark est un pays relativement petit : 5,6 millions d'habitants et 43 000 km^2, soit moins du dixième de la France. Le Danemark a davantage l'ampleur d'une région (de France ou d'Allemagne) que d'un pays. Le deuxième est que la consommation d'électricité y stagne ou décline très légèrement depuis une bonne dizaine d'années, même si elle fluctue significativement d'une année sur l'autre. Le troisième – dont on verra qu'il joue un rôle clé – est que le Danemark fait partie d'un ensemble très intégré, notamment du point de vue du réseau électrique, formé par les quatre pays nordiques (Danemark, Norvège, Suède et Finlande). Le quatrième est que le Danemark est l'un des pays les plus riches d'Europe (en termes de PIB par habitant), derrière la Norvège, le Luxembourg et la Suisse, mais loin devant tous les autres pays, y compris l'Allemagne (de 25 %) ou la France (de 36 %).

Politiques – L'évolution du Danemark en matière de renouvelables est entièrement le fruit de politiques publiques. Elle ne s'explique pas par le jeu du marché, de l'avantage comparatif du pays (même si celui-ci est bien doté en vent), ou de la technologie. Elle résulte d'une volonté et de décisions politiques fortes, qui ont d'ailleurs fait l'objet d'un large consensus. Cette volonté a pris la forme de plans de développement de l'éolien chiffrés, appuyés sur un système de subventions.

Un important élément de ce système, qui est très difficile à chiffrer, est l'obligation d'achat dont ces électricités renouvelables ont longtemps bénéficié. Obligation d'achat veut dire que l'opérateur du système électrique est obligé d'acheter toute l'électricité renouvelable produite, au moment où elle est produite – qu'il en ait besoin ou non. C'est un grand privilège, qui ne peut évidemment pas être étendu à l'ensemble des sources d'électricité. S'il en était ainsi, l'équilibre entre demande d'électricité et offre d'électricité, qui doit être maintenu à chaque heure, ne pourrait pas toujours l'être, et le système serait alors conduit à disjoncter. L'obligation d'achat permet aux producteurs de renouvelables d'égaliser leur production économique à leur production technique, ce qui abaisse leur coût moyen. Un fournisseur d'électricité au gaz, qui pourrait techniquement produire 8 000 heures par an, n'aura peut-être pas la possibilité de produire plus de 3 000 heures, ce qui élève notablement son coût moyen.

Le deuxième élément est que le prix auquel l'achat obligatoire a lieu est fixé, par l'Etat, à un niveau élevé, plus élevé que le prix des autres types d'électricité, ou que le prix qui s'établit sur le marché de l'électricité. Ce prix qui comprend un important élément de subvention, varie selon le type de renouvelable (terrestre, éolien, petite puissance, grande puissance, dix premières années, dix années suivantes, etc.), et il a évolué au cours des années. On peut en donner un ordre de grandeur pour l'année 2015. Cette subvention est en effet financée par une taxe tout à fait analogue à notre CSPE (Contribution pour le Service Public de l'Electricité). Elle a un nom identique, la PSO (Public Service Obligation) ; elle frappe les factures d'électricité ; elle est affectée, principalement mais pas uniquement, aux producteurs d'électricité renouvelable ; son montant est modifié régulièrement, et à la hausse, par l'autorité de régulation. En 2015, le montant de la PSO était de 35 €/MWh (celui de la CSPE est d'environ 20 €/MWh). Le produit de la PSO s'élève donc à 1,1 milliards d'euros. Supposons que 70 % de ce montant serve à subventionner les renouvelables, dont la production s'est élevée à 14 TWh ; cela revient à une subvention moyenne de 55 € au MWh de renouvelables, inférieure à la subvention moyenne française. La subvention danoise au MWh de renouvelable est inférieure à la subvention française, mais comme la part des renouvelables est bien plus grande au Danemark, le poids du système sur le prix de l'électricité est plus élevé au Danemark qu'en France.

Place des renouvelables – Ces politiques ont été un succès – au moins apparent – en ce sens que le poids des renouvelables dans la production d'électricité a été croissant et considérable, comme le montre le tableau III-1.

Tableau III-1 – Renouvelables et production d'électricité, 2005-2015

	Production (TWh)	Part prod totale (%)
2005	7	19%
2010	8	21%
2014	13	43%
2015	14	52%

Source : British Petroleum, *Statistical Review of World Energy 2016*

L'éolien constitue l'essentiel des renouvelables danois. Le solaire est pratiquement inexistant jusqu'au début des années 2010. En 2014 et 2015, il ne dépasse pas 0,6 TWh, soit 4 % de l'éolien. S'agissant du Danemark, on peut assimiler renouvelables et éolien.

La comparaison des chiffres de 2014 et 2015 montre une augmentation modeste (de 13 à 14 TWh) de la production d'électricité éolienne et une augmentation forte de la part de l'éolien dans la production totale d'électricité (de 43 % à 52 %). Cela s'explique par une baisse importante (de 10 %) de la production d'électricité, qui semble refléter une hausse des températures et un recours accru aux importations. Le chiffre de 52 % donné pour 2015 doit donc être considéré avec prudence. Il n'en demeure pas moins que la part de l'éolien dans la production électrique danoise est, de loin, la plus élevée du monde.

Contenu en CO_2 – Cela n'empêche pas l'électricité danoise d'avoir un contenu en CO_2 assez élevé, en particulier relativement à l'électricité française. Le tableau III-2 présente le contenu en CO_2 (en grammes de CO_2 par kWh d'électricité produite) des cinq champions du monde des renouvelables, ainsi que de la France et de l'Union Européenne. On voit que le Danemark produit une électricité plutôt carbonée, 6 ou 7 fois plus que l'électricité française.

La raison en est simple : au Danemark, un pays qui n'a ni électricité hydraulique ni électricité nucléaire, la part des combustibles fossiles dans le mélange électrique est nécessairement élevée : égale à celle des renouvelables (42 %) en 2014. On doit ajouter deux observations. Au cours des dix dernières années, la part de l'électricité fossile au Danemark a régressé à cause de l'augmentation de la part de l'électricité renouvelable. Durant la même période, la structure de l'électricité fossile s'est également modifiée : moins de charbon (à fort contenu de CO_2) et plus de gaz (à moindre contenu de CO_2). Au total, le contenu en CO_2 de l'électricité danoise a donc diminué – même s'il continue d'être assez élevé.

Tableau III-2 – Contenu en CO_2 de l'électricité, pays choisis, 2013

	Production d'électricité (TWh)	CO_2 (Mt)	Contenu en CO_2 de l'électricité (g/kWh)
Danemark	35	17	486
Espagne	279	69	247
Allemagne	627	342	545
Royaume-Uni	356	170	478
Italie	288	111	385
France	567	43	75
Union Européenne (à 28)	3 229	1254	388

Sources : IEA. *CO_2 Emissions from Fuel Combustion Highlights*, 2015 edition. Ce tableau exagère le contenu en CO_2 de l'électricité produite car les « rejets de CO_2 » de la source sont ceux de la production d'électricité *et de chaleur.*

Le tableau III-2 montre que le cas du Danemark – beaucoup de renouvelables et électricité très carbonée – est loin d'être unique. Au moins quatre des cinq champions mondiaux de la part des renouvelables dans le mélange électrique sont des pays dont l'électricité a un contenu élevé en CO_2. Le cinquième, l'Espagne, n'est pas non plus un franc succès : le contenu en CO_2 de son électricité est trois fois plus élevé que celui de la France

Périmètre – Le record danois est partout présenté comme la « preuve » que les renouvelables peuvent bien assurer une part considérable de la demande d'électricité, voire – n'en déplaise aux grincheux qui mettent en avant l'intermittence de l'éolien – la totalité de cette demande dans tous les pays, à commencer par le nôtre. Cette preuve par le Danemark ne vaut malheureusement pas grand chose. Elle ignore ou fait semblant d'ignorer que le Danemark n'est pas un périmètre pertinent pour cette analyse. Du point de vue de l'électricité, le

Danemark n'est pas un pays isolé. C'est au contraire un pays fortement intégré aux autres pays nordiques (Norvège, Suède et Finlande), grâce à des interconnexions puissantes. Les importations et les exportations d'électricité représentent le tiers de la production ou de la consommation.

A certaines heures, le Danemark produit plus d'électricité éolienne qu'il n'en a besoin : il la vend à la Norvège et à la Suède. A d'autres heures, il produit moins d'électricité qu'il n'en a besoin : il achète à la Norvège et à la Suède de l'électricité hydraulique ou (dans le cas de la Suède) nucléaire. La prise en compte de ces échanges diminue considérablement la part éolienne de la consommation danoise. Le tableau ci-dessous le montre pour l'année 2014.

Table III-3 – Le vrai mélange électrique danois, 2014 (en TWh)

	Production	Exportations	Importations	Consommation
Eolien	13,2	-10,6		2,6
Autres	18,4[a]		+12,7	31,1
Total	31,6	-10,6	+12,7[b]	33,7
Eolien/total	**43 %**			**8 %**

Sources : *Danish Statistical Yearbook 2016*, table 412 pour production, exportations, et importations, & Energynet pour la décomposition de la production. Notes : [a]Principalement combustibles fossiles (pour 13,3 TWh, et installations combinées chaleur et électricité largement alimentées par des combustibles fossiles (pour 3,6 TWh). [b]Principalement hydraulique norvégien et suédois, et nucléaire suédois.

En 2014 (dernière année pour laquelle des chiffres sont disponibles) la production du Danemark est de 32 TWh. Le pays exporte 11 TWh vers la Norvège et la Suède, et en importe 13 TWh. La consommation du pays est donc de 34 TWh[1]. L'origine des électrons exportés et importés est évidemment

1. Source : Office Statistique Danois. *Statistical Yearbook 2016*, Table 412

mal connue, mais elle peut être grossièrement estimée. Les importations d'électricité de Norvège et de Suède sont certainement d'origine hydraulique et (dans une moindre mesure, dans le cas de la Suède) nucléaire[1]. La nature des exportations du Danemark vers la Suède et la Norvège est plus difficile à évaluer, mais on peut raisonnablement supposer que ces flux sont principalement d'origine éolienne. On sait que le Danemark a assez fréquemment des surplus d'électricité éolienne, qui se vendent d'ailleurs souvent à des prix très faibles, parfois même négatifs. On voit mal pour quelles raisons la Norvège et la Suède achèteraient de l'électricité thermique au Danemark, alors qu'ils disposent de grandes quantités d'électricité hydraulique disponible à tout instant. Avec cette hypothèse, la consommation d'électricité du Danemark en 2014 était d'origine éolienne à hauteur de seulement 8 %, loin des 43 % habituellement présentés en ignorant le rôle crucial des pays voisins. Notre hypothèse n'est pas prouvée, et mériterait des recherches plus approfondies. Notons cependant que si on faisait l'hypothèse (extrême et peu vraisemblable) que les exportations d'électricité du Danemark étaient pour moitié d'origine éolienne et pour moitié d'origine thermique, la part de l'éolien dans la consommation du pays serait seulement de 23 %, toujours loin des prétendus 43 %. Les données de production, d'exportation, et d'importation d'électricité du Danemark varient sensiblement d'une année sur l'autre. Les chiffres ci-dessus sont donc à prendre avec précaution, et seraient différents pour d'autres années. Mais ils ne seraient pas différents au point d'infirmer l'analyse présentée.

1. La Suède produit également de l'électricité éolienne, mais la proximité géographique de la Suède et du Danemark suggère que les heures où le Danemark aurait un déficit de vent et la Suède un excédent de vent doivent être assez peu nombreuses.

Lorsque le Danemark exporte de l'électricité éolienne – 11 TWh par an comme on l'a supposé ou seulement 5,5 TWh – il exporte aussi les subventions qui vont avec. Les montants ne sont pas négligeables : 600 Millions d'euros dans l'hypothèse d'exportations de 10 TWh. Ces subventions bénéficient à des pays comme la Suède et plus encore la Norvège qui ne sont pas particulièrement dans le besoin.

Finalement, le miracle danois n'en est pas un. Le champion du monde de l'éolien est en quelque sorte dopé à l'hydraulique et au nucléaire norvégien et suédois. Les chiffres pharamineux présentés par le Danemark, qui sont bien entendu exacts, ne sont pas significatifs. Ils sont un peu comparables aux chiffres d'une région comme la Bretagne : on peut dire que son mélange électrique est en 2015 éolien à 53 %, mais l'honnêteté commande d'ajouter que la production d'électricité de la Bretagne constitue seulement 15 % de sa consommation. Les chiffres du Danemark se rapportent à la partie d'un tout. Une partie assez petite du reste, puisque la production du Danemark représente seulement 8 % de l'ensemble nordique. Ce qui a un sens économique, social et environnemental, c'est ce qui se passe dans ce tout. Et le mélange électrique de ce tout, c'est-à-dire des quatre pays nordiques, est *totalement* différent de celui du Danemark, comme le montre le tableau III-4.

Les deux piliers de l'électricité nordique, l'hydraulique et le nucléaire, sont complètement absents de l'électricité danoise. La part de l'éolien dans les pays nordiques est de 7 % – grâce à l'éolien danois, du reste – ce qui est beaucoup par rapport aux autres pays du monde, mais bien peu par rapport au Danemark.

Coûts et prix – L'électricité danoise est la plus chère d'Europe, au moins pour les consommateurs domestiques : 308 €/MWh

Tableau III-4 – Mélange électrique, Pays Nordiques et Danemark, 2014

	Pays Nordiques (% total)	Danemark (% total)
Eolien (& solaire)	7 %	39 %
Hydraulique	54 %	–
Nucléaire	22 %	–
Thermique fossile	8 %	39 %
Autres	7 %	21 %
Total	100 %	100 %

Source : *Shift Project Data Portal*, citant US *EIA Historical Statistics* and World Bank *Development Indicators*. *Note* : les chiffres se rapportent à la production d'électricité. Pays Nordique = Danemark + Norvège + Suède + Finlande

en 2016 selon Eurostat, suivie de près par l'Allemagne (297), mais loin devant la France (169) ou la Pologne (133).

De nombreux renouvelablophiles balaient cette observation gênante en objectant qu'une part importante de ce prix provient du poids des taxes et prélèvements. Le coût hors-taxes de l'électricité, affirment-ils, n'est pas plus élevé au Danemark qu'ailleurs. C'est en effet ce que montrent les statistiques de l'Union Européenne, mais c'est là ignorer (ou cacher) que ces lourdes « taxes » sont principalement la PSO (l'équivalent de notre CSPE), la taxe sur l'électricité dont le produit est affecté au financement des renouvelables. Elle compense leur surcoût, et fait donc partie du coût de production de l'électricité ; et de toutes façons elle est payée et supportée par les consommateurs.

Freinage – Les coûts de la politique danoise des renouvelables ont fini par devenir trop élevés. En juin 2016, le gouvernement a été obligé de le reconnaître. Le ministre de l'Energie, Lars Lilleholt, a déclaré : « *Depuis 2012, le coût de notre politique des renouvelables a considérablement augmenté. [Elle] est devenue trop coûteuse* ». Ce jugement très critique n'est pas le nôtre, ni celui d'un journaliste ou d'un universitaire isolé. C'est celui du ministre responsable, et il est partagé par la majorité du Parlement danois. Il annonce sinon un changement complet de la politique des renouvelables, à tout le moins un sérieux coup de frein à cette politique.

La subvention à l'électricité solaire dite 60/40 (60 ores/KWh, soit environ 80 €/MWh durant les dix premières années ; 40 ores/KWh, soit 54 €/KWh durant les dix années suivantes), cette subvention est purement et simplement supprimée.

Plus important sans doute, le gouvernement a fait marche arrière sur les champs d'éoliennes en mer prévus dans le programme de 2012. Ces champs devaient avoir une puissance de 350 MW, et être construits avant 2020. Cet investissement a été officiellement abandonné (en langage politique, on dit : repoussé à une date ultérieure). Le ministre a déclaré : « *Quand je regarde rétrospectivement l'accord sur l'énergie de 2012, je vois que la décision de les construire [ces éoliennes en mer] a été une erreur* ». Le gouvernement danois a évalué l'économie que cet abandon entraînera : 8 milliards de couronnes, soit 1 milliard d'euros, sur 12 ans. En postulant un taux de charge de 30 %, on calcule que la subvention dont auraient bénéficié ces éoliennes en mer s'élevait à environ 100 €/MWh, ce qui est d'ailleurs moitié moins que le prix d'achat de l'électricité éolienne en mer en France.

Les industriels danois de l'éolien, pourtant prompts à affirmer que le coût de leur électricité a tellement baissé qu'il atteint maintenant la « parité réseau », ont vivement dénoncé ce coup de frein à l'aide publique, qui disent-ils, va marquer un coup d'arrêt au développement de l'électricité renouvelable au Danemark.

Espagne, ou le rêve brisé

L'Espagne est, derrière le Danemark, médaille d'argent au palmarès de l'électricité renouvelable. Son expérience dans ce domaine, qui a été largement présentée comme un succès complet, et un exemple à suivre, mérite d'être examinée avec soin[1].

Le contexte est celui d'un pays où la demande d'électricité a augmenté entre 2000 et 2008, avant de diminuer à partir de 2008, sous le double effet de la crise économique et de la hausse des prix de l'électricité. Au début de la période, le mélange électrique était dominé par le charbon (37 %) et le nucléaire (28 %), avec un hydraulique modeste (10 %).

Au cours de ces 15 dernières années, la structure de la production d'électricité a profondément évolué. Premièrement, la part du nucléaire (21 %, la première source d'électricité du pays) et de l'hydraulique (environ 14 %) sont restées à peu près constantes. Deuxièmement, celle du charbon a beaucoup diminué. Troisièmement la part du gaz naturel a beaucoup augmenté. Quatrièmement enfin, à partir du début des années 2000 pour l'éolien et de 2008 pour le solaire, ces énergies renouvelables intermittentes se sont développées rapidement. En 2014, l'éolien représente 19 % et le solaire 5 % de la production espagnole d'électricité. C'est cette dernière évolution qui nous intéresse ici. Pour l'analyser, il est utile de distinguer deux périodes bien différentes : une décennie de forte croissance

1. Pour des comparaisons avec la France, on notera que le PIB de la France est le double du PIB de l'Espagne ; multiplier par deux les chiffres absolus (de capacité, de production, de coûts) de l'Espagne permet de comparer avec les mêmes chiffres pour la France.

Tableau III-5 – Mélange électrique, Espagne, 2000, 2010, 2014

	2000	2010	2014
Production (TWh)	221	298	274
Structure (% production)			
Charbon	37	9	16
Pétrole	10	6	5
Gaz naturel	9	32	17
Nucléaire	28	21	21
Hydraulique	12	14	14
Eolien	2	15	19
Solaire	–	2	5
Autres	2	2	3

Source : IEA. *Energy Policies of IEA Countries – Spain 2015 Review*. p. 165

(2000-2011), suivie d'un coup d'arrêt et d'une stagnation (2011-2015).

La forte croissance des années 2000 – En Espagne en 2000, l'éolien était embryonnaire, et le photovoltaïque inexistant. Entre 2000 et 2011, l'investissement et la production de renouvelables se sont *envolés*. La puissance du parc éolien a augmenté de 19000 MW, et celle du parc photovoltaïque de 3600 MW. Cela représente un investissement considérable. En l'absence de données directes sur le montant de cet investissement, on peut en donner une estimation à partir des données de l'AIE sur le coût des investissements dans les différentes filières de production d'électricité : 2350 $/kW dans l'éolien terrestre et 6000 $/kW dans le photovoltaïque (IEA 2010, p 102). Il s'agit là des médianes des chiffres enregistrés dans les années précédentes dans une douzaine de pays, nettement plus élevés que les chiffres enregistrés aujourd'hui, mais probablement représentatifs des coûts espagnols de la période considérée. La dépense d'investissement se serait ainsi élevée à 66 milliards de dollars, ou si l'on préfère environ 50 milliards d'euros (sur la base de 1 €= 1,3 $). L'éolien représente les deux-tiers de ce coût, le solaire un tiers. Il s'agit là des coûts d'investissement « directs », à l'exclusion des surcoûts de connexion, de transport, et de protection contre l'intermittence. Cela représente un peu moins de 7 milliards de dollars par an, soit en moyenne 0,7 % du PIB du pays.

Cet investissement ne doit rien au marché de l'électricité. Il résulte uniquement d'une *volonté politique*, qui s'explique elle-même largement par le souci de suivre les directives de la Commission Européenne.

Il a été obtenu au moyen de la technique des obligations d'achat à prix élevés. L'anglais utilise la jolie expression de « feed-in tariffs », de prix nourriciers. Les opérateurs d'électricité ont été par la loi obligés d'acheter toute la production d'électricité éolienne et photovoltaïque au moment où elle était produite (qu'ils en aient besoin ou non). Pour l'éolien les opérateurs avaient le choix entre deux formules : la vente à un prix fixe, ou la vente au prix du marché augmenté d'une bonification. Au cours des années, prix fixes et bonifications ont varié. Pour fixer les idées, en 2012, au MWh, le prix fixe, formule choisie par 25 % de la production, était de 81 € ; la bonification, formule choisie par 75 % des opérateurs, était de 38 € (qui s'ajoutait à un prix de marché de 44 €).

Pour le solaire, il semble que seule la formule du prix fixe fonctionnait. Son niveau, en 2012, était de 430 €/MWh.

Prix d'achat et bonifications étaient en principe calculés de façon à assurer aux investissements éoliens et photovoltaïques un taux de rentabilité interne incitatif. On peut craindre que pour des raisons de lobbying, de dissymétrie d'information, et de baisse des coûts dans le temps, les prix aient été calculés généreusement. De toutes façons, ils s'appliquent à des productions dont le débouché est sans aucun risque du fait de l'obligation d'achat. Ils ont en tout cas été suffisants pour engendrer l'investissement de 50 milliards enregistré.

Les *rejets de* CO_2 liés à la production d'électricité ont diminué au cours de la période considérée. Cette diminution ne peut pas être entièrement attribuée au développement de l'éolien et du solaire. Elle s'explique aussi par la diminution de la production d'électricité (à partir de 2008), et par la forte diminution de la part du charbon dans la production d'électricité thermique. Pour l'évaluer d'une façon significative, il faut imaginer ce que serait aujourd'hui le mélange électrique en l'absence d'éolien et de solaire. L'hypothèse la plus raisonnable est qu'éolien et solaire seraient remplacés par du gaz naturel. L'économie de CO_2 due à ces énergies renouvelables intermittentes est donc égale au CO_2 que rejetterait la production de 66 TWh d'électricité au gaz. Le contenu en CO_2 d'un kWh produit avec du gaz est en Espagne estimé à 0,252 kg[1]. L'économie de CO_2 engendrée par le développement de l'éolien et du solaire est donc d'environ 16 millions de tonnes. Cela représente un peu moins de 7 % des rejets de CO_2 de l'Espagne en 2014. Ce chiffre est une estimation par excès : il ignore les rejets de CO_2 associés à la production, au transport et au montage des turbines éoliennes et des panneaux solaires.

Le développement des électricités éoliennes et solaires voulu et subventionné par le gouvernement espagnol a évidemment

1. Ministerio de Industria, Energia y Turismo. *Factores de emision de* CO_2*. Version 03/03/2014*, p. 15. Ce chiffre est considéré comme une sous-estimation par des spécialistes français.

engendré des *surcoûts*. Le surcoût qui en résulte est estimé (de la même façon qu'en France ou en Allemagne) comme la différence entre le prix payé au producteur et le prix de marché. Le rapport de l'AIE sur la politique de l'énergie de l'Espagne donne cette estimation pour 2012 : 6,2 milliards d'euros et pour 2013 : 6,8 milliards (p. 130). Il donne aussi un graphique qui montre l'augmentation régulière de ce surcoût, en particulier à partir de 2008 (p. 99). En supposant que ce surcoût était initialement (en 2003) de 2 milliards, et qu'il a augmenté linéairement jusqu'en 2013, on calcule que ce surcoût cumulé a été d'environ 50 milliards d'euros (précisément : 49,5 milliards d'euros).

Ce surcoût aurait du être financé par une augmentation des tarifs (contrôlés par l'Etat) et/ou par un versement compensatoire de l'Etat. En réalité, il a été inclus dans un « déficit », lui-même largement financé par la dette. Ce qu'on appelle « déficit » est la différence entre les coûts de production du système électrique et le produit des tarifs. Les coûts de production ont augmenté rapidement, à cause du développement imposé des énergies renouvelables, mais aussi à cause de l'augmentation du prix des intrants des énergies traditionnelles (charbon, pétrole et gaz). Les gouvernements, qui contrôlent les prix de vente de l'électricité, n'ont pas voulu les augmenter au même rythme que ces coûts. Un « déficit » est apparu, qui était une dette de l'Etat envers les producteurs (reconnue comme telle par l'Etat lui-même), et qui augmentait régulièrement. Ce déficit a été bancarisé. On a créé une institution publique, qui a acheté les créances des producteurs sur l'Etat, dans l'espoir que l'augmentation de la production d'électricité, et celle de ses prix, permettraient d'éliminer cette dette au cours du temps. Cet espoir, qui n'avait jamais été très réaliste, a été complètement ruiné par la grave crise économique qui frappa l'Espagne à partir de 2008.

Loin de se résorber, le déficit a continué d'augmenter. La dette cumulée atteignait 26 milliards en 2014. Cette dette en augmentation rapide a été la raison de l'arrêt du développement du renouvelable qui interviendra à partir de 2011.

Le « déficit » n'est pas une bonne mesure du surcoût des renouvelables. Le « déficit » (D) est la différence entre les coûts (C) et les prix (P). En différence, on a :

$$\Delta D = \Delta C - \Delta P$$

ΔC, l'augmentation des coûts du système, est la somme de augmentation « naturelle » des coûts de production de l'électricité hors renouvelables (ΔN) et du surcoût du à la production de renouvelables (ΔR) :

$$\Delta C = \Delta N + \Delta R$$

On a donc :

$$\Delta D - \Delta R = \Delta N - \Delta P$$

Pour que le surcoût des renouvelables soit égal au « déficit », il faudrait que $\Delta N = \Delta P$, que l'augmentation « naturelle » des coûts soit égale à l'augmentation des prix. Lequel de ces deux effets a été le plus important ? Nous n'avons trouvé aucune réponse à cette question, ni les données qui permettraient d'esquisser cette réponse. Notre impression est que les hausses de prix ont été plus importantes que les augmentations « naturelles » des coûts de production. La preuve en est que les surcoûts cumulés semblent à peu près deux fois plus lourds que les 26 milliards du « déficit » cumulé. En d'autres termes, les surcoûts engendrés par les renouvelables ont sans doute été financés pour environ la moitié par les utilisateurs (prix plus élevés), et pour une partie comparable par les contribuables (dette publique plus lourde).

La politique de promotion des renouvelables a eu d'importantes *conséquences industrielles*. Elle a été dans un premier temps favorable aux entreprises spécialisées dans le production ou le matériel éolien et solaire (Gamesa eolica, Acciona energia, Iberdrola). Ces entreprises se sont beaucoup développées, en Espagne, mais aussi à l'exportation, et sont devenues des géants mondiaux. On ne dépense pas une cinquantaine de milliards d'euros sans créer de l'activité et des emplois. Bien évidemment, l'argent qui a financé ces dépenses aurait (en leur absence) été dépensé dans d'autres secteurs, et y aurait créé activité et emplois. Les études manquent pour savoir si le gain net aurait été positif, ou négatif, et de combien.

Les renouvelables fournissent une électricité *intermittente*. La comparaison des productions et des puissances montre que l'éolien en Espagne fonctionne environ 2 000 heures par an, soit 23 % des heures de l'année ; et que le photovoltaïque fonctionne 1 720 heures, soit 20 % du temps (ce qui est nettement plus qu'en France). Cette production est non seulement intermittente, mais surtout aléatoire. Il n'y a aucune raison pour les heures pendant lesquelles éoliennes et panneaux solaires produisent de l'électricité soient les heures durant lesquelles la demande d'électricité est maximale. Ou, pour le dire autrement, aucune raison pour que les électricités éolienne et solaire soient disponibles pour répondre aux besoins. Deux des trois réponses classiques à ce problème semblent assez peu développées en Espagne.

La première est l'intégration spatiale. Si le vent ne souffle pas ou si le soleil ne brille pas au même moment dans toutes les régions, ou dans tous les pays, il est possible de transporter l'électricité des zones où elle est produite vers celles où elle ne l'est pas – à condition d'avoir un réseau de transport qui le permette. Nous n'avons pas d'information sur la capacité de transport du réseau intérieur. Mais l'interconnexion avec la France, la plus nécessaire pour l'intégration spatiale, est notoirement limitée. Jusqu'en 2015, les lignes permettaient de transporter une puissance de 1,4 GW. La ligne achevée en 2015, à un coût de 0,7 milliard d'euros, double cette capacité, qui reste faible.

La deuxième est le stockage de l'électricité intermittente produite. Le seul procédé de stockage actuellement disponible (en grandes quantités et à un coût abordable) est le pompage-turbinage. L'Espagne dispose d'une capacité de 5,3 GW (dont 1,7 GW ajouté en 2014, à un coût de 1,6 G€); c'est à peu près ce dont dispose la France, pour une production intermittente bien moindre. C'est insuffisant. Une étude de REE (Red Electrica de Espana), le réseau espagnol, affirme que 2 % de l'électricité intermittente produite en 2014, soit environ 1 TWh, a été perdue, parce que produite à des moments où elle ne pouvait être ni utilisée (faute de demande), ni stockée (faute d'installations de stockage).

Reste la troisième réponse: la construction, ou l'utilisation, de centrales au gaz qui peuvent être rapidement mises en marche lorsque la production intermittente n'est pas au rendez-vous et que le système risque de ne pas être capable de répondre à la demande. La fonction de ces centrales n'est plus principalement de produire de l'électricité, mais de servir de filet de protection aux insuffisances temporaires des électricités intermittentes. Le tableau III-6 illustre cette évolution dans le cas de l'Espagne. Par souci de simplification, on a considéré seulement deux années: 2007, comme représentative de la situation au début de la grande croissance des intermittents; et 2013 comme représentative de la situation à la fin de cette période (les chiffres pour 2014 et 2015 sont très proches de ceux de 2013).

Tableau III-6 – Relation électricité au gaz et électricités intermittentes, 2007-2013

	2007	2013	Différence
Production des intermittent (TWh)	28	63	+124 %
Production thermique au gaz (TWh)	71	28	-61 %
Puissance thermique au gaz (GW)	22	27	+21 %
Taux d'utilisation (heures/an)	3 210	1 040	-67 %

Source: Red Electrica de Espana, Balance electrico anual & Potencia instalada.

On voit clairement la complémentarité du gaz et des renouvelables intermittents. Mais surtout, on voit que le déclin très marqué (-61 %) de la production d'électricité thermique au gaz n'a pas été accompagné par un déclin de la puissance du parc de centrales au gaz, mais au contraire par une augmentation de ce parc (+21 %). Cela ne peut s'expliquer que par l'utilisation du gaz comme filet de sécurité à l'intermittence de l'éolien et du solaire. Il en résulte un considérable déclin du taux d'utilisation des centrales au gaz: de 3 200 heures par an (37 % des heures de l'année) au début de la période, à 1 040 heures (12 %) à la fin de la période. On observe une évolution comparable en Allemagne. Elle affecte dramatiquement la rentabilité de ces centrales. Une centrale au gaz qui fonctionne seulement 1 000 heures par an n'est pas rentable, même avec un gaz bon marché. L'intermittence rend les centrales au gaz à la fois nécessaires et impossibles.

Le coup d'arrêt des années 2010 – A partir de 2011, la *croissance* des parcs et des productions éolien et solaire s'arrête, comme le montrent les chiffres du tableau III-7 ci-après.

Le coup d'arrêt est brutal. C'est la *fin de l'expérience* espagnole. A partir de 2012, la puissance installée reste constante, pour

Tableau III-7 – Electricité éolienne et solaire : parcs et productions, 2011-2015

	2011	2012	2013	2014	2015
Eolien :					
Puissance (GW)	21,2	22,8	23,0	23,0	23,0
Production (TWh)	42,5	48,5	54,5	51,0	48,1
Solaire :					
Puissance (GW)	4,3	4,6	4,6	4,6	4,7
Production (TWh)	7,4	8,2	8,3	8,2	8,2

Source : Red Electrica de Espana, Balance electrico anual & Potencia instalada. Différentes année

l'éolien comme pour le photovoltaïque. L'investissement dans ces formes de production électrique a pratiquement disparu. La production, surtout éolienne, connaît des fluctuations, qui reflètent sans doute les variations météorologiques, mais autour d'une tendance parfaitement horizontale. On notera en passant que la revue de l'AIE des politiques de l'énergie de l'Espagne ne met guère en évidence cette évolution remarquable, qui contraste fortement avec la rapide croissance des années antérieures.

La raison de ce changement radical est simple et unique. En 2011, le gouvernement de M. Rajoy, nouvellement élu, a pris à bras-le-corps le problème de la dette de l'Espagne, et en particulier du « déficit » rapidement croissant du système électrique. Il a décrété la fin des subventions aux énergies renouvelables nouvelles et donc à l'électricité éolienne et solaire supplémentaire. Les investisseurs – entre deux discours sur l'abaissement du coût de ces électricités au niveau du coût des électricités traditionnelles – en ont immédiatement tiré la conclusion que les investissements dans l'éolien et le solaire n'étaient plus rentables en l'absence de subventions, et ils ont cessé d'investir dans ce secteur.

En ce qui concerne les installations déjà en place, le gouvernement a hésité. Ne rien faire, c'était accepter pour encore une quinzaine d'années (les subventions étaient prévues pour des périodes de 25 ans) des surcoûts de 5 ou 6 milliards par an et le gonflement du déficit cumulé du système, une évolution peu acceptable. Mettre un terme à ces subventions, c'était revenir sur la parole de l'Etat, ce qui constituait une attitude politiquement et juridiquement très coûteuse. Le gouvernement a finalement pris trois mesures. Il a autorisé des hausses de prix. Il a introduit une taxe (de 7 %) sur toutes les productions d'électricité. Il a remplacé les tarifs nourriciers des électricités éolienne et solaire par une prime garantissant un rendement de 7 % sur les investissements réalisés. Ce taux de rendement se calcule sur toute la durée de vie de l'investissement (y compris sur les années et les tarifs passés) ; et il s'applique à des investissements-type efficaces (ce qui pénalise ceux qui ne le sont pas). Dans la quasi-totalité des cas, ce nouveau système se traduit par une baisse, souvent importante, des versements aux producteurs.

Ces changements ont évidemment été très critiqués. La taxe sur l'électricité solaire a été présentée dans la presse comme une scandaleuse « taxe sur le soleil ». Les hausses de prix ont été décriées comme causant une intolérable « précarité énergétique » (ce qu'elles font en effet). Les investisseurs, qui sont affectés, parfois sévèrement, par la diminution de leurs revenus, et la perte de valeur de leurs investissements, protestent vigoureusement.

Les *hausses du prix* de l'électricité pour le consommateur final sont intervenues pendant les deux périodes, la période de forte augmentation de l'offre d'électricité intermittente, et la période d'arrêt de cette augmentation. Mais elles ont la même cause : le surcoût causé par cette électricité intermittente ; et il est légitime de s'intéresser à la hausse des prix intervenue sur l'ensemble des deux périodes. On le fera en comparant l'évolution des prix en Espagne et en France. En réalité, la France aussi a vu les prix augmenter en partie à cause des surcoûts causés par une politique – moins vigoureuse qu'en Espagne, mais cependant bien réelle – de promotion des électricités intermittentes. La comparaison la plus significative devrait se faire avec ce qu'aurait été la hausse des prix en l'absence de toute politique de subvention du solaire et de l'éolien. Mais la construction de ce contrefactuel est délicate et inévitablement critiquable. La comparaison avec le cas français est plus facile, plus compréhensible – et plus prudente.

Tableau III-8 – Prix de l'électricité, Espagne et France, 2005-2015

	Espagne	France	Différence
Prix pour les ménages :			
2005 (€/MWh)	110	119	-8 %
2015 (€/MWh)	231	168	+38 %
Variation (%)	+110%	+42%	
Prix pour les industriels :			
2005 (€/MWh)	69	53	+30 %
2015 (€/MWh)	112	78	+44 %
Variation (%)	+62%	+47%	

Source et note : Eurostat (base de données). Les prix pour les ménages sont des prix toutes taxes comprises ; les prix pour les entreprises n'incluent pas la TVA et les autres taxes déductibles.

Le tableau III-8 compare les prix de vente de l'électricité en Espagne et en France. Alors qu'en 2005 les prix pour les particuliers étaient voisins dans les deux pays (ils étaient même un peu plus bas en Espagne), en 2015 ils sont plus élevés de presque 40 % de l'autre côté des Pyrénées. Une autre façon de raconter la même histoire est de remarquer que ces prix ont dans la période considérée augmenté d'un peu plus de 40 % en France et de 110 % en Espagne. On observe la même évolution, en moins marqué, pour les prix payés par les industriels.

On ne peut pas imputer à la seule politique de promotion des renouvelables la totalité de cette hausse de 110 %. Une partie s'explique sans doute par la hausse de certains intrants, notamment le prix du gaz. Cette partie est difficile à évaluer, mais elle est certainement minoritaire. La comparaison avec la France, soumise à une dérive comparable du coût des intrants, et qui a aussi connu une hausse des prix de vente imputable aux renouvelables (bien moindre qu'en Espagne), suggère qu'en l'absence de renouvelables, l'Espagne aurait sans doute connu une hausse des prix de quelques 20 ou 25 %. Elle en a connu une de 110 %. On peut en conclure que la politique des renouvelables y a engendré une hausse des prix de l'électricité que l'on peut grossièrement évaluer à environ 85 ou 90 %.

L'impact sur les *entreprises du secteur* a également été important. On a vu que dans un premier temps, la politique suivie leur a été favorable. Dans un deuxième temps, cependant, au cours des cinq dernières années, ces mêmes entreprises ont été gravement touchées par l'arrêt des investissements dans le segment espagnol de leur activité, et connaissent actuellement de grandes difficultés. Les trois grandes entreprises de production d'électricité (Endesa, Iberdrola, et Gas Natural Fenosa) ont non seulement souffert de la terrible crise économique qui a frappé l'Espagne, mais elles ont été coincées entre les augmentations de coût de production et de distribution causées par la politique, d'un côté, et les contraintes sur l'augmentation de leurs prix également imposées par les gouvernements. Elles ont courageusement cherché à exporter leur savoir-faire. Elles sont actuellement toutes les trois notées BBB par Standard & Poor ou Baa par Moody's, ce qui n'est ni satisfaisant ni rassurant.

On a analysé ci-dessus l'expérience espagnole de promotion massive de l'électricité éolienne et photovoltaïque dans la période 2000-2015. Les objectifs politiques visés ont été atteints. Dans un contexte de variation de la demande (croissance jusqu'en 2008, diminution ensuite), et de constance de la production d'électricité nucléaire et hydraulique, cette promotion s'analyse comme la substitution d'électricité éolienne et solaire à de l'électricité thermique au gaz (à hauteur de près du quart de la production électrique du pays).

Il en a résulté une diminution certaine mais modeste des rejets de CO_2 du système électrique espagnol. On l'a évaluée à environ 16 M de tonnes de CO_2, soit 7 % des rejets du pays. A 30 € la tonne, cela représente un gain annuel d'environ 0,5 milliards d'euros.

Il en a surtout résulté des surcoûts évalués (en cumulé) à environ 50 milliards d'euros, qui ont causé à la fois une hausse des prix considérable (85 à 90 % pour les particuliers), et une hausse de la dette publique également considérable (près de 30 milliards).

La politique engagée, qui a conduit à une impasse financière, est apparue comme non soutenable, non durable. A partir de 2011, le gouvernement s'est vu obligé d'y mettre fin. Les investissements nouveaux dans l'éolien et le solaire se sont totalement arrêtés depuis 2012. En ce sens, on peut dire qu'un terme a été mis à l'expérience espagnole. Le gouvernement a aussi essayé de réparer les dommages budgétaires causés par cette expérience. Ce sevrage a été pénible, pour tous les acteurs :

pour les consommateurs domestiques et industriels, pour les investisseurs, pour les industriels du solaire et de l'éolien, pour les opérateurs du réseau. Il a été mal reçu par l'opinion. Les protestations visaient le sevrage, mais elles concernaient en fait le gavage qui avait rendu ce sevrage nécessaire.

Au total, il est difficile de ne pas considérer que les coûts de cette politique pèsent plus lourd que ses bénéfices. Loin d'être un succès, elle a été un échec.

Allemagne, ou la passion en marche

L'Allemagne offre sans doute l'expérience d'amour des renouvelables la plus intéressante pour des Français. Parce qu'elle est médaille de bronze aux championnats de la part de l'éolien et du solaire dans la production d'électricité. Parce qu'elle est le plus important des pays de l'Union Européenne. Parce que les réseaux électriques allemands et français sont fortement interconnectés, et que ce qui se passe en Allemagne a une influence directe sur ce qui se passe en France. Dans les années 2010, l'Allemagne disposait depuis longtemps de 17 réacteurs nucléaires produisant un peu plus de 20 % de l'électricité du pays. C'est peu relativement à la France où 58 réacteurs produisent quelques 75 % de l'électricité. Mais cela n'est pas négligeable non plus, et la question de leur devenir faisait depuis une douzaine d'années l'objet d'une valse-hésitation. L'Allemagne avait d'abord décidé leur élimination. Puis elle était revenue sur cette décision. La destruction par un tsunami des réacteurs de Fukushima, au Japon, a fait pencher la balance. L'Allemagne a immédiatement constitué une « commission d'éthique » composée principalement de philosophes et d'évêques, qui a rapidement conclu que la production d'électricité nucléaire allemande était intrinsèquement « immorale » (mais pas la consommation d'électricité nucléaire importée de France ou de République Tchèque). La chancelière Merkel a sans tarder décidé la fermeture immédiate de 7 centrales, et programmé la fermeture des autres dans les dix années suivantes.

Cette décision marque le point de départ de la « transition énergétique » (l'*Energiewende*). Deux objectifs principaux sont affichés : (i) réduire de 40 % les émissions de CO_2 de 2020 (par rapport à 1990), et (ii) faire passer à 80 % la part des renouvelables dans la production d'électricité en 2050. L'objectif immédiat est le remplacement de l'électricité nucléaire par de l'électricité éolienne et solaire. Cette « transition » a lieu dans un contexte de quasi stagnation de la demande d'électricité de l'Allemagne. Lorsque de nouvelles sources de production sont mobilisées, elles doivent être accompagnées d'une diminution de la part de certaines des sources existantes (ou d'une augmentation des exportations nettes). Les renouvelables sont au cœur de l'*Energiewende*. On analysera cette expérience en soulignant quatre caractéristiques de l'électricité produite, qui est : (i) abondante, (ii) carbonée (iii) intermittente, et iv) coûteuse.

Electricité abondante – Le développement de l'électricité éolienne et solaire en Allemagne a été considérable, comme le montre le tableau III-9.

L'importance des renouvelables intermittents était déjà grande en 2010, puisque solaire et éolien représentaient alors 8 % de la production d'électricité – plus que ce qu'elle représentent aujourd'hui dans la presque totalité des pays du monde. La ruée vers le vert en Allemagne est donc antérieure aux décisions de 2011 consécutives à Fukushima. Mais elle a été accélérée par ces décisions. Comme le montre le tableau, la production d'électricité nucléaire a été réduite d'environ 50 TWh (entre 2010 et 2015), et dans le même temps, la production d'électricité

Tableau III-9 – Production d'électricité par origine, Allemagne, 2010-2015

	2010 TWh)	2015 (TWh)
Eolien et solaire[a]	50	126
Thermique fossile[b]	369	304
Nucléaire[a]	141	92
Autres	73	121
Total[a]	**633**	**647**
Part des renouvelables	8 %	19 %

Sources : [a]British Petroleum, *op. cit.* [b]Office fédéral statistique (destatis. de Facts & Figures) et IEA. 2013 *Energy Policies of IEA Countries – Germany 2013 Review.*

solaire et éolienne a été augmentée de 70 TWh, ce qui représente une augmentation relative de 150 %. De 8 % en 2010, la part des renouvelables intermittents dans la production d'électricité atteint presque 20 % en 2015.

Le partage entre solaire et éolien dans cette électricité a évolué au cours de ces années. En 2010, le solaire représente 24 % du total ; ce pourcentage augmente jusqu'à 39 % en 2014, pour redescendre à 30 % en 2015, année de grands vents.

Tout cela reflète des investissements considérables (eux-mêmes engendrés par des dispositifs de subventions importants, discutés ci-dessous). Le tableau III-10 les évalue pour la période 2010-2015. Il porte sur les puissances installées (ou plus précisément sur leur augmentation), qui rendent mal compte de la production, mais qui décrivent bien l'effort d'investissement consenti. On ne dispose pas des coûts unitaires d'investissement (le coût d'un investissement de 1 GW) pour l'Allemagne, mais seulement pour le globe. Ils ne peuvent pas être très différents puisque l'essentiel du coût consiste en l'achat de turbines à vent ou de panneaux solaires vendus sur un marché international, et donnent donc des ordres de grandeurs significatifs. Ce tableau illustre plusieurs évolutions ou ratios importantes.

Tableau III-10 – Investissements dans les renouvelables, Allemagne, 2010-2015

	2010	2011	2012	2013	2014	2015	Total
Eolien :							
Capacité créée (GW)	1,5	1,9	2,3	3,0	4,8	5,9	19
Coût (G$/GW)	2,6	2,0	1,8	2,5	2,0	1,7	
Montant des invt (G$)	4	4	4	8	10	10	39
Solaire :							
Capacité créée (GW)	7,4	7,4	7,6	3,3	2,0	1,4	29
Coût (G$/GW)	6,2	7,8	5,0	3,2	3,5	3,2	
Montant des invt (G$)	46	58	38	11	7	5	164
Eolien + solaire :							
Montant des invt (G$)	50	62	42	18	17	15	203

Sources et notes : Les capacités créées ont été calculées à partir de British Petroleum, *op. cit.* Les coûts unitaires ont été calculés pour l'ensemble du globe en divisant les investissements annuels (selon Bloomberg & UNEP *Global Trends in Renewables Energy Investments 2016)* par les capacités installées (selon British Petroleum). G = milliards.

Tout d'abord, et cette évolution n'est pas propre à l'Allemagne, les coûts unitaires des investissements ont diminué : nettement dans l'éolien, et très fortement dans le solaire où ils ont été presque divisé par deux entre le début et la fin de la période.

Deuxièmement, l'effort d'investissement allemand dans les renouvelables a été considérable : environ 200 milliards de dollars en 6 ans (quelque 170 milliards d'euros), soit une moyenne de 34 milliards de dollars par an, à peu près trois fois le budget de la justice de la France. Pour porter de 8 % à 19 % la part des renouvelables dans le mix électrique allemand.

Troisièmement, c'est le solaire, pas l'éolien, qui s'est taillé la part du lion. Cela est vrai en termes de dépenses : l'Allemagne – un pays pourtant plus venteux qu'ensoleillé – a dépensé quatre fois plus pour le solaire que pour l'éolien. Cela est même vrai en termes de capacité installée : 19 GW d'éolien et 29 GW de solaire pour toute la période. Bien entendu, il en va différemment en termes de production. Parce que les centrales éoliennes produisent pendant environ deux fois plus d'heures par an que les centrales solaires, la production d'électricité éolienne est plus importante (en gros : deux fois plus importante) que celle d'électricité solaire. La priorité donnée au solaire est d'ailleurs beaucoup plus forte au début de la période (environ 7 GW par an) qu'à la fin de la période (1,4 GW en 2015). Ce déclin de l'investissement dans le solaire est encore plus marqué lorsque l'on considère le montant des investissements (puisque le coût unitaire du solaire a fortement diminué) : environ 50 milliards de dollars par an dans les premières années, 5 milliards durant la dernière années (ce qui reste considérable). L'évolution des capacités créées dans l'éolien suit logiquement une tendance inverse, c'est à dire une augmentation constante.

Comme l'affirment à peu près 90 % des entrées de Google correspondant à « Electricité en Allemagne », la transition apparaît comme un succès complet. Nombreux sont ceux qui projettent (un peu naïvement sans doute) la croissance de la période 2012-2015 pour affirmer que l'objectif de 80 % de la part des renouvelables sera certainement atteint et même dépassé. Le problème de la transition énergétique allemande ne peut cependant pas sans danger être réduit à ces chiffres. Un examen plus attentif conduit à une vision plus nuancée.

Electricité carbonée – Ce n'est bien entendu pas l'électricité solaire et éolienne allemande qui est carbonée. C'est l'ensemble de l'électricité allemande, malgré l'électricité renouvelable. L'objectif principal affiché de l'*Ernergiewende* était la réduction des rejets de CO_2 associés à l'électricité de l'Allemagne. Ces rejets représentent environ 40 % des rejets totaux du pays. Ils sont élevés : environ 500 g de CO_2 par kWh d'électricité, à comparer avec 70 g pour l'électricité française. Les rejets de CO_2 de la seule électricité allemande sont du même ordre de grandeur que ceux de toute l'économie française. Les réduire était – et reste – un objectif important de la politique allemande de transition énergétique. A-t-il été atteint ? Non.

Tableau III-11 – Rejets de CO_2 électrique, Allemagne, 2010-2015

	2010	2011	2012	2013	2014	2015
Electricité produite (TWh)	633	613	630	639	625	647
CO_2 électrique (Mt)	315	304	325	331	317	313
Intensité CO_2 (g CO_2/KWh)	498	496	516	518	507	484

Sources : Pour la production d'électricité : British Petroleum, op. cit. Pour les rejets de CO_2 liés à la production d'électricité : Agora nergiewende. 2016. *The Energy Transition in the Power Sector.*

Au cours des années 2010-2016, au delà de fluctuations mineures contingentes (à la conjoncture économique ou météorologique), la production d'électricité, les rejets de CO_2 liés à cette production, et par conséquent le contenu en carbone de l'électricité allemande sont tous les trois restés stables. Aucun progrès notable n'a été enregistré. Les 200 milliards de dollars investis au nom de la baisse du CO_2 l'ont été pour rien.

Cette évolution était parfaitement prévisible. La politique engagée visait en effet à réduire l'importance de l'électricité nucléaire au profit de l'électricité verte, c'est-à-dire à remplacer une électricité non carbonée par une autre électricité non carbonée. On ne pouvait de toute évidence pas en attendre une diminution des émissions de CO_2. La justification par le CO_2 n'était qu'un habillage ou pour mieux dire un camouflage.

En réalité, l'évolution a été plus complexe, et ne se réduit pas à cette substitution nucléaire-renouvelables. L'augmentation de l'électricité verte a été plus importante que la diminution de l'électricité nucléaire. Les autres sources d'électricité (comme la biomasse, ou les déchets, négligés ici dans un souci de simplicité) ont augmenté leur contribution. Finalement, la quantité d'électricité thermique fossile, la source des rejets de CO_2, a nettement diminué. Les rejets de CO_2 auraient donc dû se réduire. S'il n'en a rien été, c'est à cause d'un changement dans la structure de ce thermique fossile : moins de thermique au gaz, plus de thermique au charbon. Pour comprendre ce phénomène, qui évoque un billard à trois ou quatre bandes, il faut garder à l'esprit (i) que le charbon rejette, au kWh produit, environ deux fois plus de CO_2 que le gaz, et (ii) que le charbon se transporte bien plus facilement que le gaz sur de longues distances.

La cause du changement considéré est technico-économique, et fortuite : le prix international du charbon a fortement diminué, celui du gaz en Europe est largement resté constant. Pourquoi ? Principalement à cause du gaz de schiste aux Etats-Unis. Son abondance a entrainé, aux Etats-Unis, une forte baisse du prix du gaz. Les producteurs d'électricité américains ont remplacé le charbon par du gaz (ce qui a du reste entraîné une baisse notable du contenu en carbone de l'électricité américaine). Les producteurs de charbon américains ont exporté leur charbon, ce qui a fait baisser le prix du charbon sur les marchés mondiaux, et notamment en Europe. Confrontés à un charbon bon marché et un gaz coûteux, les électriciens allemands ont fait le contraire des électriciens américains, et substitué du charbon au gaz.

Le résultat a été, pour l'Allemagne, un peu moins d'électricité thermique, mais une électricité thermique plus chargée de CO_2, et au final, ceci compensant cela, des rejets de CO_2 largement constants. On peut parler d'échec environnemental. Il serait cependant injuste de mettre entièrement cet échec à la charge de la politique des renouvelables suivie. Cette politique, dans la mesure où la production additionnelle de d'électricité renouvelable dépasse la diminution de production d'électricité nucléaire, aurait dû engendrer une réduction des rejets de CO_2. Cette réduction aurait été faible (moins de 10 % du CO_2 électrique), mais réelle. Elle a été contrecarrée et annulée par les soubresauts du marché international du charbon et du gaz.

Electricité intermittente – En mai 2016, *L'Express* titrait : « *Le 6 mai 2016 à 13 heures, 87 % de la consommation d'électricité allemande fournie par les énergies vertes* ». Les médias raffolent et fourmillent d'annonces de ce type, qui magnifient les énergies renouvelables, et donnent à imaginer leur avenir radieux (pour les lecteurs qui manqueraient d'imagination, le même article sous-titrait : « *L'Allemagne au tout énergie propre en 2050* »). L'information est certainement une vérité, mais une vérité incomplète qui ressemble à un mensonge publicitaire. Elle est néanmoins intéressante parce qu'elle attire l'attention, bien involontairement sans doute, sur le caractère intermittent de l'électricité verte, et sur les problèmes qu'elle cause.

Choisir une journée (sur 365) et a fortiori une heure (sur 8 760) est sans signification, et de ce fait trompeur. Prendre une heure de l'année, par une nuit sans vent, durant laquelle la part de l'éolien et du solaire dans la production d'électricité en Allemagne est de 0 %, serait également trompeur (mais personne ne le fait jamais). Eolien et solaire assurent 20 % de la production d'électricité. On est loin de 87 %. En réalité 20 % est une moyenne entre des heures à 87 % et des heures à 0 %. Entre une heure à 87 % et trois heures à 0 %, pour être précis. Mettre en avant une pointe de production verte comme celle du 8 mai 2016, c'est souligner que pendant une grande partie des heures de l'année cette production est faible ou nulle.

La réalité de la production de renouvelables est figurée par une courbe donnant pour chacune des heures de l'année la production d'électricité solaire, ou éolienne, ou solaire plus éolienne. Cette courbe connaît des variations de très grande ampleur (de zéro MWh à 50 000 ou 60 000 MWh). Certaines de ces fluctuations sont quotidiennes (le solaire ne produit rien la nuit, et a des pointes en milieu de journée). D'autres sont saisonnières (le solaire produit plus l'été que l'hiver). D'autres sont aléatoires (le vent souffle quand il veut).

La réalité de la demande d'électricité est également figurée par une courbe comparable, qui connaît aussi des fluctuations quotidiennes (avec des pics le matin, à midi, et surtout le soir) et saisonnières (on consomme plus d'électricité l'hiver que l'été), mais dont l'ampleur des variations est bien moindre (de 1 à 2 environ).

Il n'y a aucune raison pour que ces deux courbes soient synchrones. Elles ne le sont pas. Elles sont même fréquemment divergentes. Les pics de solaire, en particulier, ont surtout lieu l'été en milieu de journée, aux heures où la demande d'électricité est particulièrement faible ; et les pics de demande d'électricité ont surtout lieu durant les soirées d'hiver, lorsque la production solaire est nulle ou faible. Cette inadéquation temporelle, due à l'intermittence des renouvelables, a de lourdes conséquences.

Tantôt (comme le fameux 6 mai 2016 à 13 heures) la production d'électricité renouvelable fait que l'offre dépasse les besoins. Les opérateurs des réseaux, obligés d'acheter toute l'électricité produite par les renouvelables, ne savent pas quoi en faire. Le prix de gros de l'électricité s'effondre, et devient parfois négatif. C'est ce qui s'est produit le 6 mai 2016 pendant plusieurs heures. La rentabilité des centrales thermiques est doublement et gravement affectée : elles vendent moins (puisque le réseau doit donner la priorité aux renouvelables) et moins cher (puisque les renouvelables pèsent sur les prix). Tous les producteurs allemands autres que les producteurs de renouvelables perdent de l'argent. Ils sont tentés de fermer leurs centrales devenues non rentables.

Tantôt, la production d'électricité renouvelable est faible. Pour faire face à la demande d'électricité, les réseaux font alors appel à la production thermique. Ils ont donc besoin d'avoir comme filet de protection un parc thermique suffisamment important.

Les renouvelables prennent ainsi le système électrique en tenaille. Lorsqu'ils produisent peu, ils rendent nécessaire un parc thermique important ; lorsqu'ils produisent beaucoup, ils rendent le parc thermique non rentable.

L'inadéquation de l'offre d'électricité renouvelable à la demande d'électricité de l'Allemagne n'est pas seulement temporelle, elle est également spatiale. L'électricité éolienne est surtout produite dans le Nord et l'Est (cela est évident pour l'éolien en mer). L'électricité est surtout consommée dans le Sud et l'Ouest où se concentrent population et industrie. L'acheminement de l'électricité renouvelable requiert de très lourds investissements de transport à longue distance que les populations acceptent mal, et que le réseau peine parfois à faire dans les temps.

Electricité subventionnée – Le développement massif de l'électricité solaire et éolienne en Allemagne s'est appuyé sur un système d'obligations d'achats à un prix très élevé. Ce système n'a rien d'original, mais il a la particularité d'être, et de loin, le plus coûteux du monde. Le prix de cette électricité verte, fixé par l'Etat, est beaucoup plus élevé que le coût de l'électricité « classique ». L'obligation d'achat se traduit donc par un surcoût pour le réseau, que l'Etat compense en imposant aux citoyens allemands le paiement d'une surcharge (EEG en allemand, du nom de la loi qui l'a instituée) appliquée à toute l'électricité vendue au détail dans le pays. Le montant de cette surcharge est recalculé chaque année par le gouvernement. Cet EEG donne une mesure (imparfaite, comme on verra) du coût causé par ces subventions.

Le montant unitaire (par MWh d'électricité produit) a augmenté d'une façon constante et importante : il était de 20 € en 2010, il est de 62 € en 2015. Le montant total a augmenté dans les mêmes proportions : 8 milliards d'euros en 2010, 24 milliards en 2015. A ces montants déjà élevés s'ajoute une TVA de 19 %, qui n'est pas une subvention aux producteurs de renouvelables, mais qui n'en est pas moins un coût pour les consommateurs.

Le mot de subvention convient-il bien pour décrire ce système ? Les 24 milliards de l'EEG en 2015 sont certainement une aide pour les producteurs d'éolien et de solaire, qui est certainement de leur point de vue une subvention – sans laquelle le développement enregistré n'aurait pas eu lieu. Mais ces 24 milliards ne proviennent pas des budgets publics. Ils viennent des consommateurs de l'électricité consommée, quelle qu'en soit l'origine, qui subventionnent ainsi l'électricité verte. Bien entendu, cette contribution interne au secteur n'est pas volontaire, elle résulte d'une décision politique. On pourrait regarder cette EEG comme un impôt affecté, un impôt sur l'électricité décidé par l'Etat, et immédiatement affecté à subventionner l'éolien et le solaire. Les comptables nationaux, dans leur sagesse, prennent en compte les prélèvements de ce type dans leur évaluation des prélèvements obligatoires.

L'EEG augmente d'autant le prix de vente de l'électricité en Allemagne. En réalité, il l'augmente bien plus pour les consommateurs particuliers que pour les consommateurs industriels. Dans le but de protéger son industrie, le gouvernement allemand offre de généreuses exemptions aux industries qui consomment beaucoup d'électricité, ce qui a pour effet de mettre à la charge des ménages la plus grande partie de l'EEG. En 2015, l'industrie qui consomme 45 % de l'électricité du pays paye seulement 29 % de l'EEG.

Comme le montre le tableau ci-dessous, les prix pour les ménages allemands sont de 80 % supérieurs aux prix pour les ménages français. L'électricité renouvelable est l'un des facteurs explicatifs de cette différence.

Tableau III-12 – Prix de l'électricité, Allemagne et France, 2016

	Allemagne	France	Différence	Ratio
Domestique (€/MWh)	300	168	132	+79 %
Industriel (€/MWh)	197	119	78	+66 %
Domestique / industriel	+52 %	+41 %		

Source : Eurostat Data Explorer. Différence = Allemagne moins France. Ratio = Allemagne sur France

L'EEG est une première explication. On a vu que l'EEG s'analysait comme une charge de 62 €/MWh sur l'électricité vendue (74 € lorsque l'on prend en compte la TVA). Cette charge est à comparer avec la différence de prix entre la France et l'Allemagne (132 € et 78 €). On voit que l'EEG explique une part importante de la différence de prix entre les deux pays : presque la moitié pour les ventes aux ménages, 80 % pour les ventes aux entreprises. Il faut bien voir que l'EEG reflète, dans sa raison d'être et dans son mode de calcul, une différence de coûts de production entre les deux mélanges électriques. Elle est ce que les producteurs de renouvelables allemands estiment nécessaire pour fonctionner. Elle comporte sans doute une part de rente obtenue par les producteurs de renouvelables les plus efficaces (condamnable car sans justification éthique ou économique) mais qui ne doit pas être bien considérable.

Les coûts de réseau, ou plus précisément l'augmentation des coûts de transport et de distribution causée par les renouvelables, offrent une seconde explication. On a vu que l'inadéquation temporelle et géographique de l'offre de renouvelables à la demande d'électricité rendait nécessaire de coûteuses lignes supplémentaires, de dispositifs d'adaptation instantanée également coûteux, ou de redondances qui coûtent cher. Tout cela augmente les coûts économiques d'un système comportant 20 % d'éolien et de solaire.

La hausse des prix de vente de l'électricité frappe durement les ménages, et en particulier les plus pauvres. Comme le savent bien les économistes, une taxe qui frappe un bien dont l'élasticité au revenu est faible s'analyse comme un impôt régressif. Ce point a été mis en évidence dans le cas allemand. Le tableau III-13 donne, en pourcentage du revenu, le poids des dépenses d'électricité des ménages, et le poids de l'EEG, en fonction du revenu mensuel des ménages.

Les ménages du groupe le plus pauvre dépensent en électricité, en pourcentage de leur revenu, trois fois plus que ceux du groupe

Tableau III-13 – Poids relatif des dépenses d'électricité et de l'EEG en fonction du revenu des ménages

Revenu ménage (€/mois)	Dépenses élect / revenu (en %)	EEG / revenu (en %)
< 1300	4,7	0,15
1300-2600	3,1	0,10
2600-3600	2,5	0,08
3600-5000	2,1	0,07
5000-10000	1,5	0,05
Ensemble	2,4	0,08

Source: J. Diekman, B. Breitschopft & U. Lehn. *Social impacts of renewable energy in Germany – size, history, and allocation*. GWS Discussion Paper 2016/07.

le plus riche. Les décisions et les dépenses qui augmentent le prix de l'électricité, telles que l'EEG et plus généralement l'*energiewende*, pèsent donc trois fois plus lourd sur les pauvres que sur les riches. Le phénomène est général, mais le cas allemand l'illustre clairement.

Dès les années 2012 ou 2013, il est apparu que les coûts du système étaient en train de devenir insupportables. En février 2013, dans une interview au *Frankfurter Allgemeine*, M. Altmayer, alors ministre de l'énergie et de l'environnement, déclarait avec force et clarté: « *Les coûts des plans de réforme et de restructuration du secteur énergétique de l'Allemagne [entendez: l'Energiewende] pourraient atteindre mille millards d'euros d'ici 2030. Les tarifs nourriciers – des prix de l'électricité garantis afin de soutenir l'adoption de renouvelables tels que l'éolien et le solaire [en un mot: l'EEG] – pourraient à eux seuls coûter 680 milliards d'euros d'ici 2022* ». Un ministre allemand de premier plan n'est pas un hurluberlu irresponsable, et un ministre de l'Environnement n'est pas suspect de mépriser l'environnement. Son cri d'alarme contient nécessairement une grande part de vérité, et doit être pris au sérieux.

Il l'a été. Un important débat politique s'est engagé, qui a abouti à une loi de 2016 qui modifie substantiellement la loi de 2012. La nouvelle réglementation s'appuie sur deux piliers. Tout d'abord, c'est le gouvernement qui décide (d'une façon très planifiée) l'ampleur des investissements autorisés dans l'éolien terrestre (2,8 GW par an), dans l'éolien en mer (0,5 GW par an, augmentant à 0,8 au bout de quelques années), et le solaire (2,5 GW par an). Ce n'est pas un coup d'arrêt, mais néanmoins un coup de frein, au développement des renouvelables. Leur production va continuer à augmenter, mais à un rythme plus modeste.

Le deuxième pilier est un système de mise aux enchères qui remplace le système des prix nourriciers. Le gouvernement décide l'implantation d'une ferme éolienne de 0,3 GW de capacité. Les firmes intéressées répondent à cet appel d'offre en déposant un dossier ; un élément clé du dossier est le montant de la subvention annuelle que la firme réclame du gouvernement afin de réaliser l'investissement ; le gouvernement choisit la firme qui demande la plus petite subvention. Ce système d'enchères a le double avantage d'éliminer l'incertitude qui règne sur le coût de l'investissement (qui décline, et qui est mieux connu de la firme que du gouvernement), et de mobiliser la concurrence pour raboter les rentes des fournisseurs. Le système, en tant que tel, tirera donc vers le bas les montants des subventions aux renouvelables. Mais il ne les supprimera pas. Celles qui ont été accordées avec le système ancien vont continuer à être versées pendant dix ou quinze ans. Celles qui le seront avec le nouveau système (qui commence en janvier 2017) seront moindres, mais pas nulles. Le total continuera sans doute à croitre pendant une décennie avant d'amorcer une décrue. Mieux vaut une parabole qu'une exponentielle.

En *conclusion*, il est difficile de voir dans *l'Energiewende* un grand succès. Elle a consisté à fermer des centrales nucléaires et à les remplacer par des installations solaires et éoliennes. Elle a certes fait plaisir à tous ceux, et ils sont nombreux, qui haïssent le nucléaire, et qui adorent les renouvelables. Mais on est là dans le registre de l'affectif. Elle n'a pratiquement apporté aucun gain environnemental, puisque les rejets de CO_2 de la production d'électricité n'ont que très peu diminué. Elle a remplacé une électricité certaine par une énergie incertaine, ce qui menace la sécurité de l'approvisionnement électrique, et rend nécessaire toutes sortes d'investissements complémentaires (réseaux, centrales thermiques sous-employées, etc.). Elle a enfin considérablement augmenté le coût de l'électricité payée par les ménages et les entreprises. Beaucoup de coûts pour bien peu de gains.

Dans les médias et l'opinion, l'*Energiewende* reste cependant plutôt populaire. Une recherche sur Google fait apparaître environ 80 ou 90 % de références favorables ou laudatives. Elle révèle d'ailleurs bon nombre d'organisations explicitement créées pour faire la propagande de cette initiative ; on citera, parmi cent autres, *l'Agora Energiewende*, qui se définit (sans humour) comme « *un think tank indépendant et non-partisan dont la mission est de faire de l'Energiewende une success story* », ou un certain Office franco-allemand pour les énergies renouvelables, qui « travaille » (*sic*) pour le même objectif.

La force des réalités à cependant conduit le gouvernement allemand au cours des deux ou trois années passées à freiner ce qui était devenu une machine folle. L'Allemagne continue, pour le moment, à subventionner le solaire et l'éolien, mais va le faire à un rythme plus modéré. Cela ne suffira pas à effacer ou même à corriger les défauts de base d'un système impossible. De plus en plus d'Allemands s'en rendent compte. Fritz Vahrenholt est un respectable professeur de chimie à l'Université de Hambourg qui n'est pas suspect de parti-pris anti-renouvelables : membre du parti socialiste, il a été ministre de l'Environnement du Land de Hesse, PDG de la division « renouvelables » du puissant électricien RWE. En janvier 2017, il a fait une conférence à la Chambre des Députés du Royaume-Uni. Son titre la résume fort bien : « L'Energiewende allemande : un désastre en marche ».

IV

L'intermittence des renouvelables

On ne peut pas mettre le vent en cage
Baruch Spinoza

Un long passage de *La Recherche du temps perdu* est intitulé « les intermittences du cœur ». Proust y montre que les sentiments et les sensations qui semblent les plus immuables sont au contraire fragiles et changeants, et que cette absence de fixité cause de terribles souffrances. Il attachait tant d'importance à cette caractéristique des sentiments qu'il a longtemps envisagé d'intituler l'ensemble de son ouvrage : « Les intermittences du cœur ». L'analogie avec les intermittences des renouvelables est frappante. On voudrait croire que leur contribution est certaine, et on la présente généralement ainsi. En réalité, l'électricité qu'elles fournissent est aléatoire, incertaine, variable, intermittente. Et cette intermittence, qui est l'une des caractéristiques fondamentales, définitionnelle même, des renouvelables, cause des problèmes sans fin.

L'intermittence est pourtant évidente comme le nez au milieu de la figure : le vent souffle quand il veut, et le soleil brille quand il le souhaite. Tout le monde voit – ou devrait voir – qu'il y a des moments où l'éolien et/ou le solaire produisent beaucoup, et d'autres où ils ne produisent rien du tout. Et que ces moments sont largement imprévisibles. L'électricité renouvelable intermittente n'est pas une électricité déchargeable *ad libitum*, au moment où l'on en a besoin (*dispachable*, en anglais), à la différence de la plupart des autres formes d'électricité, comme l'électricité thermique ou hydraulique.

La nécessaire prise en compte de ce phénomène a malheureusement pour effet de compliquer considérablement l'analyse du mélange électrique. Elle rend caduque la présentation simple et dominante qui se limite à une répartition de la production d'une année entre électricité nucléaire, hydraulique, thermique fossile, et renouvelable. Cette présentation suggère ou implique que ces différents modes de production seraient substituables : le paquet de 90 TWh de nucléaire plus 10 TWh de renouvelable seraient équivalent au paquet de 50 TWh de nucléaire plus 50 TWh de renouvelable. Il n'en est rien. Ces deux paquets ne permettent pas de répondre de la même façon à une demande donnée d'électricité. Les études des cas du Danemark de l'Espagne et de l'Allemagne du chapitre précédent y ont déjà fait référence. Ce chapitre cherche à expliciter, d'une façon aussi simple que possible, au risque de répétitions, les dimensions de ce problème très général. Il le fera en examinant successivement (i) les caractéristiques de l'intermittence, les conséquences de l'intermittence ; et (iii) les remèdes à l'intermittence.

Caractéristiques de l'intermittence

RTE (Réseau de Transport de l'Electricité) met en ligne une information précieuse pour l'analyse temporelle de la consommation et de la production électrique en France. Pour chacune des 8 760 heures de l'année (en réalité, pour chaque quart d'heure, mais parler d'heures simplifie la présentation), on trouve la consommation, et la production d'électricité assurée par chacun des moyens de production : nucléaire, hydraulique, éolien, solaire, etc. La taille de l'échantillon rassure sur sa représentativité : les chiffres pour 2015, que nous utilisons ici, sont significatifs pour d'autres années, à parcs constants. Le contexte de l'intermittence, c'est la nécessité pour la production d'électricité de s'ajuster en temps réel à la demande, c'est-à-dire à la consommation, qui varie elle-même dans le temps.

Une illustration – Pour illustrer l'intermittence des renouvelables, on a pris, un peu au hasard, quatre heures dans ce fichier et construit le tableau IV-1. Il fait apparaître plusieurs réalités importantes.

On voit tout d'abord que la demande d'électricité varie d'une heure à l'autre, dans des proportions importantes au cours de l'année : de 1 à 2 dans notre échantillon. La notion de demande moyenne (ou de demande totale) n'a en réalité guère de signification. Dans notre échantillon, dire que la demande est « en moyenne » de 63,7 GWh, et suggérer que le problème est d'avoir une production égale à cette demande, cache le fait essentiel qu'une telle production serait bien insuffisante pour les heures A et C et très excédentaire pour l'heure D. En réalité, la demande de 2015, et la production qui y répond, ne peut pas être représentée correctement par un chiffre, mais par 8 760 chiffres, ou si l'on préfère par une courbe en fonction du temps.

On observe ensuite que la production d'électricité éolienne et/ou solaire varie également considérablement d'une heure à une autre. L'ampleur de ces variations est beaucoup plus importante que celle de la consommation : dans notre petit échantillon, elle va de 1 à 27 pour l'éolien, et de 1 à l'infini pour le solaire (qui ne produit rien du tout dans deux des quatre heures choisies). Ce qui était mentionné ci-dessus sur le peu de signification des moyennes ou des totaux est encore plus vrai pour ces renouvelables. La production d'électricité éolienne ou/et solaire est figurée par une courbe, fluctuant entre un minimum égal à zéro pour le solaire, et proche de zéro pour l'éolien, et un maximum ici égal à 7,5 GWh pour l'éolien et à 1,8 GWh pour le solaire.

Tableau IV-1 – Consommation et production d'électricité, quatre heures choisies, France, 2015

	A (1.1 0 h)	B (3.1 17 h)	C (7.1 13 h)	D (25.6 4 h)	E Moyenne
Consommation	74500	62100	80700	37600	63700
Production :					
Eolien	1300	7500	800	300	2500
Solaire	0	100	1800	0	500
Eolien + solaire	1300	7600	2600	300	2900
Autres	73200	54600	78100	37300	60800
Part éolien + solaire	1,7 %	12,1 %	3,2 %	0,8 %	4,6 %

Source : RTE, Eco2mix. *Notes* : Les données sont en MW, qui mesure la puissance demandée ou produite (ou si l'on préfère en MWh, quantité d'électricité demandée ou produite pendant l'heure considérée). La deuxième ligne (1.1 0h) indique le jour et l'heure considérée (le 1er janvier, à 0 heure). La « moyenne » calculée est une moyenne simple, pas une moyenne pondérée. Les données ont été arrondies à la centaine voisine, afin d'en faciliter la lecture.

Il n'y a aucune raison pour que la courbe de consommation d'électricité et la courbe de production de renouvelables soient synchrones. Les heures de forte consommation ne sont pas des heures de forte production d'éolien, qui ne sont pas des heures de forte production de solaire ; et inversement. Si la production de renouvelable évoluait comme la consommation, le rapport de l'un à l'autre serait constant. Il n'en est rien, comme le montre le tableau IV-1 (ou plus exactement comme l'illustre ce tableau, qui ne peut ni ne prétend rien prouver). Ce rapport évolue de 0,7 % à l'heure D à 12,1 % à l'heure B, soit une variation de 1 à 17. Dire que (dans notre échantillon) les renouvelables assurent en moyenne 4,6 % de la consommation en 2015 est une grossière et dangereuse approximation; la formulation correcte est: ils en assurent une part qui varie de 0,7 % à 12,1 %, ce qui est bien différent.

Amplitude des variations – L'approche illustrative précédente n'a évidemment pas une grande valeur scientifique. Le lecteur peut penser que l'auteur a soigneusement choisi les heures considérées dans le but de montrer telle ou telle proposition. En travaillant sur l'ensemble des données de RTE, c'est-dire sur 8 760 heures, on peut arriver à des conclusions plus sûres. Le tableau IV-2 donne, pour la consommation, l'éolien et le solaire les caractéristiques de la distribution des valeurs horaires.

Tableau IV-2 – Distribution des valeurs horaires, consommation, production éolienne, production solaire, France 2015

	Consommation	Eolien	Solaire
Moyenne (MWh)	54 013	2 408	831
Maximum (MWh)	91 934	8 331	4 371
Minimum (MWh)	29 590	21	0
Max/min	3	397	Infini
Ecart-type (MWh)	11 623	1 758	1 177
coefficient de variation	0,22	0,73	1,42

Source: calculé d'après RTE, ECO2mix. *Notes*: Max/Min est le ratio de la valeur maximale à la valeur minimale. Le coefficient de variation est le rapport de l'écart-type à la moyenne: c'est un indicateur de la dispersion ou de l'étalement d'une distribution.

La consommation horaire d'électricité est déjà fort variable dans le temps: de 1 à 3. Mais cela n'est rien à côté de la production éolienne qui varie de 1 à presque 400, sans parler de la production solaire qui varie infiniment, puisqu'elle est souvent (toutes les nuits) égale à zéro. Les coefficients de variations de la production de renouvelables sont très élevés.

Une autre façon de mettre en évidence l'intermittence des renouvelables, et l'ampleur très variable de leur contribution à la consommation d'électricité consiste à examiner le ratio production d'électricité renouvelable sur consommation. Ce ratio varie d'heure en heure. Il combine en quelque sorte la variation de cette production avec la variation de la consommation globale du pays. En 2015, il a varié de 0,26 % à 19,9 %. Le 2 février à 19 h, les renouvelables ont assuré 0,26 % de la consommation ; le 27 septembre à 15 h, ils ont assuré 20 % de la consommation. Le tableau IV-3 montre la distribution de ces pourcentages.

Tableau IV-3 – Répartition des heures de l'année selon la contribution des renouvelables à la consommation, France, 2015

Heures	Nombre	% du total	% cumulé
En % consommation			
< 2 %	900	10	10
de 2 % à 5 %	3 100	39	49
de 5 % à 8 %	2 357	24	73
de 8 % à 11 %	1 508	17	90
> 11 %	896	10	100
Ensemble	8 760	100	

Source : Calculé d'après RTE. ECO2mix. *Note* : La deuxième ligne se lit ainsi : pendant 3 400 des heures de l'année, soit 39 % du temps, la production d'électricité renouvelable (éolien + solaire) assure entre 2 % et 5 % de la demande d'électricité ; et pendant 49 % du temps, la production des renouvelables assure moins de 5 % de la demande d'électricité.

Déconnection des variations – Les variations de la production d'éolien et de solaire pourraient être synchrones, c'est-à-dire marcher du même pas, et/ou être synchrones avec les variations de la consommation. Il n'en est rien. Elles sont au contraire indépendantes, déconnectées les unes des autres. On le voit en procédant à des régressions simples. La régression entre éolien et solaire, sur les 8 760 heures de l'année 2015 donne :

$$\underset{(16)}{\text{Eolien} = 2\,605} - \underset{(0,011)}{0,238}\ \text{Solaire} \qquad R^2 = 0,025$$

L'équation signifie que pour une production solaire de 1 000 MWh, la production éolienne sera en moyenne de 2605-238 = 2367 MWh. Elle suggère une corrélation négative. Une augmentation de la production solaire va de pair avec une diminution de la production éolienne. Mais le coefficient R^2, qui est très faible, montre aussi que cette corrélation est elle même faible et assez peu significative.

Des régressions simples du même type entre consommation d'électricité d'une part, et production éolienne ou solaire, d'autre part, font apparaître des corrélations comparables, positives cette fois, mais également extrêmement faibles et non significatives. L'offre d'électricité renouvelable est totalement déconnectée de la demande d'électricité.

Les partisans de l'éolien mettent souvent en avant que la France est exposé à des vents d'Ouest, du Sud, et du Nord-Est qui obéissent à des régimes différents, et qui se compensent. Il en résulte, affirment ces partisans, un niveau de vent, et de production d'électricité éolienne, assez constant tout au long de l'année. Les données exhaustives contredisent cette affirmation.

Brutalité des variations – Circonstance aggravante, les fluctuations de la production d'électricité renouvelable peuvent-être – et sont – très brutales. Cela est évident pour le solaire. Tous les soirs, lorsque tombe la nuit, la production d'électricité solaire passe de quelque chose (lorsqu'il y a du soleil) à zéro. Cette variation-là a au moins l'avantage d'être prévisible. Dans la journée, lorsque des nuages ou de la brume apparaissent (ou disparaissent) la production d'électricité augmente (ou décline) rapidement.

Cela est également vrai pour l'éolien. La lecture des tableaux de RTE le montre abondamment. On a considéré les fluctuations du premier jour de l'année (le 1er janvier 2015), et reproduit, dans le tableau IV-4, la production éolienne entre 15 heures et 19 heures.

Tableau IV-4 – Production d'électricité éolienne, France, 1.1.2015, heures choisies

	15h		17h		19h
Production éolienne (MWh)	1700		2100		2920
Delta prod. Eolienne (MWh)		+400		+820	
Delta prod; éolienne (%)		+35%		+31%	
Production totale (MWh)	70800		71600		76900
Eolien/total (%)	2,4%		3,2%		3,9%

Source: RTE. ECO2mix

Entre 15 heures et 17 heures, dans l'ensemble de la France, la production éolienne a augmenté de 35 %, puis de 31 % dans les deux heures suivantes. En quatre heures de temps, elle a ainsi augmenté de 78 %. L'éolien, qui représentait 2,4 % de la production du pays à 15 heures, en représentait 3,9 % quatre heures plus tard. Le réseau a dû encaisser cette augmentation considérable, en réduisant en hâte la production des autres sources « déchargeables ». Bien entendu, on trouverait facilement des exemples symétriques, et aussi violents, de diminution de la production éolienne, imposant la mise en marche immédiate des sources classiques « déchargeables ».

Peut-on objecter que cet exemple, portant sur un seul jour, n'est pas probant ? Non. Tout d'abord, le fait que de telles variations puissent intervenir, ne serait-ce que très rarement, est en soit très problématique. Deuxièmement, tout permet de penser que ces variations ne sont pas très rares, mais au contraire assez fréquentes. La date du 1er janvier, choisie par commodité, n'a rien de spécifique : le 2 janvier, entre 10 h et 14 h, on assiste à une baisse de production de 32 % ; le 3 janvier, entre 8 h et 12 h, à une augmentation de production de 65 % ; le 4 janvier, toujours sur quatre heures à une baisse de 39 % ; le 5 janvier à une baisse de 48 %.

L'ampleur de ces variations, en valeur absolue (en MWh), augmente avec la part de l'éolien. Si le parc éolien était multiplié par deux, les chiffres de production le seraient également, ainsi que les variations (la deuxième ligne du tableau IV-5). Le choc sur le réseau serait deux fois plus important.

Imprévisibilité des variations – Une quatrième caractéristique de l'intermittence des renouvelables est son imprévisibilité. Non seulement cette électricité est intermittente, mais elle l'est d'une façon aléatoire, largement imprévisible, et de toutes façons incontrôlable. Presque toutes les formes d'électricité sont partiellement intermittentes, en ce sens qu'elles ne fonctionnent pas 8 760 heures par an : il faut bien de temps en temps inspecter ou recharger les centrales nucléaires, ou nettoyer les centrales thermiques. Mais ces arrêts, qui sont généralement brefs, peuvent être – et sont – prévus et planifiés longtemps à l'avance, à des périodes où l'ont sait que la demande d'électricité sera particulièrement faible. Rien de tel avec les renouvelables. En simplifiant un peu, on peut dire que les sources classiques produisent tout le temps, sauf lorsque l'on décide de les arrêter ; et que les renouvelables ne produisent jamais, sauf lorsque le vent décide de souffler et le soleil de briller.

C'est la raison pour laquelle la notion de puissance installée des renouvelables est particulièrement inadéquate, pour ne pas dire trompeuse ou mensongère. Le tableau IV-5 le fait apparaître clairement. Il montre que pour les renouvelables la puissance affichée du parc installé n'a pas grand chose à voir avec la puissance effective. Tout d'abord, la puissance installée est un seul chiffre alors que la puissance effective, qui varie d'une heure à l'autre, est une distribution de chiffres.

Tableau IV-5 Renouvelables: Puissances installées affichées et effectives, France 2015

	Eolien	Solaire
Puissance affichées (MW)	9813	5744
Puissance effective:		
moyenne (MW)	2408	831
ratio moyenne/affichée (%)	24,5%	14,5%
maximale (MW)	8331	4371
ratio maximale/affichée (%)	84,9%	76,0%
minimale (MW)	21	0
ratio minimale/affichée	0,2 %	0 %

Sources - pour la puissance affichée: *RTE. Bilan électrique 2015, p. 13*; on a pris pour « 2015 » la moyenne de la puissance installée au 1er janvier et au 31 décembre. Pour la puissance effective, voir tableau IV-2 ci dessus; On notera que les chiffres de production par heure (en MWh) sont les mêmes que les chiffres de puissance (en MW)

Ensuite, la moyenne des puissances effective n'est qu'une fraction assez petite de la puissance affichée: même pas 25 % pour l'éolien, et 15 % pour le solaire. Le 9 800 MW proclamé pour l'éolien n'est en rien une approximation de la valeur moyenne effective de 830 MW. En réalité, même la valeur effective maximale, celle qui est atteinte pendant seulement une heure durant toute l'année, est sensiblement inférieure à la valeur affichée. Il faut ajouter que cet impressionnant décalage entre affichage et réalité provient uniquement de contraintes physiques, pas de contraintes économiques. A la différence de ce qui se passe pour l'électricité thermique, par exemple, toute l'électricité éolienne et solaire techniquement productible est effectivement produite, puisqu'elle bénéficie d'une obligation d'achat.

Il en résulte que les tableaux du parc électrique installé (en MW) qui ajoutent le parc éolien et solaire au parc thermique ou hydraulique ou nucléaire sont vides de sens, et une forme d'escroquerie intellectuelle. C'est l'équivalent d'un tableau qui présenterait la structure de l'activité agricole en hectares : n hectares de vignes, plus m hectares de betteraves, plus p hectares de pâturages font n + m + p hectares, et la vigne fait n/(n + m + p) % de l'agriculture française. Un MW éolien ne peut absolument pas être comparé, et/ou ajouté, à un MW nucléaire. Non seulement il produit quatre fois moins d'électricité (de MWh), mais il les produit d'une façon intermittente et aléatoire. De plus, et surtout, le parc de non-renouvelable peut être, au moment où on en a besoin, mobilisé, et assurer la puissance indiquée. Le parc de renouvelables ne le peut absolument pas. Ecrire (comme le fait, par exemple, le *Bilan électrique 2015* de RTE, p. 13) que le parc de renouvelable représente 13 % du parc total est à la fois absurde et trompeur. La plupart des documents officiels procèdent cependant ainsi. On ne fera pas aux fonctionnaires qui le font (par obéissance ou par conviction, on ne sait) l'injure de croire qu'ils ne se rendent pas compte de cette absurdité. Mais voilà, procéder ainsi a pour effet de gonfler l'importance des renouvelables, et cela pèse apparemment plus lourd que d'en donner une mesure significative.

Conséquences de l'intermittence

L'incertitude qui pèse sur la quantité d'électricité renouvelable disponible à un moment donné a des conséquences très sérieuses. Tantôt, cette quantité est faible ou très faible; tantôt elle est forte ou très forte. Dans les deux cas, et pour des raisons différentes, cela fait problème. Cette section analyse ces problèmes. Elle le fait sans prendre en compte les remèdes, ou les béquilles, disponibles pour soutenir les renouvelables, qui seront examinés dans la section suivante. Une quantité faible fait courir le risque de ne pas pouvoir faire face à une demande élevée et d'entrainer une grande panne. Une quantité forte affecte sérieusement la rentabilité des sources traditionnelles.

Conséquences d'une production faible – L'un des principaux objectifs de la politique de l'électricité est de répondre à la demande, en particulier lorsqu'elle est très élevée. On parle alors d'assurer la sécurité en période de pointe. Les responsables font des hypothèses sur ce que peut être cette demande; et ils s'assurent que le système a un parc de production installé suffisant pour y répondre. Déterminer cette capacité de réponse est facile pour les sources classiques comme le thermique, l'hydraulique ou le nucléaire. Elle est en pratique égale à la puissance de ces installations. On sait qu'une centrale thermique ou un barrage de 100 MW pourra, à l'heure où on en a aura besoin, produire 100 MWh. Rien de tel avec l'éolien et le solaire. On ne sait pas du tout ce qu'une installation de renouvelable de 100 MW de puissance pourra, à l'heure de pointe, produire: au mieux 80 MWh, au pire rien ou presque (0,2 MWh pour une installation éolienne, rien du tout pour le solaire, comme le montre le tableau IV-5). En toute rigueur, on ne peut pas compter sur les renouvelables: pour faire face aux pointes de demande ils risquent fort ne pas être au rendez-vous.

S'agissant du solaire, on peut même être certain qu'il n'y sera pas. En Europe occidentale, et notamment en France, les heures de pointe se produisent généralement les soirs d'hiver, entre 19 et 20 heures, à une heure où la production solaire est toujours égale à zéro. Aveuglement ou mauvaise foi, il y a beaucoup de gens qui ne veulent pas comprendre cette évidence. J'entends encore un soi-disant spécialiste affirmant pompeusement à la télévision que « la France fait maintenant face à la pointe d'hiver grâce à l'électricité solaire allemande ». Sans sous-estimer le talent des ingénieurs allemands, on peut penser qu'ils ne réaliseront pas de sitôt cet exploit.

Il en résulte que les renouvelables ne peuvent pas assurer la sécurité du système électrique aux heures de pointe. Si l'on prend une notion un peu plus large que la notion de pointe (les 50 ou 100 heures de plus forte demande, par exemple), il faut nuancer un peu cette appréciation et dire que les renouvelables ne peuvent guère assurer la sécurité du système. On est donc amené, lorsque l'on développe le parc de renouvelables, à maintenir ou à augmenter le parc de production classique.

Pour mettre un peu de chair sur le squelette de ces observations théoriques, on a considéré, sur le cas de la France en 2015, la pointe des 100 heures de plus grande demande, et la façon dont la France y a fait face; et esquissé une projection de ce que sera (ou serait) que la situation prévue pour 2025. Le tableau IV-6 résume cet exercice.

On voit d'abord comment en 2015 le système français a fait face à la demande de la pointe des 100 heures: à 68 % avec du nucléaire, à 15 % avec de l'hydraulique, à 13 % avec du thermique (principalement du gaz), et à 4,5 % avec des renouvelables. Cette contribution des renouvelables, de 3,9 GW en moyenne, reflète l'ensoleillement et la ventosité qui ont effectivement prévalu, en 2015, durant les 100 heures de la pointe. Rien de très surprenant. C'est un peu moins que la puissance moyenne de l'ensemble des heures de l'année.

Tableau IV-6 – La pointe des 100 h de consommation, 2015 et 2025

	2015 (Effectif)	2015 (Prévisionnel)	2025 (Prévisionnel)
Consommation (GW)	86,9	86,9	86,9
Production (GW)			
nucléaire	59,1	59,1	39,4
hydraulique	13,5	13,5	13,5
thermique	11,1	11,1	11,1
renouvelables	3,9	0,6	3,0
total production	87,6	84,3	66,6

Source: calculé d'après RTE. ECO2mix. *Notes* – La première colonne indique ce qui s'est effectivement passé. La seconde indique ce qui était, ou pouvait être, prévu. Le chiffre pour les renouvelables (0,6) correspond à une probabilité de survenance de 95 %. Pour 2025, on a supposé, comme officiellement prévu, (1) que la production d'électricité nucléaire, et le parc qui la produit, diminuaient d'un tiers, et (ii) que cette diminution étaient compensée par une production égale de renouvelables, qui implique pour les renouvelables une multiplication par 5 de la production, du parc, et de la capacité prévisionnelle de production à une probabilité de survenance de 95 %.

Cependant, cette puissance moyenne de 3,9 GW n'était nullement assurée. Quelle est la puissance telle que 95 % du temps (c'est-à-dire 8 322 heures par an) la puissance offerte lui sera égale ou supérieure ? On obtient la réponse en classant par ordre croissant les puissances horaires, et en prenant le 438e chiffre (8 760*5 %) de la liste : 0,6 GW. Dans 5 % des cas, les renouvelables, éolien plus solaire, offriront une puissance inférieure à 0,6 GW (et dans 95 % des cas, une puissance supérieure à ce chiffre).

La deuxième colonne montre que la puissance assurée en 2015 avait une probabilité de 5 % d'être inférieure à la demande de la pointe de 100 heures. Les opérateurs du système ont donc pris un risque. En réalité, ce risque n'était pas bien grand. Le tableau IV-5, dans un souci de simplification pédagogique, ignore certaines productions d'électricité, comme la géothermie ou la biomasse ; et il ignore les possibilités d'importation d'électricité. Mais il présente l'intérêt de montrer que l'intermittence des renouvelables a un impact direct sur la capacité du système à faire face aux demandes de pointe. Dans la lutte pour la sécurité électrique, les renouvelables sont des soldats malades ou estropiés sur qui on ne peut guère compter dans les moments difficiles.

Bien évidemment, cette faiblesse intrinsèque des renouvelables est d'autant plus grave que leur poids est grand dans le mélange électrique. On le voit bien en regardant la dernière colonne du tableau IV-5, qui figure la situation en 2025. Cette projection repose sur deux hypothèses. La première est que la demande, et en particulier la demande de pointe, reste à son niveau actuel : c'est une hypothèse très raisonnable, et sans doute même optimiste. La deuxième hypothèse est que le poids (relatif et absolu) de l'électricité nucléaire diminue d'un tiers, c'est-à-dire que 18 centrales sont mises au rebut ; et que cette diminution est compensée par une augmentation d'un montant égal de l'électricité renouvelable, dont la production se trouve multipliée par cinq : ce n'est peut-être pas une hypothèse très raisonnable, mais c'est implicitement celle du gouvernement français, largement endossée par les médias et l'opinion publique.

Dans ces conditions, que devient en 2025 la puissance assurée (à 95 %) à l'heure de pointe ? Celle du nucléaire diminue d'un tiers, de 19,7 GW. Celles de l'hydraulique et du thermique reste inchangées. Celle du renouvelable est multipliée par cinq, et passe de 0,6 à 3,0 GW. Au total, la puissance garantie diminue de 14,7 GW. Les renouvelables compensent le nucléaire en termes de production, mais pas du tout en termes de puissance garantie – du fait de leur intermittence.

L'impasse d'environ 15 GW ainsi creusée n'est évidemment pas acceptable en termes de sécurité d'approvisionnement :

elle rendrait les grandes pannes très probables. Les expédients mentionnés ci-dessus et discutés ci-après (autres sources, importations, pompage-turbinage) ne suffiraient certainement pas à combler cette impasse. Il deviendrait indispensable de construire des centrales classiques supplémentaires, en pratique des centrales au gaz, capables de jouer le rôle de filet de sécurité. Lorsque la demande d'électricité est forte, et que vent et soleil sont en vacance, on ne peut pas se passer d'une bonne vieille centrale au gaz, ou même au charbon.

Conséquences d'une production forte – L'intermittence des renouvelables fait que la distribution de leurs puissances (ou de leurs productions horaires) est très étalée : parfois très faibles, parfois très fortes. On a vu que les valeurs faibles de cette distribution avaient des conséquences néfastes. Il en va de même pour les valeurs fortes : elles affectent négativement l'économie des centrales classiques.

Le coût unitaire (au MWh) de production d'une centrale thermique, nucléaire ou hydraulique varie avec la durée annuelle de fonctionnement de la centrale. Il se compose d'un coût de fonctionnement (par exemple le coût du gaz utilisé pour produire 1 MWh d'électricité) largement indépendant de la durée de fonctionnement, et d'un coût de capital qui augmente lorsque la durée annuelle d'utilisation diminue. Soit une centrale de 1 MW dont le coût de capital annuel (amortissement, coût d'opportunité du capital) est de 10 000. Le coût (de capital) de la production d'un MWh sera de 2 si la centrale fonctionne 5 000 heures par an ; de 5 si elle fonctionne 2 000 heures ; de 10 si elle fonctionne 1 000 heures ; et il serait de 10 000 si elle ne fonctionnait qu'1 heure dans l'année.

L'électricité renouvelable bénéficie d'une priorité d'accès au réseau. Tout ce qui est produit est immédiatement injecté dans le système, indépendamment de la demande. Cela se fait aux dépens des centrales classiques qui doivent immédiatement réduire leur production d'autant. L'électricité classique est la variable d'ajustement du système. 1 MWh de plus de renouvelable, c'est 1 MWh de moins d'électricité classique. Mais moins de MWh produits par une centrale classique, ce sont des MWh produits à un coût (moyen) plus élevé. Des coûts de production plus élevés, ce sont soit des prix pour le consommateur plus élevés, soit (selon le mode de fixation des prix) des profits réduits ou des pertes, pour le producteur, soit (généralement) les deux. On peut voir là une sorte *d'externalité négative* imposée par l'électricité renouvelable aux autres formes d'électricité. Le producteur de renouvelable maximise son intérêt (ce qui est bien normal) ; ce faisant, il augmente le coût de production des autres producteurs, et impose un dommage aux utilisateurs d'électricité et/ou à ces producteurs, sans avoir rien à payer pour compenser ce dommage.

Ce danger n'est nullement purement théorique. Il est bien réel, et parfaitement illustré par le cas de l'Espagne (présenté au chapitre III), où la durée de fonctionnement des centrales au gaz, qui était de 3210 heures par an en 2007, est devenu, du fait du fort développement des renouvelables dans ce pays, de 1040 heures par an en 2013.

La priorité d'accès au réseau des renouvelables est prescrite par la loi. Mais on peut soutenir qu'elle est également prévue et même conseillée par la théorie économique. Par nature, l'électricité renouvelable se caractérise par des coûts d'investissement élevés et des coûts de fonctionnement faibles, presque nuls. Le coût marginal de production de l'électricité éolienne et solaire est donc proche de zéro. Il est inférieur au coût marginal de production des modes classiques. Une fois l'investissement réalisé, il est de l'intérêt de la société toute entière d'utiliser en priorité l'électricité renouvelable produite. Ce faisant, la société économise la différence entre le coût marginal du nucléaire ou du thermique et le coût marginal du renouvelable. Un régulateur omniscient du système se rapproche de l'optimum social en faisant appel aux différentes formes d'électricité « par ordre de mérite », c'est-à-dire par coût marginal croissant. L'électricité renouvelable a de ce point de vue beaucoup de « mérite » et doit donc être appelée la première.

Cette argumentation n'est pas sans faille. Elle ignore l'externalité mentionnée ci-dessus. Elle ignore également que la théorie explique aussi que la tarification au coût marginal conduit à l'optimum social seulement lorsque les investissements eux-mêmes sont optimaux.

On peut objecter que si davantage d'électricité renouvelable entraîne un moindre fonctionnement des centrales thermiques ou nucléaires (et de ce fait des surcoûts) les propriétaires de ces centrales vont réagir en en fermant assez pour restaurer leurs taux de charge et éliminer les surcoûts, c'est-à-dire en réduisant la puissance. C'est bien ce qu'ils sont tentés de faire, et ce qu'ils font dans beaucoup de cas.

Mais cette solution au problème de la forte production de renouvelable est en contradiction avec la solution au problème du danger de faible production de renouvelables, et de la nécessité de garder en fonctionnement un grand nombre de centrales thermiques ou nucléaires. La queue des faibles valeurs de la distribution des productions horaires de renouvelable impose une chose ; la queue des fortes valeurs de la même distribution impose son contraire. La forme de cette distribution, c'est-à-dire l'intermittence, conduit à une impasse.

Les palliatifs à l'intermittence

Les pages qui précèdent décrivent l'intermittence pure, toute nue. En pratique un certain nombre de béquilles, de remèdes, de palliatifs à l'intermittence sont utilisés (ou imaginés), qui permettent (ou permettraient) aux renouvelables d'échapper en partie à l'impuissance associée à l'intermittence. Le plus important est le stockage de l'électricité. Mais les importations, et les actions sur la demande d'électricité, peuvent également jouer un rôle. Cette section présente brièvement ces béquilles, leurs formes et leurs limites.

Les autres formes d'électricité – La façon la plus simple de pallier aux variations incontrôlables des renouvelables est de faire appel à l'électricité thermique, hydraulique et nucléaire. Il y a là un amusant paradoxe : plus le parc de renouvelables est important, et plus le parc de non-renouvelables doit l'être. En effet, comme on l'a montré plus haut, plus le parc (et la production annuelle) d'électricité renouvelable est importante, et plus la production horaire est sujette à des hausses et des baisses absolues importantes. Ces hausses et surtout ces baisses doivent être compensées, et vite, par des variations de la production de l'électricité traditionnelle non renouvelable, qui fonctionne comme un filet de protection. C'est pourquoi la plupart des pays qui s'appuient sur les renouvelables disposent d'un parc important de non renouvelables, et notamment de centrales thermiques au charbon ou au gaz. C'est le cas des trois champions du monde que sont le Danemark, l'Espagne et l'Allemagne.

Ils peuvent également utiliser à cet effet des centrales nucléaires. Le nucléaire est souvent présenté comme une technologie rigide qui peut seulement ou fonctionner à plein régime ou ne pas fonctionner. En réalité, les centrales, ou du moins les centrales de conception française, peuvent parfaitement diminuer leur production d'environ 80 % pour une durée limitée (2 heures), et le faire deux fois par jour. Elles peuvent la réduire, puis la remonter, en moins de 30 minutes. Les renouvelables prétendent remplacer le nucléaire, mais en réalité, elles ont besoin du nucléaire pour pallier leur soudaines hausses de production.

Cette béquille nucléaire à néanmoins des limites. Les réacteurs nucléaires sont certes flexibles à la baisse. Mais ils ne le sont pas à la hausse. Si la production des renouvelables diminue brutalement, elle ne peut pas du tout être compensée par une augmentation immédiate de la production nucléaire. De plus, une centrale qui produit 80 % de moins amortit ses coûts fixes sur moins de kWh, et produit donc (pendant les deux heures de « pause ») ces kWh à un coût bien plus élevé. Le nucléaire est donc semi-flexible. Et il l'est à un coût. La notion de « complémentarité » entre nucléaire et renouvelables est certes séduisante, mais doit être maniée avec modération.

De telles symbioses sont cependant fragiles et non généralisables. Plus de renouvelable, c'est plus de centrales thermiques ou nucléaires, mais aussi des centrales thermiques ou nucléaires qui fonctionnent moins, qui sont moins rentables, et que leurs propriétaires souhaitent fermer. Alors que les renouvelables ont besoin de centrales thermiques ou nucléaires comme béquilles, elles créent les conditions de leur disparition.

C'est pourquoi, dans la plupart des pays, on est en train d'inventer une béquillette à cette béquille, sous le nom de « marché de capacité ». L'expression n'est pas très heureuse puisqu'elle désigne une subvention : il est bizarre ou tendancieux d'appeler marché une subvention. Il s'agit de payer des entreprises pour construire et entretenir des centrales thermiques prêtes à fonctionner au cas où l'intermittence des renouvelables rendrait ce fonctionnement nécessaire. Ces centrales ne seraient pas payées pour produire de l'électricité, mais pour être prêtes à en produire. (Le mot de « marché » fait référence au fait que ces entreprises ne seraient pas désignées arbitrairement, mais seraient celles qui demanderaient la subvention la plus faible – ce qui serait en effet un moindre mal). Ce marché de capacité aura un coût, qui sert à corriger les dommages créés par l'intermittence des renouvelables, et qui peut donc être considéré comme une externalité des renouvelables.

Le stockage – Pour la plupart des biens, production et consommation ne sont pas synchrones. L'essence que je consomme n'a pas été produite au moment où je roule ni même au moment où je fais le plein. Mais ce décalage temporel n'est nullement un problème parce que l'essence produite peut être stockée sans gros inconvénient, et à un coût très faible, pendant une semaine, un mois, ou plus longtemps. Un litre d'essence produit le premier janvier est de ce fait identique à un litre d'essence produit le 30 juin, et on peut légitimement additionner toute la production d'une année ou toute la consommation d'une année. Si l'électricité pouvait se stocker aussi facilement que l'essence, l'intermittence imprévisible n'aurait pas d'importance – et ce chapitre n'aurait pas lieu d'être. Tel n'est malheureusement pas le cas, même si un grand nombre de renouvelablophiles semblent considérer le stockage de l'électricité comme un problème résolu.

En réalité, en dépit des grands efforts de recherche engagés (à juste titre) et des petits progrès réalisés, le stockage de l'électricité reste quantitativement très faible. Un rapport de l'Agence Internationale de l'Energie de 2014 (la source la plus sérieuse sur ce sujet) évalue pour l'ensemble des réseaux électrique du monde la capacité de stockage à 2,5 % de la capacité de production.

Ces chiffres se sont que de grossiers ordres de grandeur parce que la notion de stockage est complexe. On ne dispose d'aucune mesure, et même d'aucune unité de mesure satisfaisante, du stockage. Le stockage de très court terme (pour une période de quelques minutes) n'est pas comparable au stockage de court terme (pour quelques heures) qui n'est pas du tout la même chose que le stockage de long terme (pour quelques mois). Les formes de stockage sont nombreuses, en particulier en théorie. On peut évidemment stocker et transporter les matériaux (charbon, pétrole, gaz, eau) qui servent à produire de l'électricité. On peut aussi transformer de l'électricité en une source d'énergie stockable, que l'on retransforme ultérieurement en électricité. Mais ce va-et-vient est rare et cher.

La technologie dominante (99 %) est actuellement le pompage-turbinage. En t_1, moment où, relativement à la demande, on a trop d'électricité, on l'utilise pour remonter l'eau dans les lacs de barrages (pompage) ; en t_2, moment où l'on a trop peu d'électricité, on ouvre les vannes pour en produire (turbinage). Les physiciens crient parfois au gaspillage, car le pompage consomme plus d'électricité que le turbinage n'en fabrique ; mais les économistes applaudissent parce l'électricité produite en t_2 est bien plus précieuse que l'électricité utilisée en t_1. Cet intéressant procédé de « stockage » suppose évidemment l'existence de lacs de barrage. Aux Pays-Bas ou au Bangladesh, il n'a guère d'avenir. Même dans un pays comme la France, l'essentiel de ce qui peut être fait l'a déjà été, et rend d'ailleurs de très grands services. Les statistiques disponibles françaises ne distinguent pas toujours l'électricité hydraulique produite à partir du pompage de celle produite à partir de la pluviométrie. Mais ECO2mix nous donne (heure par heure) l'importance du pompage-turbinage : 2,6 % de la production totale d'électricité en 2015. On sait par ailleurs que les pertes associées au pompage-turbinage sont d'environ 30 % (on dépense 100 MWh pour remonter l'eau qui va produire 70 MWh d'électricité. On en déduit que le turbinage contribue à hauteur d'environ 1,8 % à la production d'électricité en France.

L'importance des autres procédés est actuellement négligeable : 0,025 % de la puissance installée au niveau mondial.

Le plus fréquemment cité concerne les batteries. Leur contribution potentielle reste, pour le moment, dérisoire. Pour la France, le milliard de piles utilisées annuellement fournit (selon des estimations fragiles) quelques 0,02 % de l'électricité consommée. La connaissance accumulée sur les véhicules électriques peut nous aider à avoir un ordre de grandeur des capacités de stockage des batteries. La batterie d'un véhicule comme la Zoe stocke 22 kWh d'électricité. La production journalière de la France est d'environ 1,6 TWh. On en déduit qu'il faudrait 76 millions de Zoe (ou de batteries de Zoe) pour stocker la production électrique d'une journée. Comme ces batteries coûtent environ 5 000 € pièce, cela impliquerait un investissement de 360 milliards d'euros ; et comme les batteries ne durent pas aussi longtemps que les automobiles, il faudrait renouveler de temps en temps cet investissement de 360 milliards.

L'hydrogène est aussi présenté comme un remède miracle. L'électricité serait (le conditionnel convient ici mieux que le présent de l'indicatif) transformée en hydrogène. L'hydrogène serait stocké. Il serait retransformé en électricité dans des piles à combustibles. Le fait que les pertes du processus représentent 75 % de l'électricité initiale explique peut-être pourquoi ce séduisant mode de stockage, théoriquement connu depuis des années, ne se développe pratiquement pas.

Nombreux sont les projets plus ou moins révolutionnaires de stockage de l'électricité. Chaque semaine apporte le sien. Les médias se contentent souvent de reproduire les communiqués de presse d'inventeurs en mal de subventions, et le lecteur peine à distinguer le possible du probable et du certain. Pour le moment en tout cas, aucun (en dehors du pompage-turbinage) n'est véritablement utilisé d'une façon significative.

Ces va-et-vient sont par ailleurs coûteux. L'étude de l'AIE donne des coûts (ou plus exactement des fourchettes de coûts) pour les différentes technologies connues : ils vont d'environ 100 €/MWh pour le pompage turbinage à 800 €/MWh pour les batteries au lithium-ion, en passant par 200 €/MWh pour l'hydrogène. *Les Echos* (12.10.2015) parlent de coûts tombés à 250 €/MWh. Ces chiffres sont à comparer avec le coût de l'électricité éolienne terrestre (80 €/MWh) ou maritime (200 €/MWh) et photovoltaïque (payée aux producteurs 300 €/MWh aujourd'hui, et 100 €/MWh demain). A titre d'ordre de grandeur, on peut retenir que le stockage de l'électricité intermittente aurait pour effet d'au moins en doubler le coût.

Cependant, certaines des technologies de stockage, et pas forcément les plus sophistiquées, rendent déjà de grands services, en particulier dans des pays en développement, et pour des activités peu consommatrices d'électricité (mais néanmoins essentielles). Dans un village perdu au fond de l'Ethiopie, qui venait tout juste d'être relié au réseau routier par une piste pour moto ou 4x4, et qui ne le sera pas au réseau électrique dans les décennies à venir, l'auteur a pu voir, chez le chef du village, deux panneaux solaires couplés avec de petites batteries qui permettaient de recharger des téléphones portables ; et même, lui a-t-on dit, de faire fonctionner une heure ou deux le soir une modeste télévision. Pour la première fois depuis la nuit des temps, grâce à la route et à l'électricité, ce village était doublement relié au reste du pays et du monde.

Les recherches sur le stockage de l'électricité, qui sont engagées depuis plus d'un siècle, se poursuivent activement. On peut penser – et on doit souhaiter – qu'elles accoucheront un jour d'innovations majeures. Il n'est pas nécessaire d'espérer pour entreprendre ni de réussir pour persévérer. Mais en attendant ce jour il est vain d'imaginer que les techniques de stockage pourraient, dans la plupart des pays du monde, répondre aux besoins de stockage de l'électricité intermittente, et encore moins le faire à un coût raisonnable pour les ménages et les entreprises.

Les importations – Lorsque les installations de renouvelables ne produisent pas assez et que la demande est forte, les importations d'électricité constituent une troisième béquille permettant aux renouvelables d'avancer. Elle consiste à pallier les différences dans le temps (l'intermittence des renouvelables) par des différences dans l'espace. Le soleil se cache, et le vent se calme : importons de l'électricité d'un pays voisin. Charles Quint aimait à dire que le soleil ne se couchait jamais sur ses terres, qui allaient en effet du Pérou aux Philippines en passant par l'Europe. Ce remède à l'intermittence a des vertus évidentes, mais aussi des limites qui ne le sont guère moins.

L'existence d'un réseau électrique intégré sur un vaste territoire permet en effet des *mutualisations* très désirables. Elle fonctionne comme un système d'assurance non pas interpersonnel ou inter-temporel mais inter-spatial. Les risques assurés comprennent, mais ne se limitent pas, au risque de défaillance des renouvelables. Si à un moment donné, un problème de fourniture d'électricité se produit dans un espace donné, il y a une bonne probabilité qu'il ne se produise pas dans les autres espaces, qui pourront alors lui fournir l'électricité dont il a besoin. Un tel système d'assurance constitue une protection contre les aléas climatiques ou techniques, et engendre des économies considérables. Un grand réseau national dispense chaque région de faire les investissements nécessaires à la protection de son petit réseau régional. Il permet à tous de profiter des effets d'aubaine dont bénéficient certains. Il réalise les économies d'échelle rendues possibles par la plus grande taille du marché. Pour avoir une idée de l'ampleur de ces gains, il suffit de comparer le coût de l'électricité produite dans le grand réseau de France métropolitaine avec le coût de l'électricité produite dans les petits réseaux des îles ou des départements et territoires d'outre-mer.

C'est la raison pour laquelle l'histoire de l'électricité a été celle de l'élargissement des réseaux. On est passé de réseaux ou de compagnies urbains ou départementaux ou régionaux à des réseaux nationaux, et maintenant en Europe à un réseau international. Cette évolution a contribué à diminuer les coûts de production de l'électricité. Ce mouvement n'est toutefois pas achevé partout. Un pays comme le Japon ne dispose pas encore d'un réseau intégré ; le Nord du pays produit et utilise du courant à 50 Hertz, le Sud produit et utilise du courant à 60 Hertz ; l'excédent du Nord ne peut pas (ou pas facilement) pallier le déficit du Sud, et réciproquement.

On assiste cependant, notamment en France, à une curieuse marche arrière, en faveur de l'autonomie électrique d'immeubles, de quartiers, de villes, de régions. Cette marche est plus rhétorique que réelle, mais elle est à la mode. Elle a son héros, son gourou : Jeremy Rifkin. Ce soi-disant économiste, qui se vante d'avoir l'oreille de la chancelière d'Allemagne et du président de la Chine, a en tout cas celle du conseil régional du Nord-Pas-de-Calais. Il lui a vendu un « master plan » énergétique

(350 000 euros, un « master plan » se vend forcément plus cher qu'un vulgaire « plan » ou même qu'un « schéma directeur ») prévoyant la transformation du parc immobilier en un ensemble de « microcentrales énergétiques » collectant des énergies nouvelles, ainsi que la transformation du parc automobile en véhicules électriques, le tout copieusement arrosé d'informatique avancée. Voilà qui permettrait à des entités locales de se passer du réseau électrique. On substituerait ainsi un efficace « *pouvoir latéral* » à l'actuel détestable « *pouvoir hiérarchique* », dans l'esprit de la « troisième révolution industrielle ».

D'une façon un peu moins caricaturale, le gouvernement français table sur la généralisation des « *bâtiments à énergie positive* » qui vont créer « *les conditions de développement de l'autoconsommation collective* ». Il y a là un abus de langage. Aucun de ces microréseaux n'est véritablement autonome et indépendant. Ils sont tous reliés au réseau principal. Ils lui vendent (à un prix subventionné) une partie de l'électricité qu'ils produisent, et ils lui achètent celle dont ils ont besoin lorsque soleil et vent sont au repos. Au mieux, le bilan annuel de leurs ventes et de leurs achats au réseau principal est équilibré[1]. Il est donc tout-à-fait abusif de décrire ces « microgrids » comme « *des réseaux à la maille d'un quartier ou d'un bâtiment disposant de leur propre outil de production et de systèmes ajustant production et consommation* » (*Les Echos*, 13.10.2016). En réalité, ces réseaux ne résolvent nullement le problème de l'intermittence des renouvelables. Ils ne fonctionnent que

1. On aimerait en avoir la certitude. L'auteur a cherché à savoir ce qu'il en était pour un bâtiment du 17e arrondissement à Paris présenté, lors de sa construction, à grand son de trompe, comme « autonome en électricité ». On a fermement refusé de lui communiquer le moindre chiffre sur la production et la consommation effective d'électricité dudit bâtiment.

grâce au réseau national, c'est-à-dire au reste du pays, duquel ils importent l'électricité qui leur permet de pallier les défaillances temporelles des renouvelables.

Le recours à la béquille des importations, cependant, a des *limites*. (i) Premièrement, il postule l'existence de réseaux internationaux connectés, ce qui implique des investissements supplémentaires très coûteux. (ii) Deuxièmement, le transport sur de longues distances entraîne des pertes d'électricité (dissipée sous forme de chaleur) d'autant plus importantes que la distance est grande. Les Chinois prétendent avoir inventé une technologie qui réduit considérablement le coût du transport d'électricité à très grande distance. (iii) Troisièmement, une région ou un pays ne peut importer que ce que les autres régions ou pays sont prêts à exporter. Le recours aux importations suppose donc, à un moment donné, de vraies différences entre pays ou régions, afin que les excédents des uns soient à peu près égaux aux déficits des autres. Plus l'espace considéré est large, et plus cette hypothèse est plausible. Mais elle ne peut jamais être certaine. (iv) Quatrièmement, il vaut mieux que le pays exportateur dispose de ressources électriques « déchargeables ». Si tous les pays étaient lourdement dépendants de renouvelables non déchargeables, les possibilités d'importations seraient sensiblement réduites.

Le contrôle de la demande – Le quatrième remède n'est pas le moins important. Il consiste à agir sur la demande d'électricité. Sur son montant global, et sur sa distribution dans le temps. Si seulement les Français consommaient moins d'électricité, et s'ils étalaient mieux cette consommation entre les différentes heures de l'année, alors les problèmes de l'intermittence des renouvelables seraient allégés. Le raisonnement est imparable. Sa mise en œuvre est partiellement possible. Mais elle est en fait, au moins actuellement et pour le futur proche, assez limitée.

Pendant longtemps, la demande globale d'électricité augmentait plus rapidement que celle de l'activité économique, mesurée par le PIB. Dans les pays développés, sous l'effet de la désindustrialisation et des économies d'énergie, le ratio activité/électricité (ou si l'on préfère la productivité en électricité de l'économie) s'est amélioré. Depuis quelques années, on a une croissance faible de l'économie et un progrès faible de la productivité en électricité, qui s'annulent et produisent une stagnation de la demande d'électricité. Peut-on transformer cette stagnation en un déclin ? Doit-on le faire ? Comment ? En favorisant une diminution de la production de biens et services, c'est-à-dire la décroissance (plus marquée pour les individus que pour les pays du fait de la croissance de la population dans un pays comme la France) ? En stimulant une hausse de la productivité en électricité ? Rien de tout cela n'apparaît facile ou probable. S'agissant des pays en développement, cela apparaît même comme irréaliste. Il y a au contraire un large consensus sur la nécessité absolue de développer l'usage de l'électricité en Inde et en Asie du Sud. Au total, la plupart des projections indépendantes tablent sur le maintien de la demande d'électricité dans les pays développés et sur sa nette augmentation dans les pays en développement.

L'étalement de la consommation entre les différentes heures de l'année, qui réduirait ou effacerait les pointes, serait certainement très désirable. Mais le profil temporel actuel de la demande résulte des comportements de millions de ménages et d'entreprises. Les ménages ont la mauvaise idée de prendre leur petit déjeuner et de regarder la télévision aux mêmes heures, et de se chauffer davantage en hiver qu'en été. On peut, et on doit, chercher, au moyen de tarifs différenciés (comme le tarif heures creuses/heures pleines qui existe en France depuis 60 ans), à les inciter à reporter leurs consommations (par exemple à faire fonctionner leurs lave-linge au milieu de la nuit). Mais il sera très difficile de les inciter ou de les forcer à changer radicalement leurs modes de vie. Pour les entreprises, on peut proposer des contrats offrant un droit de non-fourniture de courant en échange d'un prix réduit ; de tels contrats existent déjà en France et dans de nombreux pays, et rendent de grands services, mais il le font à un coût, et leur multiplication est problématique.

Bien entendu, ces quatre remèdes peuvent être utilisés simultanément, et se combiner. On l'a vu en examinant le cas du champion du monde des renouvelables, le Danemark. Pour pallier l'intermittence de son éolien, ce pays fait très largement appel aux centrales thermiques, aux importations de Norvège et de Suède, au stockage hydraulique dans ces deux pays. Ces remèdes peuvent *limiter* les lourds inconvénients de l'intermittence des renouvelables. Mais ils ne peuvent pas *éliminer* ces inconvénients. Actuellement. Dans le long terme, tout reste possible. Des efforts de recherche considérables sont engagés pour trouver des solutions efficaces et économiques au stockage ou au transport de l'électricité. Aboutiront-ils ? Peut-être, penseront les pessimistes ; certainement, diront les optimistes. Quand ? Nul ne le sait. Ce qui est sûr, c'est que la quasi absence de stockage de l'électricité impose une limite au développement massif des renouvelables.

Les analyses de ce chapitre sont parfaitement corroborées, et en quelque sorte résumées, par un texte signé de 20 membres de l'Académie des Sciences française. Ce texte (consultable sur le site de l'Académie, à la rubrique « Libres points de vue d'académiciens ») daté du 19 avril 2017 est intitulé *Libre point de vue d'académiciens sur les réalités de la transition énergétique*. On y lit : « *De nombreuses études montrent que la part totale des énergies renouvelables dans le mix électrique ne pourra pas aller très au delà de 30-40 % sans conduire à un coût exorbitant de l'électricité et des émissions croissantes de gaz à effet de serre et à la mise en question de la sécurité de la fourniture générale de l'électricité* ».

V

Les coûts des renouvelables

« Ah, cachez-moi ce coût que je ne saurais voir »
(D'après) Molière, *Le Tartuffe*, Acte III

L'électricité des renouvelables n'est pas gratuite – contrairement à ce qu'écrivent tous les manuels scolaires français. Elle est au contraire produite à un coût, ou plus exactement à des coûts. Ces coûts sont même assez élevés, plus élevés en tout cas que le prix du marché de gros de l'électricité. Il s'ensuit que l'électricité renouvelable est partout assez largement subventionnée. Ces subventions ont évidemment des conséquences sur les prix de vente de l'électricité.

En dépit de leur importance, ces dimensions économiques des renouvelables reçoivent finalement assez peu d'attention dans un pays comme la France. On en donnera deux exemples. Le Ministère de l'Ecologie et de l'Energie publie chaque année un document intitulé *Chiffres clés des énergies renouvelables* ; on y trouve une cinquantaine de tableaux (très intéressants), libellés en TEP, en MW, en MWh, en tonnes (de CO_2), et même en stères (de bois), mais *pas un seul* libellé en euros (ou en dollars). RTE (Réseau de Transport de l'Electricité) publie chaque année un document intitulé : *Statistiques de l'énergie électrique en France* ; on y cherchera en vain un chiffre exprimé en euros.

Cette indifférence, pour ne pas dire ce mépris, pour les coûts a au moins deux explications. L'une est disciplinaire : l'électricité, et plus généralement l'énergie, est traditionnellement et pour de bonnes raisons affaire d'ingénieurs, plus à l'aise avec la physique et la chimie qu'avec l'économie[1]. L'autre est culturelle : dans la bonne bourgeoisie française, et dans le monde politique, administratif et médiatique qui en est issu, on ne parle pas d'argent à table, et on laisse, au moins en apparence, les « comptables » s'occuper de « l'intendance ».

Ce chapitre commence par une réflexion sur la notion protéiforme de coûts, il continue par les estimations disponibles sur les ordres de grandeur des coûts de l'électricité éolienne et solaire, puis présente les subventions dont ces formes d'électricité bénéficient, avant d'examiner l'impact qu'elles ont sur le prix de l'électricité payé par les consommateurs.

Tous les coûts sont permis

Combien coûtent un MWh d'électricité éolienne et d'électricité photovoltaïque ? Ceux, et ils sont nombreux, qui veulent une réponse unique et simple seront déçus. Ainsi posée, la question n'a pas de réponse. Elle en a dix, ou cent, toutes aussi « vraies » les unes que les autres. Cette section explore sommairement le vaste champ des « coûts », en présentant un certain nombre de distinctions clés permettant de s'y retrouver. (Les économistes familiers du terrain peuvent passer aux sections suivantes).

1. Constater cela n'est pas ignorer les magnifiques contributions de nombreux ingénieurs-économistes français, dont les deux prix Nobel d'économie français.

Coûts d'investissement et de fonctionnement[1] – L'électricité, renouvelable ou pas, est (comme à peu près tous les biens) produite avec un stock de capital, d'un côté, et avec des dépenses de fonctionnement (salaires, carburants, entretien, etc.) d'un autre côté. Les dépenses d'investissement qui constituent le capital ont lieu une fois, lors de l'édification de l'installation. Les dépenses de fonctionnement qui sont récurrentes ont lieu chaque année. Elles ne sont pas comparables, et pas additionnables. Le montant des coûts d'investissement est parfois présenté seul, en particulier dans des comparaisons de filières, au motif qu'en matière de production d'électricité, le poids de l'infrastructure est généralement dominant dans la structure des coûts. Il faut se méfier de telles comparaisons. La durée de vie de l'investissement varie souvent, et beaucoup, d'une filière à une autre, et les dépenses de fonctionnement ne sont jamais nulles. On peut cependant « annualiser » le coût d'investissement lorsque l'on connaît la durée de vie de l'installation et que l'on dispose d'un taux d'actualisation.

Coûts totaux et coûts unitaires – Le coût unitaire (d'investissement, ou/et de fonctionnement) d'une installation est égal au coût total divisé par la production (en MWh) ou par la puissance (en MW) de cette installation. Les coûts unitaires sont évidemment plus intéressants que les coûts totaux. Mais, dans des comparaisons de filières, le coût unitaire de production peut être très différent du coût unitaire de puissance, puisque le nombre d'heures de fonctionnement varie souvent, et parfois beaucoup, selon la filière. Notons également que même pour une filière donnée, le nombre d'heures de fonctionnement, et donc le coût unitaire, est susceptible de varier dans de grandes proportions.

1. On parle parfois de capex (*capital expenditures*) et d'opex (*operating expenditures*) ; cela renvoie exactement à la même distinction, mais fait plus chic (j'allais dire : plus *in*)

Beaucoup des problèmes soulevés par ces deux distinctions sont élégamment résolus par la notion de « coût standardisé » (*levelized* en anglais). Le coût standardisé d'une installation produisant de l'électricité est le prix de vente de l'électricité qui égaliserait au cours de la durée de vie de l'installation la somme actualisée des revenus de la vente de la production avec la somme actualisée de ses coûts[1]. Cette définition prend en compte la durée de vie de l'équipement, sa production annuelle, la dépense initiale d'investissement, les dépenses annuelles de fonctionnement, et le taux d'actualisation (c'est-à-dire la préférence pour le présent). Comme on ne sait pas bien quel taux d'actualisation retenir, on fait généralement le calcul pour plusieurs taux : par exemple 5 % et 10 %.

Coûts moyens et coûts marginaux – Le coût moyen est pratiquement le coût unitaire total, ou pour mieux dire le coût standardisé (qui est un coût unitaire total perfectionné). Mais on a parfois besoin de connaitre, pour une installation donnée et déjà en place, le coût de production d'un MWh supplémentaire. On parle alors d'un coût marginal. Il est généralement égal au coût unitaire de fonctionnement. La confusion entre coût moyen et coût marginal est déplorable, et cependant en pratique assez fréquente. Prenons la question très actuelle du remplacement de centrales nucléaires *en état de marche* par des installations renouvelables *à construire*. On lit quotidiennement que le coût de l'électricité renouvelable est maintenant

1. Soit p le prix de vente de l'électricité, Q_t la quantité produite et vendue durant l'année t, n la durée de vie de l'installation, r le taux d'actualisation, I les investissements (supposés tous à l'année 1), F_t les dépenses de fonctionnement de l'année t, le coût standardisé est la valeur p'de p pour laquelle on a :

$$\Sigma_{t<} p^* Q_t^* (1 + r)^t = I + \Sigma_{t<n} F_t^* (1 + r)^t$$

égal ou inférieur au coût de l'électricité nucléaire. Cela est peut-être vrai pour des installations nucléaires et renouvelables à construire. Mais ce dont il s'agit ici c'est de comparer le coût marginal des centrales nucléaires en place avec le coût moyen des installations renouvelables à construire, ce qui est bien différent.

Coûts directs et coûts indirects – La distinction entre coûts directs et coûts indirects est également essentielle. Les coûts directs, directement liés à la production d'électricité, ne sont pas les seuls à prendre en compte. S'y ajoutent des coûts indirects liés au stockage, au transport et aux conséquences de l'électricité produite et consommée. On peut en identifier au moins cinq. (i) Il y a d'abord les nuisances (bruits, vibrations, oiseaux tués) engendrées par la production, notamment éolienne, qui constituent des externalités classiques. (ii) Il y a ensuite les coûts de raccordement des installations productives au réseau, qui sont parfois, mais pas toujours, compris dans les coûts directs. (iii) Il y a aussi les coûts de transport des lieux de production aux lieux de consommation. Comme la production d'électricité renouvelable est plus dispersée et en tout cas géographiquement différente (de ce qu'est la production d'électricité classique), elle rend nécessaire de coûteuses modifications et extensions des lignes de transmission. (iv) Il y a de plus les coûts du stockage de court terme ou de long terme rendus nécessaires par l'intermittence des renouvelables. (v) Il y a enfin les impacts des renouvelables sur les autres modes de production, et en particulier les augmentations des coûts de production de ces autres modes engendrés par une moindre utilisation de leur capital. Cette externalité est difficile à quantifier, mais potentiellement considérable.

Facteurs de variation des coûts – Les paragraphes qui précèdent ont mis en évidence la diversité des coûts. De plus, chacun de ces coûts est pluriel. Il varie, et parfois dans de grandes proportions, en fonction de divers critères. (i) La *technologie* est évidemment le premier d'entre eux. Les coûts du solaire de toiture ne sont pas ceux du solaire de plein champ, ceux de l'éolien en mer ne sont pas ceux de l'éolien terrestre. Les coûts du stockage par pompage-turbinage ne sont pas ceux du stockage par batteries. (ii) La *taille* des installations est un deuxième facteur de variation. Les coûts (unitaires) d'une éolienne de 50 mètres de hauteur ne sont pas ceux d'une éolienne de 150 mètres de hauteur. D'une façon générale, on a affaire à des économies d'échelle : les coûts unitaires déclinent avec les quantités produites. (iii) L'*environnement* joue aussi un rôle évident. Les coûts sont influencés par la géographie (ensoleillement, régime des vents, topographie, orographie), et aussi par le mélange électrique dans lequel s'insèrent les renouvelables. (iv) Le *temps* (au sens du temps qui passe) est enfin un facteur essentiel. Le progrès technique, rapide en matière d'électricité renouvelable, réduit les coûts. Les coûts d'aujourd'hui ne sont pas ceux d'hier, et pas ceux de demain.

On voit que la notion de « coût des renouvelables » n'est pas simple. Il faut se méfier de ceux qui affirment : le coût de l'électricité photovoltaïque est 80 €, sans préciser de quel coût il s'agit, où, à quel moment, dans quel contexte. On peut certainement trouver un cas pour lequel cette affirmation est vraie. On peut en trouver vingt autres pour lesquels elle est fausse. Ces incertitudes conceptuelles doivent nous rendre prudents, mais pas nous empêcher d'essayer de présenter des ordres de grandeur significatifs des coûts associés à la production d'électricité renouvelable, et à leur évolution. Les coûts directs sont bien moins mal connus que les coûts indirects.

Coûts directs

Les rapports de l'AIE (Agence Internationale de l'Energie) et de l'OCDE intitulés *Projected Costs of Generating Electricity* constituent sans doute la source d'information la plus crédible sur les coûts de production d'électricité, pour les raisons suivantes. Cette source est établie par une institution indépendante des intérêts financiers, ou plus exactement par un comité rassemblant des experts d'une trentaine de pays. Elle synthétise des données relatives à environ 200 investissements récents. Les procédures et les hypothèses de calcul sont soigneusement définies, et appliquées d'une façon homogène, ce qui permet de savoir exactement à quoi correspondent les chiffres donnés, et facilite les comparaisons dans l'espace et dans le temps ; les chiffres fournis peuvent être discutables, leur comparaison l'est beaucoup moins. La source ne donne pas « une bonne » valeur, mais des distributions de valeurs, avec moyennes, médianes, minimum et maximum. Les chiffres fournis se rapportent à l'ensemble des pays développés, pas à la seule France, ce qui peut apparaître comme un inconvénient, ou un avantage. Les deux dernières éditions se rapportent à 2010 et 2015. Elles ont un caractère prospectif immédiat, décrivant les coûts de production des centrales planifiées à la date de parution. Les chiffres donnés en 2010 sont donc les coûts des centrales ouvertes dans la période 2010-2015. Le tableau V-1 rassemble les principales informations sur les coûts issues de cette source. Les chiffres retenus, qui « résument » des distributions de valeurs, sont des valeurs médianes, telles que la moitié des valeurs sont supérieures (et l'autre moitié inférieures) à cette médiane.

Répétons-le : ces chiffres, qui sont les moins mauvais que l'on puisse mettre sur la table, sont à interpréter avec précautions. Cette plongée dans le maquis des coûts directs des différentes

Tableau V-1 – Coûts standardisés de production de l'électricité, par filière, 2010-2015

(en $ de 2008/MWh)

	Eolien	Solaire	Nucléaire	Gaz	Charbon
Valeurs 2010 :					
Coût en capital	75	381	35	9	23
Gestion, entretien	22	30	15	4	6
Carburant	–	–	9	61	18
Coût rejets CO_2	–	–	–	11	24
Coût total	97	411	59	86	66
Valeurs 2015 :					
Coût total	65	185	61	91	71
Variation 2015/2010	-33 %	-55 %	+3 %	+6 %	+17 %

Sources: IEA-OECD 2010 p. 105 et IAE-OECD 2015 p. 7. *Notes*: Les données du tableau sont des valeurs médianes : chacune « résume » une assez large plage de données. L'éolien considéré est l'éolien terrestre (en 2010, les cas d'éolien maritimes étaient considérés comme trop peu nombreux). Le calcul du coût « standardisé » est effectué avec un taux d'actualisation de 5 % (la source donne également des valeurs calculées avec un taux de 10 %). Il postule des durées de vie de 25 ans pour les renouvelables, de 60 ans pour le nucléaire, de 30 ans pour le gaz, de 40 ans pour le charbon ; des taux de charge de 26 % pour l'éolien, de 13 % pour le solaire, de 85 % pour les autres filières ; et un coût social du CO2 de 30 $ par tonne. Le coût en capital est calculé ici comme la différence entre le coût total et le coût des autres composants du coût.

filières fait cependant ressortir assez clairement deux points importants : (i) au cours des dix ou quinze dernières années, le coût complet direct des renouvelables a été nettement plus élevé que le coût des filières classiques ; (ii) au cours des années récentes, ce coût a fortement diminué, alors que celui des filières classiques tend à stagner.

Le Tableau V-1 fait apparaître le coût standardisé, qui est la mesure la plus globale et la plus significative du coût direct de l'électricité produite par une installation *à construire*. Il donne également des coûts de fonctionnement (entretien, opération, carburant) qui fournissent des ordres de grandeur du coût marginal de production des installations *déjà construites* et à construire. La distinction est importante. Pour prendre l'exemple de la dimension coût du remplacement de centrales nucléaires existantes par des installations renouvelables à construire, il ne faut pas comparer le coût total du solaire (185 $/MWh) avec le coût total du nucléaire (61 $/MWh) mais bien le coût total du solaire (185 $/MWh) avec le coût marginal du nucléaire (21 $/MWh). On l'a déjà mentionné, mais la confusion est si fréquente qu'il n'est sans doute pas inutile de le répéter.

On notera aussi que le coût de capital des différentes filières (la première ligne du tableau) a été calculé pour les taux de charge (les nombres d'heures de fonctionnement) *techniquement* possibles (26 % pour l'éolien, 13 % pour le solaire, 85 % pour les filières classiques). Des taux de charges *économiquement* inférieurs augmenteraient d'autant le coût de capital. Pour une centrale au gaz qui ne fonctionnerait que 43 % du temps, moitié moins longtemps, le coût de capital serait doublé, et passerait de 53 $/MWh à 106 $/MWh.

La baisse des coûts des renouvelables peut-elle être prolongée linéairement ? Hélas non. Elle est principalement due à la baisse du coût des composants (turbines des éoliennes et panneaux photovoltaïques) fabriqués industriellement, notamment en Chine, et constitue un exemple classique d'économies d'échelle.

Tout d'abord, l'expérience des innovations industrielles suggère que le taux de baisse des coûts diminue généralement avec le temps. Lorsque la production passe d'un peu à beaucoup, les coûts baissent rapidement, mais lorsque la production passe de beaucoup à davantage, les économies d'échelles s'essoufflent, et les coûts baissent assez peu.

Surtout, le coût des composants n'est qu'une partie du coût des renouvelables. S'y ajoutent les coûts de transport (desdits composants), de génie civil, de montage, de raccordement, d'entretien et d'opération. Une notice professionnelle donne la liste des opérations relatives à l'édification d'une éolienne : préparation des accès (création ou élargissement des chemins), terrassement (1 000 à 1 500 m^3 de terre à déplacer), ferraillage (50 à 80 tonnes d'acier), fondations (500 à 900 tonnes de béton), liaison au sol (par viroles), remblai, passage des câbles, transport des éléments (100 camions), assemblage et levage. Ces opérations (productrices de CO_2) sont très consommatrices de main d'œuvre, et guère susceptibles de bénéficier de progrès techniques, et encore moins d'économies d'échelle. Il n'y a pratiquement aucune raison que leur coût diminue avec le temps.

Quelle est l'importance relative de ces coûts stables ? Le tableau V-2 décompose les coûts de production standardisés entre coûts déclinants (machines et modules) et autres coûts, présumés stables.

La décomposition repose sur des bases fragiles, et certains des « autres coûts » présumés stables sont eux aussi susceptibles de décliner. Mais elle donne des ordres de grandeur. La moitié seulement des coûts de production de l'éolien et du solaire proviennent de machines ou de panneaux dont le coût décline (ou a décliné) rapidement. Même si le coût de ces composants devenait nul (hypothèse extrême et absurde), le coût total serait seulement divisé par deux. Bien entendu, des innovations techniques difficiles à prévoir peuvent toujours survenir, qui augmenteraient la productivité, et réduiraient aussi les coûts ici considérés comme stables. Mais le plus vraisemblable est une réduction, voire un tassement, de la courbe des coûts de production. Ce ralentissement semble déjà visible dans

Tableau V-2 – Structure des coûts de production des énergies renouvelables, 2014

	Eolien terrestre	Eolien maritime	Solaire
Coût total[a]	100	100	100
Coût de capital[b]	70	70	92
Machines et modules (A)	50	35	41
Autres (B)	20	35	51
Coût de fonctionnement (C)	30	30	8
Coûts déclinants (A)	50	35	41
Coûts stables (B + C)	50	65	59

Sources - [a]Pour la décomposition du coût total entre coût de capital et coût de fonctionnement : Tableau V-1 (pour l'éolien maritime, en l'absence de données spécifiques, on a postulé la même décomposition que pour l'éolien terrestre). [b]Pour la décomposition du coût de capital entre machines ou modules d'un côté, et autres (génie civil, etc.) : CRE 2014, pp. 19 pour l'éolien terrestre et p. 37 pour le solaire, pour l'éolien maritime : DGEC 2011.

l'éolien terrestre. Une étude récente (SER 2014) du syndicat des énergies renouvelables (qui peut évidemment avoir intérêt à crier au loup dans le but d'obtenir des aides publiques, mais qui a toutes les apparences du sérieux) parle même de hausse des coûts de production pour les années à venir.

Coûts indirects

Les coûts des renouvelables analysés ci-dessus sont les coûts payés par les producteurs de renouvelables (même s'ils sont largement subventionnés). Ce sont des coûts que l'on peut appeler « directs ». Mais l'implantation et l'opération d'installation d'électricité verte engendrent également toutes sortes de coûts qui ne sont pas payés par ces producteurs mais qui n'en sont pas moins réels, et qui sont à la charge de la collectivité.

On les appellera « indirects ». On pourrait aussi les qualifier d'« externalités ». Il est plus facile de les identifier que de les évaluer. Ces coûts indirects ne sont pas uniformes dans l'espace et le temps. Ils varient d'un pays à l'autre, selon la géographie ou le mélange électrique. Ils varient aussi selon le degré de pénétration de l'électricité renouvelable, d'une façon non linéaire, mais exponentielle. Les coûts indirects d'un MWh vert de plus sont bien plus élevés dans un pays comme l'Allemagne (taux de pénétration élevé) que dans un pays comme la France (taux de pénétration faible).

Typologie – Les coûts indirects ont leur origine dans certaines des caractéristiques, principalement techniques, des installations de production d'électricité verte et de leur fonctionnement. Ces caractéristiques ont des conséquences et/ou imposent des mesures palliatives. Ces conséquences et ces palliatifs à leur tour engendrent des coûts pour la société. Quatre de ces caractéristiques génératrices de coûts peuvent être mentionnées : le gigantisme, la dispersion, l'intermittence, et la priorité. L'intermittence des renouvelables, et la priorité qui leur est donnée pour l'accès aux réseaux, ont déjà été mentionnées dans les chapitres précédents. Gigantisme et dispersion méritent un mot d'explication.

Gigantisme fait référence au volume ou à la surface des installations éoliennes et photovoltaïques. Les éoliennes modernes ont un mat de 100 mètres de hauteur et des pales de 50 mètres de long, soit une envergure de 150 mètres. C'est trois ou quatre fois plus que Beaubourg (42 mètres de hauteur). C'est plus que les plus grandes cathédrales de France. On compte seulement en France dix cathédrales de plus de 100 mètres de hauteur. Notre-Dame de Paris culmine à 96 mètres, Reims à 87 mètres. Rares sont les constructions de plus de 100 mètres de haut : les tours de refroidissement des centrales nucléaires (sur une vingtaine de sites), des émetteurs-récepteurs de radio ou de télévision, une poignée d'immeubles de bureaux (principalement à la Défense à Paris). Au total, il ne doit pas y avoir (hors éolien) plus de 200 constructions de plus de 100 mètres de haut en France. Les éoliennes, au nombre d'environ 10 000 en 2016 (50 000 en 2025 selon la loi de transition énergétique), constituent donc, et de très loin, l'écrasante majorité des « grands » édifices du pays. Il n'est pas excessif de dire qu'elles ont, en une dizaine d'années, changé le paysage traditionnel français. Les installations photovoltaïques sont de dimensions plus modestes, mais néanmoins considérables. La photographie ci-dessous montre un ensemble de panneaux solaires curieusement baptisé du bucolique nom de « ferme ». Chacun de ces panneaux mesure 12 mètres de haut et 16 mètres de large (96 modules de 1 × 2 mètres). Il y a actuellement l'équivalent d'environ 250 000 panneaux de cette dimension en France. La loi de transition énergétique prévoit de multiplier ce chiffre par 5 d'ici 2023, c'est à dire de le porter à quelque 1 million à cette date. On voit que le mot de gigantisme n'est pas excessif.

La *dispersion* des installations vertes décrit le fait que ces installations sont dispersées sur tout le territoire. Elles ne sont pas concentrées sur un nombre limité de sites (comme le sont par exemples les centrales nucléaires ou thermiques).

Le tableau présente schématiquement les relations entre ces quatre caractéristiques des renouvelables, leurs conséquences, et les coûts indirects générés.

Tableau V-3 – Renouvelables : des caractéristiques aux coûts indirects

Caractéristiques :	Conséquences :	Coûts indirects :
	Dommages à la santé	
Gigantisme – >	Dommages aux paysages	– > environnementaux
	Dommages à la faune	
Dispersion – >	Connexions additionnelles	
		– > de transport
	Mutualisation	
Intermittence – >	Stockage	
	Redondance	– > de remédiation
	Effacement	
1) Contraintes de capacité	2) Variations brutales	– > de rééquilibrage
Priorité – >	Moindre utilisation autres filières	– > d'éviction

Coûts environnementaux – Du fait de leur gigantisme, et de leur nombre, les installations de production d'électricité renouvelable, et en particulier les éoliennes, causent des dommages à la santé des riverains, aux paysages, et à la faune.

Le thème des éventuels impacts négatifs des éoliennes sur la *santé* des riverains est ancien, complexe, passionnel, sous-étudié. Entre les nombreuses études partielles sinon partiales faisant état de dommages causés par le bruit et plus encore par les ultrasons (inaudibles) d'un côté, et les affirmations péremptoires des industriels de l'éolien, reprise sans nuances par certains gouvernements comme le gouvernement français, comme quoi il n'y a absolument aucun impact négatif, d'un autre côté, il n'est pas facile de se faire une opinion sur le sujet. Le travail le plus crédible semble être une étude conduite par le Conseil des Académies Canadiennes (CCA 2015), une entité indépendante, et signée par dix experts. Cette étude arrive à trois conclusions. Primo, il existe « *une relation causale entre l'exposition au bruit des éoliennes et un niveau élevé de gêne* ». Secundo, le lien entre bruit et trouble du sommeil est possible et même probable, mais pas établi avec certitude. Tertio, pour les autres troubles allégués, les preuves de relations causales sont actuellement insuffisantes. Un rapport récent d'un groupe de travail de l'Académie Nationale de Médecine (2017) mesuré et informé va dans le même sens : « *Si l'éolien terrestre ne semble pas induire directement des pathologies organiques, il affecte au travers de ses nuisances sonores et surtout visuelles la qualité de vie d'une partie des riverains et donc son « état de complet bien-être physique, mental et social », lequel défie aujourd'hui le concept de santé* » (*Ibidem*, p. 1). Si les promoteurs du ridicule principe de précaution appliquaient leur principe au cas des éoliennes, ils exigeraient l'interdiction des éoliennes.

La question des dommages aux *paysages* est évidemment subjective. Certains peuvent aimer le spectacle des champs d'éoliennes ou de panneaux solaires, d'autres n'y attacher aucune importance, d'autres au contraire en être horrifiés. Ces derniers sont nombreux. Ils notent que les installations de ce type édifiées au cours des dix dernières années sont beaucoup plus nombreuses et volumineuses que toutes celles qui ont été construites au cours des dix derniers siècles, et qu'elles ont transformé le patrimoine paysager de la France. Ils pensent que cette transformation est une détérioration (certains parlent de saccage), pas une amélioration. Telle a été du moins la position formellement adoptée par l'Académie des Beaux-Arts. Dans des paysages généralement caractérisés par des lignes horizontales, les éoliennes introduisent des notes de verticalité métallique traditionnellement réservées aux clochers de pierre. Dans des paysages généralement colorés par la diversité des cultures, des forêts, des prairies, et aux couleurs changeantes au gré des saisons, éoliennes et panneaux solaires n'introduisent que d'uniformes lignes grises ou taches noires. On peut certes aimer Soulages autant ou plus que Poliakoff, mais les tableaux de Soulages sont généralement sur les murs blancs d'un musée, où ils ne détruisent rien. S'agissant de la concurrence faite par des éoliennes à des édifices religieux ou civils admirés, comme le montre par exemple la photographie (présentée au chapitre II ci-dessus) de Saint Jean d'Angély, site inscrit au Patrimoine Mondial de l'Humanité (de l'UNESCO), rares sont ceux qui applaudissent. En plus, un dommage n'a pas besoin d'être ressenti par tous pour être un dommage.

Les éoliennes, et à un moindre degré les champs de panneaux solaires, tuent des *oiseaux* et des chauves-souris. Les éoliennes tuent en particulier des rapaces (des aigles ou des vautours) menacés de disparition et protégés. Il est très difficile de trouver des chiffres significatifs sur l'ampleur du phénomène. Les puissantes associations américaines de protection et d'observations des oiseaux (comme l'American Bird Conservancy) parlent de 600 000 oiseaux et de 600 000 chauve-souris tués aux Etats-Unis, soit une douzaine d'oiseaux, et autant de chauve-souris, par éolienne et par an. En France, on trouve des groupes qui nient carrément le phénomène (« les éoliennes ne tuent pas des oiseaux », Consoglobe, 27.7.2015), ou qui le minimisent (comme l'ADEME qui estime les oiseaux tués à 0,4-1,2 par éolienne et par an).

Aux incertitudes sur les dommages physiques s'ajoute une incertitude plus grande encore sur le coût unitaire de ces dommages. Il existe des techniques, telles que l'évaluation contingente, pour évaluer en euros la « gêne » causée par le bruit, ou la perte d'utilité associée à la destruction d'un paysage, ou encore la « valeur » d'un oiseau tué. Elles n'ont apparemment pas encore été mises en œuvre ici. Il n'est donc actuellement malheureusement pas possible d'estimer, même grossièrement, le montant des coûts environnementaux associés à 1 MWh éolien ou solaire. Tout ce que l'on peut dire, c'est que ce coût existe.

Coûts de transport – Trois des caractéristiques des renouvelables – la dispersion, l'intermittence, et la priorité d'accès au réseau – engendrent des surcoûts dans le transport de l'électricité. L'électricité doit être transportée des lieux où elle est produite vers les lieux où elle est consommée. Ce transport se fait à un coût qui est une composante importante du prix final de l'électricité. L'irruption des renouvelables entraîne de fortes augmentations de ce coût, ou, si l'on préfère, des surcoûts, pour trois raisons assez évidentes.

La première est que les points de production de l'électricité renouvelable sont beaucoup plus *dispersés* que les points de production de l'électricité non renouvelable. En France, par exemple, on compte environ 300 000 lieux de production d'électricité renouvelable (10 000 installations d'éoliennes, et près de 300 000 installations photovoltaïques) pour moins de 200 lieux de production de l'électricité non-renouvelable (19 centrales nucléaires, 25 centrales thermiques, et moins d'une centaine de centrales hydrauliques). En ignorant le photovoltaïque, l'éolien implique 50 fois plus de points de production que tout le reste, pour une production 20 fois moindre.

La deuxième est que l'un des remèdes à la menace que fait peser l'intermittence des renouvelables sur la satisfaction des pointes de demande est ce qu'on appelle la mutualisation, l'appel à l'importation d'électricité des pays voisins. Encore faut-il que le réseau français soit bien connecté à ces pays par des lignes à haute tension, ce qui implique des investissements supplémentaires.

La troisième s'applique aux pays développés, comme la France, où la consommation d'électricité stagne, voire décline depuis une quinzaine d'années. Il y a une quinzaine d'années, avant l'irruption des renouvelables, un pays comme la France disposait d'un réseau suffisant pour acheminer l'électricité des 200 points de production vers les consommateurs. Ce réseau avait bien entendu besoin d'être entretenu, réparé, amélioré. Mais il n'avait fondamentalement pas besoin d'être agrandi. Cela est encore plus vrai dans des pays comme l'Allemagne ou l'Espagne dans lesquels la consommation d'électricité à décliné au cours de cette période. On peut donc considérer que la quasi totalité des dépenses d'investissement dans l'agrandissement des réseaux a été engendrée par l'irruption des renouvelables.

Le lien entre renouvelables et surcoûts de transport est officiellement reconnu. Il est souvent mentionné dans publications de RTE. Le *Bilan électrique 2015* écrit : « *Les investissements de RTE s'inscrivent dans un contexte de besoin croissant dans les années à venir pour répondre aux enjeux de la transition énergétique* » (RTE 2016 p. 49), ce qui, traduit en français, signifie : le développement de l'éolien et du photovoltaïque va entraîner des investissements importants dans le transport de l'électricité. Les *Schémas décennaux de développement du réseau* publiés annuellement par RTE, et qui sont la principale source d'information sur les problèmes et les projections du réseau de transport de l'électricité soulignent aussi systématiquement cette conséquence. Ce n'est pas sans raison que la seule illustration de la couverture de l'édition 2016 est la photographie d'une éolienne.

Ces *Schémas*, dont le volume dépasse 150 pages, ne consacrent même pas une page aux coûts de ces investissements. L'édition 2016, cependant, offre un sous-titre : « *Plus de 10 G€ (milliards d'euros) d'investissement dans les dix ans pour transformer le réseau français face aux mutations du mix énergétique* » (RTE. 2016. p. 8). Par « mutation du mix énergétique », il faut entendre : augmentation de la production éolienne et photovoltaïque. Le contexte montre que « investissements » signifie ici investissements d'agrandissement ou d'amélioration, en plus des investissements d'entretien et de remplacement (évalués par ailleurs à 0,4 G€ par an). Ce chiffre de 1 milliard par an de surcoûts causés par les renouvelables correspond à peu près à ce qui a été dépensé annuellement dans la décennie passée. Rapporté à la production de renouvelable de 2015 (28,6 TWh), on obtient un surcoût de transport de 35 €/MWh, qui n'est qu'un ordre de grandeur assez grossier[1].

Coûts de remédiation – Comme on l'a déjà vu *supra*, la possibilité que les renouvelables ne soient pas au rendez-vous des grandes pointes de demande est réelle et grave, et d'autant plus réelle et grave que la part des renouvelables est élevée. On peut y remédier de quatre façons : par la mutualisation, c'est-à-dire

1. En toute rigueur, il faudrait rapporter le montant des investissements cumulés sur la période 2005-2025 à la production cumulée d'électricité renouvelable sur cette même période.

l'échange avec l'étranger ; par le stockage ; par la redondance, c'est-à-dire par le maintien en état de marche de capacités de production mobilisables ; et par l'effacement, c'est-à-dire par des coupures négociées avec les utilisateurs. Chacun de ces remèdes a un coût, qui peut et doit être considéré comme un coût indirect des renouvelables, et qui est potentiellement élevé ou très élevé.

Ces coûts sont malheureusement mal connus, parce qu'ils sont difficiles à évaluer, que la volonté de les connaître n'est pas très vive (aucun organisme public n'est prêt à financer une recherche sur les coûts indirects des renouvelables), ou que certains de ces remèdes ne sont pas encore mis en œuvre. Le coût des interconnections nécessaires à la mutualisation a été pris en compte dans les surcoûts de transport. Le coût du stockage est pour le moment virtuel, puisqu'en dehors du pompage-turbinage, aucun procédé industriel de stockage n'est actuellement disponible ; les informations disponibles suggèrent un coût élevé : du côté d'une centaine d'euros par MWh. Le coût de la redondance est difficile à estimer (et il prend en partie la forme du coût d'éviction discuté ci-après). Le coût de l'effacement devrait en principe être plus facile à connaître puisque des mécanismes sont en place, notamment en France, et que les subventions ou les rabais sur les prix consentis doivent bien être enregistrés quelque part. Nous avons échoué à y avoir accès. Il est vrai que ces mécanismes d'effacement, qui sont très complexes, sont constamment en transformation, qu'il s'agisse de l'effacement des ménages (dit diffus) ou des industriels. Un rapport prospectif de la CRE (Commission de Régulation de l'Energie) de 2013 évoque différents niveaux de « prime » (c'est-à-dire de subvention), centrés sur une prime de 60 € par MWh, et en évalue le coût pour la collectivité, à financer par la CSPE (Contribution au Service Public de l'Electricité), c'est-à-dire par un impôt sur toute la consommation d'électricité, de 160 à 400 M€/an selon différent scénarios.

Coûts de rééquilibrage – Les caprices du vent et du soleil (ou des nuages qui peuvent le cacher) font que d'une heure à l'autre, parfois d'une minute à l'autre, les quantités d'électricité éolienne et solaire produites vont varier brutalement. Les autres sources d'électricité (nucléaires, hydrauliques ou thermiques) doivent alors immédiatement s'adapter, c'est-à-dire faire démarrer des installations de production dans l'heure ou la minute, ou au contraire arrêter installations en fonctionnement. La disponibilité impliquée par ces brusques sautes de production a un coût économique, qu'une l'étude de l'OCDE-AEN (2012) baptise « coûts de rééquilibrage ». Ce coût est d'autant plus élevé que le poids de l'électricité éolienne ou solaire est lourd. L'OCDE l'évalue, pour la France, à 1,9 €/MWh d'électricité intermittente produite lorsque cette électricité représente 10 % de la production totale, et à 5,0 €/MWh lorsqu'elle en représente 30 %. Par souci de simplification, on retiendra un coût moyen de 3,5 €/MWh.

Coûts d'éviction – Les renouvelables, parce qu'ils bénéficient d'une priorité d'accès au réseau, parce que leurs coûts variables sont faibles, et parce qu'ils sont poussés par les pouvoirs publics, ont pour effet de prendre la place des autres filières. « Eviction » est le mot savant du populaire « ôte-toi de là que je m'y mette ». Lorsque la production d'électricité renouvelable augmente, la production d'électricité non-renouvelable doit diminuer, et diminue. Il en résulte une moindre utilisation du stock de capital des filières non renouvelables, et en pratique du thermique. Cette moindre utilisation entraîne une augmentation du coût unitaire de capital (puisque le coût total du capital est divisé par un plus petit nombre d'heures de fonctionnement), et partant du coût total unitaire de la production de l'électricité thermique. Cette augmentation du coût total unitaire est un gaspillage de ressources, c'est-à-dire un coût économique. L'examen des données chiffrées permet de valider cette analyse, et d'évaluer l'ampleur de ce coût d'éviction.

Le tableau V-4 présente les données pertinentes pour cinq pays : Danemark, Espagne, Allemagne, Italie, Royaume-Uni (les pays dont l'électricité est la plus verte du monde, où le taux de pénétration des renouvelables est le plus élevé) et pour la période 2005-2014 qui est la période de l'irruption massive des renouvelables. Il se focalise sur les variations intervenues dans cette décennie. Les chiffres de ce tableau mettent bien en évidence le phénomène d'éviction (de l'électricité thermique par l'électricité renouvelable) et ses conséquences.

Tableau V-4 – Effet d'éviction, électricité, pays choisis, 2005-2014

	Dk	Espagne	Allemagne	Italie	R-U
Variations de :					
Production totale (en %)	-11 %	-5 %	+1 %	-8 %	-15 %
Production totale (TWh)	-4	-15	+5	-24	-59
Prod. renouvelable (TWh)	+7	+45	+65	+35	+33
Prod. Thermique (TWh)	-12	-78	-32	-92	-90
Capacité thermique (%)	-17%	+22%	+27%	+14%	-8%
Taux de charge thermique (%)	-36%	-46%	-28%	-45%	-31%
Coût total thermique (G€)	+0,3	+2,0	+6,8	+2,9	+3,9

Source : calculé d'après European Union. 2016. *EU Energy in Figures. Statistical Pocketbook*, pp. 99 et 104, et pour le thermique pages des différents pays. *Notes :* Dk = Danemark. R-U = Royaume-Uni. La capacité thermique est la puissance installée, mesurée en GW ; les chiffres donnés sont la variation en pourcentage de cette puissance entre 2005 et 2014. Le taux de charge est le nombre d'heures par an de production d'électricité thermique obtenu en divisant la production (Wh) par la puissance (W) ; le chiffre donné est la variation en pourcentage de ce taux de charge entre 2005 et 2014. La variation du coût total de la production thermique, qui est une mesure du coût d'éviction, est obtenue en multipliant la production thermique par la variation unitaire du coût de capital estimée à 19 €/MWh.

Tout d'abord, la première ligne donne un élément de contexte important qui n'est d'ailleurs pas lié aux renouvelables : dans la décennie considérée, la production totale d'électricité a diminué partout (sauf en Allemagne, où elle a stagné).

Deuxièmement, comme on peut s'y attendre, la *production* d'électricité renouvelable a augmenté partout. La production d'électricité thermique a joué le rôle de variable d'ajustement. Plus de renouvelables et moins de production totale ont entraîné moins de thermique. C'est le phénomène d'éviction du thermique par le renouvelable. En fait, pour presque tous les pays considérés, on a généralement :

Augmentation renouvelable + diminution totale
= diminution thermique

L'exception concerne l'Allemagne, et elle s'explique par la diminution de la production d'électricité nucléaire.

Troisièmement, la *capacité* thermique installée, c'est-à-dire les centrales au charbon et au gaz, a augmenté dans trois de nos cinq pays, et là où elle a diminué, elle a diminué beaucoup moins que la production d'électricité thermique. La raison en est la nécessité de maintenir en état de marche des centrales thermiques capables de pallier les défaillances causées par l'intermittence des renouvelables. En Espagne, Allemagne et Italie, la puissance thermique installée a même sensiblement augmenté.

Il s'ensuit (comme le montre l'avant-dernière ligne du tableau) que le *taux de charge* des centrales thermiques a considérablement diminué. Autant ou plus de centrales produisant nettement moins d'électricité signifie évidemment des centrales qui fonctionnent moins d'heures par an. Beaucoup moins d'heures : de -28 % en Allemagne à -45 % en Espagne et en Italie. Pour fixer les idées, on retiendra un ordre de grandeur de 35 %. Un recours important aux renouvelables diminue de

35 % le taux de charge des centrales thermiques, qui continuent dans tous les pays considérés à jouer un rôle important et à fournir de 40 % à 60 % de l'électricité.

C'est ce chiffre de -35 % qui permet d'évaluer, au moins grossièrement, le coût d'éviction. Cette moindre utilisation du stock de capital des centrales thermiques s'analyse comme une forte diminution de la productivité du capital, diminution qui engendre mécaniquement une forte augmentation du coût de production de l'électricité thermique. Les travaux de l'AIE-OCDE sur les coûts « standardisés » de production (cités au tableau V-1 *supra*) décomposent ces coûts en coûts de capital et coûts variables. Ils donnent pour les centrales thermiques un coût unitaire de capital 53 \$/MWh (dollars de 2008) pour les centrales à charbon et de 23 \$/MWh pour les centrales au gaz. Ces coûts sont calculés avec des taux de charge conventionnels élevés. Admettons qu'ils soient significatifs pour 2005. Une baisse des taux de charge de x % va entrainer une hausse du coût de capital de x/(1-x), soit, pour x = 35 %, une hausse de ce coût de 53 %, disons pour simplifier de 50 %. Supposons, toujours pour simplifier, que 1 dollar de 2008 = 1 euro de 2016. Le coût de capital, et partant le coût total, du MWh d'électricité au charbon, va augmenter de 26 €; celui de l'électricité au gaz de 12 €. Les coûts totaux entraînés par l'éviction sont donc considérables. Ils dépendent de l'importance relative du gaz et du charbon. Toujours pour simplifier, supposons la production d'électricité au gaz comparable à la production d'électricité au charbon : on aura un coût d'éviction moyen de 19 € par MWh thermique.

En multipliant par la production thermique de nos cinq pays, on obtient une estimation du coût annuel d'éviction en 2015, qui figure dans la dernière ligne du tableau V-4 : 2 milliards d'euros pour l'Espagne, près de 7 milliards pour l'Allemagne, etc. L'estimation de 19 € par MWh se rapporte à l'augmentation du coût de production du MWh thermique, pas à la production d'un MWh renouvelable, qui est généralement plus élevée. Pour l'obtenir, il faut diviser le coût d'éviction total par la production d'électricité renouvelable.

On pourrait évidemment affiner ces estimations, notamment en décomposant le thermique en gaz et charbon, au risque de compliquer la présentation déjà complexe de l'analyse. On se contentera de souligner trois points importants. (i) L'effet d'éviction par les renouvelables est bien réel, et il augmente le coût des électricités non renouvelables, et notamment thermiques. (ii) Cette augmentation des coûts varie beaucoup d'un pays à l'autre, en fonction de la part relative du gaz et du charbon dans le mélange électrique : elle est modeste en France, et considérable en Allemagne. (iii) Elle est potentiellement considérable, aussi bien en valeur absolue (plusieurs milliards d'euros par an dans les quatre plus grands pays de notre exemple) que rapportée au MWh de renouvelable (de 20 à 40 €/MWh dans ces pays).

On doit enfin mentionner les changements causés par le développement des renouvelables sur les marchés des métaux et des minéraux, qui sont autant de coûts indirects potentiels. L'ampleur de ces changements sera considérable. Elle est évaluée dans un rapport récent de la Banque Mondiale (World Bank 2017), d'autant plus remarquable que la Banque Mondiale a traditionnellement été vigoureusement en faveur du développement des renouvelables. Ce rapport évalue l'impact qu'aurait la croissance prévue des renouvelables sur les marchés de l'aluminium, du cobalt, du fer, du plomb, du lithium, du manganèse, du nickel et des terres rares. Comme le dit le résumé pour décideurs : *Il [le rapport] montre clairement que les technologies envisagées pour engendrer le changement vers une énergie propre – l'éolien, le solaire, le stockage sous forme de batteries – sont en fait beaucoup PLUS intensives en matériaux que les systèmes actuels traditionnels de fourniture d'énergie basés sur les combustibles fossiles* (World Bank 2017, p. XII). Les quantités de métaux à extraire, à raffiner, à transporter, seraient considérables. Le rapport s'intéresse surtout aux changements géopolitiques que cela implique, et identifie les pays gagnants (ceux qui ont des réserves de ces métaux) et perdants (ceux qui n'en ont pas). Il ne cherche pas à évaluer les coûts que ces bonds de la demande pourraient engendrer. On peut supposer qu'ils ne seraient pas négligeables. La mobilisation de ces métaux consommerait beaucoup d'énergie, et rejetterait donc beaucoup de CO_2. Leur prix, ou du moins le prix de certains d'entre eux, s'élèverait sans doute sensiblement, affectant non seulement le prix des éoliennes, des panneaux, et des batteries, mais également le prix de tous les autres produits qui incorporent ces matériaux. On a donc bien là un autre coût indirect des renouvelables, malheureusement encore mal connu.

Tableau V-5 – Coûts indirects de l'électricité renouvelable

	€/MWh
Coûts environnementaux	pm
Coûts de transport	35
Coûts de remédiation	pm
Coûts de rééquilibrage	2-5
Coûts d'éviction	20-40
Total	> 57-80

Source : Voir texte.

Le tableau V-5 synthétise ces analyses des coûts indirects des électricités renouvelables. Il est assez décevant, en ce que nous n'avons aucune estimation pour deux de ces coûts, potentiellement importants, et des estimations fragiles pour les autres. Mais les chiffres rassemblés suggèrent que les coûts indirects sont au moins du même ordre de grandeur que les coûts directs. Des recherches sur ce thème sont nécessaires. Elles ne seront probablement pas engagées, faute d'appétit pour leurs résultats et donc de crédits pour leur financement.

Subventions aux renouvelables

Le développement des renouvelables (entendus ici, répétons-le, comme l'électricité éolienne et solaire) n'est pas un phénomène « naturel » causé par leurs avantages comparatifs et par les choix des consommateurs. C'est au contraire un phénomène « politique » qui résulte de décisions et de financements publics. Sans subventions, pas de renouvelables. C'est d'ailleurs ce que l'on observe empiriquement dans le monde : dans les pays trop pauvres pour subventionner les renouvelables, ceux-ci ne se sont pas développés.

Il n'y a là *a priori* rien de condamnable. Donner un coup de pouce public à une technologie nouvelle est une pratique répandue et justifiable. Les coûts initiaux d'une technologie nouvelle sont élevés mais vont décliner ; des innovations vont intervenir et faire bondir sa productivité ; mais ces premiers pas prometteurs sont souvent difficiles, et demandent assistance. Il faut amorcer les pompes. D'un autre côté, il est également nécessaire de ne pas fausser la concurrence (entre l'innovation subventionnée et les autres technologies), et de ménager les finances publiques. La question des subventions aux renouvelables n'est donc pas une question de principe, mais de contenus et de détails – pas une affaire de oui ou de non, mais bien une affaire de comment ? de combien ? de quand ?

Trois piliers – L'assistance aux renouvelables intermittents a principalement reposé sur trois piliers. Le premier, qui est peut-être le plus important, est la *garantie d'achat*. Les pouvoirs publics obligent les producteurs d'électricité classique à acheter toute l'électricité renouvelable produite, au moment où elle est produite, même s'ils n'en ont pas besoin. C'est évidemment un privilège exorbitant du droit commun. Rares sont les biens ou services qui jouissent ainsi d'un marché garanti ; ce n'est en particulier pas le cas des autres types d'électricité (au gaz, nucléaire, hydraulique) qui doivent au contraire ajuster leur production aux fluctuations de la demande. Au cours des années récentes, un certain nombre de pays ont cherché à encadrer ce privilège, en introduisant des systèmes de quotas, d'autorisations préalables à investir, parfois mis aux enchères. Mais une fois réalisés, ces investissements contrôlés bénéficient du privilège de la garantie d'achat.

Le deuxième pilier est un *prix d'achat élevé*. Le singulier est ici une grossière simplification. Il faudrait parler des prix d'achat au pluriel, variables selon les pays bien sûr, mais aussi le type d'installation (le prix d'achat de l'électricité solaire de toiture n'est pas celui de l'électricité solaire de plein champ), selon l'année d'investissement, et selon le nombre d'années de fonctionnement. L'électricité d'une installation solaire de l'année 2000 sera payée 400 €/MWh pendant 10 ans, puis 350 € ensuite. Mais ces montants ont diminué dans le temps avec la baisse des coûts, et l'électricité de l'installation de l'année 2010 sera payée 300 € pendant les dix premières années de fonctionnement, puis 250 ensuite. Pour une année donnée, 2016 par exemple, le prix d'achat d'un même MWh varie d'une installation à une autre, selon son année de naissance et son âge. Le prix moyen est évidemment déterminé par la structure du stock, et il évolue très lentement. Une baisse des tarifs d'achat de 20 % introduite en 2016 n'affectera que l'électricité des installations construites en 2016, et se traduira par une baisse du prix d'achat moyen d'environ 1 % seulement.

Les niveaux de ces prix d'achat, variables selon les pays et les années, ont généralement été élevés relativement aux coûts de production des autres formes d'électricité. Les deux termes de la comparaison étant également multiples, indéfinis, et changeants, il est hasardeux de donner un ratio. Sur le cas particulier de la France, on donnera ci-dessous des chiffres précis. S'il fallait néanmoins donner des ordres de grandeur, on dirait que l'électricité éolienne terrestre a longtemps été payée le double de l'électricité classique, l'électricité solaire le quintuple, l'électricité éolienne en mer le triple.

Le troisième pilier concerne le *financement*. D'une façon générale, une subvention figure dans un budget public, et elle est financée par l'ensemble des recettes publiques, c'est-à-dire principalement par le contribuable. Les subventions à l'électricité renouvelable font exception. On en chercherait vainement la trace dans la partie « dépenses » des budgets publics. Ces subventions sont financées par un *impôt affecté*. Cet impôt est assis sur la consommation d'électricité des ménages et des entreprises. Il est prélevé par le ou les fournisseurs d'électricité, et son montant figure sur les factures d'électricité payées par les acheteurs d'électricité. Son produit sert à rembourser les entreprises productrices d'électricité (par exemple EDF) des surcoûts que les achats obligatoires à prix élevés d'électricité renouvelable causent à ces entreprises. En pratique, d'ailleurs, on commence par calculer ce surcoût, que l'on divise par la production totale d'électricité, afin d'obtenir le taux de l'impôt affecté. Ce court-circuit, qui viole la règle de l'universalité budgétaire, a-t-il pour objet de maquiller la subvention aux renouvelables ? Il ne trompe pas, en tout cas, la sagacité des comptables nationaux, qui le font bien figurer dans la liste des « prélèvements obligatoires ».

L'impôt qui finance les renouvelables est un impôt régressif. On l'a vu sur le cas de l'Allemagne. On peut le voir sur le cas de la France. L'enquête de l'INSEE sur les dépenses des ménages, dont sont extraits les chiffres du Tableau V-6 donne les dépenses totales et les dépenses d'électricité des ménages par classes de revenus, ou plus exactement par classes de dépenses totales. La dernière enquête disponible date de 2011, mais les comportements qu'elle reflète sont d'une grande stabilité dans le temps, et on peut tenir pour extrêmement probable que les résultats de l'enquête 2016-17, lorsqu'ils seront diffusés, raconteront la même histoire. Cette histoire, c'est que les dépenses d'électricité augmentent moins vite que les revenus, et donc que la part du revenu consacré à l'électricité est plus grande chez les pauvres que chez les riches. Les économistes disent que l'élasticité par rapport au revenu de la consommation d'électricité est inférieure à un. Le tableau montre que les pauvres consacrent environ 3 % de leurs dépenses à l'électricité, contre environ 2 % chez les riches. Un impôt sur la consommation d'électricité pèse plus lourd (relativement au revenu) sur les pauvres que sur les riches ; c'est la définition même d'un impôt régressif.

Le Tableau V-6 sous estime d'ailleurs l'ampleur de cette régressivité, parce qu'il se rapporte aux dépenses des ménages. On sait que les riches épargnent en général davantage que les pauvres, et qu'ils dépensent une part moins forte de leur revenu. Les différences dans la part des dépenses d'électricité *dans le revenu* sont donc plus grandes encore que la part des dépenses d'électricité *dans la dépense* totale.

Cette caractéristique du financement des renouvelables n'est pas nécessairement dirimante. Un système fiscal se compose

Tableau V-6 – Régressivité de l'impôt sur l'électricité, France 2011

(A) Décile	(B) Dépense totales (€/an)	(C) Dépense d'électricité (€/an)	Ratio (C) = (B) / (A) ((%)
1	16 200	451	2,8%
2	17 800	545	3,1%
5	23 700	625	2,6%
6	26 100	656	2,5%
9	34 900	715	2,0%
10	45 500	748	1,6%

Source : INSEE. 2013. *Enquête sur les budgets des familles 2011*

d'un grand nombre d'impôts : certains sont progressifs (comme l'impôt sur le revenu), d'autres proportionnels (comme la CSG), d'autres encore régressifs (comme celui qui nous occupe ici). On peut penser que ce qui compte c'est la progressivité du système tout entier. On peut aussi penser que la redistribution n'est pas le seul objectif souhaitable d'un système fiscal. Il n'en reste pas moins que la progressivité de l'impôt est généralement considérée comme souhaitable, et que le caractère régressif de l'impôt qui finance les renouvelables est avéré.

On mentionnera brièvement un quatrième pilier des politiques de promotion des renouvelables : *l'aide aux investissements*. Un certain nombre d'Etats, et de collectivités territoriales (communes, départements, régions) ont développé tout un maquis d'aides financières aux investissements dans l'éolien et le solaire – sur lequel on ne dispose malheureusement que de peu d'informations chiffrées.

Le cas des subventions en France – La CSPE (Contribution au Service Public de l'Electricité) est le mécanisme qui met en oeuvre les subventions accordées en France à l'électricité éolienne et solaire (et aux autres électricités renouvelables). Ce mécanisme est simple dans son principe, et complexe dans sa pratique. La consommation d'électricité est grevée d'une taxe d'un montant d'environ 8 milliards d'euros, qui figure sur nos factures d'électricité. Le produit de cette taxe sert à financer des « obligations de service public » – dont les subventions à l'électricité éolienne et solaire – mises par les pouvoirs publics à la charge des opérateurs électriques. Le système est abondamment décrit par les publications du régulateur de l'énergie, la CRE (Commission de Régulation de l'Energie). Chaque année, la CRE publie un rapport sur la CSPE, et elle a en 2014 publié une étude de synthèse (CRE 2014) à la fois rétrospective et prospective. Ces documents ne sont ni faciles à trouver (les rapports annuels prennent la forme d'annexes à une « délibération ») ni faciles à lire (les cas de Wallis et Futuna et de Mayotte sont plus longuement traités que ceux de la France métropolitaine). Mais ils sont en ligne, et on y trouve l'information cherchée, ce qui est l'essentiel. Cinq points méritent d'être soulignés.

Premièrement, la part des énergies renouvelables est prédominante, mais pas unique, dans les dépenses de la CSPE, comme le montre le tableau V-7. La vente de l'électricité dans les zones non interconnectées (Corse, Iles bretonnes, Martinique, Guadeloupe, Guyane, Réunion, Mayotte) au réseau de la France continentale entraine un surcoût de 1,2 milliards d'euros, soit 21 % de la CSPE. Les dépenses sociales, comme les allègements pour les nécessiteux, coûtent (certain diront: seulement) 400 millions, soit 6 % du total. Originellement, en 2003, lorsque la CSPE a été créée, ces deux surcoûts étaient la raison d'être de la CSPE. Le reste, soit 83 % du total est consacré aux surcoûts entrainés par les obligations d'achat imposées aux producteurs, c'est-à-dire en pratique à EDF. Ceux-ci concernent l'électricité éolienne pour 1,2 milliard et l'électricité solaire pour 2,6 milliards, soit 52 % du total. Le reste, pour 32 % du total, correspond aux surcoûts causés par les incitations à d'autres formes d'énergie ou d'électricité, comme la co-génération et la petite hydraulique, incitations qui prennent également la forme d'obligations d'achats à prix élevés.

Tableau V-7 – Structures des dépenses de la CSPE, 2015

	en G€	en % du total
Contrats d'achat	5,6[a]	83 %
Eolien	1,2	(18 %)
Solaire	2,6[b]	(40 %)
Autres	1,9[c]	(29 %)
Péréquation	0,7	11 %
Social	0,3	5 %
Total	6,6	100 %

Source : CRE. *Délibération du 13 juillet 2016. Annexe 3 : Charges de service public de l'énergie constatées au titre de 2015*, tableaux 7, 11, 12 et 23. *Notes* : [a]dont 96 % EDF et 4 % ELD (entreprises locales de distribution) ; [b]dont 8 % dans les zones non connectées ; [c]dont, par ordre d'importance : co-génération, petite hydraulique, biomasse, biogaz, incinération, ainsi que, dans les zones non interconnectées, la bagasse-charbon et le thermique. Les chiffres donnés ici concernent seulement l'électricité (à l'exclusion du gaz).

Deuxièmement, ces surcoûts (pour l'éolien et le solaire, mais aussi pour les autres technologies bénéficiant d'obligations d'achat) sont une différence, la différence entre les prix d'achat (effectivement payés) et des coûts évités (évalués) :

Surcoûts = Prix payés – Coûts évités

Les prix payés aux producteurs d'électricité renouvelable, qui sont enregistrés, dépendent de l'âge de l'installation qui fournit cette électricité. On connaît très précisément les quantités achetées par EDF, et le montant de cet achat : on en déduit le prix moyen payé : en 2015, 89 €/MWh pour l'éolien et 374 €/MWh pour le solaire. Ces prix d'achat sont élevés :

pour l'éolien, le double du prix auquel EDF est tenu de vendre le tiers de sa production d'électricité nucléaire ; pour le solaire, 8 fois ce prix. En 2015 (et également en 2016, bien entendu), EDF est obligé par la politique publique de vendre à 44 €/MWh de l'électricité nucléaire qu'elle produit, et simultanément d'acheter à 89 €/MWh (éolien) et à 374 €/MWh (solaire) de l'électricité renouvelable dont elle n'a pas nécessairement besoin.

Bien entendu, le coût pour EDF n'est pas égal aux prix élevés ainsi payés, puisque l'achat obligatoire d'électricité renouvelable économise à EDF le coût – marginal – de la production d'électricité par d'autres techniques (au gaz, ou nucléaire, ou hydraulique). On parle de « coût évité ». Ce coût évité est difficile à évaluer. Il est essentiellement variable dans le temps. Très élevé en période de pointe, lorsque la demande obligerait EDF à utiliser des moyens supplémentaires coûteux, il peut être très faible, voire nul ou même négatif en période creuse, lorsque EDF est obligée de ne pas transformer en électricité la chaleur produite dans des centrales nucléaires en fonctionnement. Comment calculer en pratique ce coût évité ? La loi donne une réponse simple : en le prenant égal au prix du marché de gros européen. Cette réponse a un fondement théorique solide : si le coût marginal d'EDF était inférieur au prix du marché, EDF aurait intérêt à produire de l'électricité à ce coût marginal-là, et à la vendre au prix du marché, faisant ainsi un bénéfice. Une discussion de cet argument nous entraînerait trop loin ici. De toutes façons, elle n'intéresserait pas la CRE, qui est bien obligée d'appliquer la loi. La CRE définit donc des « coûts évités » basés sur les prix du marché. Elle en définit d'ailleurs plusieurs : un pour le photovoltaïque, et plusieurs pour l'éolien, selon les mois de l'année. Le tableau V-8 présente, pour 2015, le résultat de ces calculs.

Tableau V-8 – Calcul des surcoûts causés par les aides aux électricités renouvelables, 2015

	Eolien	Solaire	Renouv
Quantités produites / achetées (TWh)	20,1	6,7	26,8
Coûts d'achat (G€)	1,8	2,5	4,3
Coûts unitaires (€/MWh)	89	374	
Coûts évités (G€)	0,7	0,3	1,1
Coûts unitaires évités (€/MWh)	35	45	
Surcoût = subvention (G€)	1,1	2,2	3,3
Surcoût unitaire (€/MWh)	49	336	128

Source: calculé d'après CRE. *Délibération du 13 juillet 2016. Annexe 3: Charges de service public de l'énergie constatées au titre de 2015*, Tableaux 7, 11, 12. Les chiffres de ce tableau se rapportent à EDF et à la France métropolitaine à l'exclusion des zones non interconnectées.

Quelle est la part des coûts de production couverte par des ventes et par des subventions. Le tableau V-9 répond à cette question pour les renouvelables intermittents et, à titre de comparaison, pour le rail.

Tableau V-9 – Renouvelables et rail, Part des coûts couverte par les ventes et par les subventions, France 2014-45

	EnR (2015)	Rail (2014)
Coût de production (G€)	4,3	25,4
Utilité (ventes) (G€)	1,1	10,0
Subventions (G€)	3,2	15,4
Subventions / coût (%)	74%	61%

Sources et notes – Pour les renouvelables intermittents, les « coûts » sont égaux aux prix payés pour les obligations d'achats, censés couvrir les coûts. Pour le rail, les coûts sont approximés à la somme des dépenses de fonctionnement (dont dépenses de personnel de 9,2 G€, presque égales aux ventes) et des dépenses d'investissement, selon URF. 2015, p. 126 2015p. 126. L'« utilité » de la production est définie comme que payent les usagers pour le bien ou service consommé. Les subventions sont la différence entre les coûts de production et les paiements des consommateurs. Les données viennent pour les renouvelables intermittents de la CRE (voir supra), et pour le rail de URF. 2015. p. 126.

On voit que les ventes effectives (sur le marché de gros de l'électricité pour les renouvelables intermittents, aux clients de la SNCF pour le rail) représentent les trois-quarts des coûts pour les renouvelables, et un peu plus de la moitié pour le rail.

Troisièmement, l'Etat (dans le cas français) est mauvais joueur. La CRE fait son travail, et calcule le montant total de la CSPE pour l'année à venir. Elle divise ce montant total par la production prévue d'électricité. Elle obtient ainsi le montant unitaire de la CSPE, c'est-à-dire le taux de la taxe qui doit s'appliquer aux ventes d'électricité. Mais ce même Etat qui oblige EDF à faire ces dépenses supplémentaires, qu'il s'est engagé à compenser, rechigne souvent à autoriser la hausse de la CSPE qui en résulte. On pense à la formule célèbre de Bossuet : « *Dieu se rit des hommes qui déplorent les effets dont ils chérissent les causes* ». Il en résulte une dette de l'Etat à l'égard d'EDF, qui s'élève à environ 5 milliards. L'Etat a du reste reconnu cette dette, accepté d'en payer les intérêts, et promis d'autoriser les hausses de CSPE qui permettront de l'effacer. Il a reculé pour mieux sauter.

Quatrièmement, le poids des subventions à l'éolien et au photovoltaïque est en augmentation rapide. La CRE (2014) l'a calculé pour la période 2003-2013, et projeté pour la période 2014-2025. Le tableau V-10 présente ces chiffres pour quatre années.

La CRE (2014) a calculé les charges cumulées pour les deux périodes considérée pour les renouvelables intermittents : plus de 7 milliards pour les onze années passées (2003-2013) et 57 milliards pour les douze années à venir (2014-2020). Les chiffres pour le futur sont bien entendu des estimations, qui

Tableau V-10 – Subventions aux renouvelables intermittents constatées et prévues par la CRE, France 2003-2025

	2003	2013	2020	2025
Surcoûts = subventions (G€)				
Eolien terrestre	–	0,6	1,5	1,5
Eolien maritime	–	–	1,0	2,0
Solaire	–	1,9	2,7	3,1
Total		2,5	5,2	6,6
Total CSPE (G€)	1,4	5,3	8,9	10,9
Charges unitaires CSPE (€/MWh)	3,3	18,5	24,8	30,2

Source : CRE. 2014. La CSPE : mécanismes, historique et prospective

reposent sur des hypothèses relatives à l'évolution des parcs subventionnés, et celles des coûts évités. Les calculs font apparaître une grande inertie du système. Une partie importante des surcoûts (près de 40 % en 2025) provient de parcs qui existent déjà, dont on sait ce qu'ils vont produire, et à quel prix cette production va être achetée. La baisse des coûts de production de l'éolien et du solaire, supposés s'approcher de la « parité réseau », n'empêche pas les subventions à ces renouvelables intermittents de continuer à *augmenter* dans la décennie à venir. Les données de la CRE constituent donc des ordres de grandeurs très significatifs. On peut tenir pour certain que la France a jusqu'en 2015 subventionné le solaire et l'éolien à hauteur de 13 ou 14 milliards d'euros, et que la politique engagée, telle que prise en compte par la CRE en 2014, implique de les subventionner à hauteur d'environ 50 milliards dans les dix années qui viennent.

En réalité, les hypothèses de la CRE qui sous-tendent le tableau ci-dessus sont des hypothèses de parcs bien inférieures aux hypothèses ou plus précisément aux « objectifs » officiels.

Ceux-ci sont donnés dans un PPI (Programme Pluriannuel d'Investissement) et repris dans un décret d'Octobre 2016. Le parc ainsi « décidé » par le gouvernement de la France pour l'éolien terrestre dépasse le parc envisagé par la CRE de 10 % dans son hypothèse basse et de 30 % dans son hypothèse haute. Pour le solaire, les dépassements sont de 80 % dans l'hypothèse basse et de 100 % dans l'hypothèse haute. Pour l'éolien maritime, les chiffres sont les mêmes. Qui dit parc plus important, dit subventions plus importantes. Si l'on majore les estimations de la CRE (du tableau V-10) dans ces mêmes proportions, on obtient pour 2025 des subventions annuelles de 9,3 milliards (dans l'hypothèse basse) ou de 10,2 milliards (dans l'hypothèse haute). Pour qui cherche à connaître le coût en subventions (c'est-à-dire en hausse du prix de l'électricité) du programme officiel d'ici 2025, ce 9-10 milliards est plus significatif que le 6,6 milliards estimé par la CRE. Le coût des seules subventions cumulées sur la dizaine d'années considérées est en conséquence plus près de 70 milliards que de 50 milliards[1]. Le coût total est évidemment bien plus important.

Cinquièmement, il y a des raisons de penser que les prix d'achat des renouvelables ont souvent été supérieurs aux coûts

1. On pourrait objecter que cette façon de compter ignore le fait que les objectifs plus ambitieux que ceux postulés par la CRE n'affectent pas le montant des subventions aux installations qui composent le parc actuel, qui sont un coup parti indépendant du taux d'augmentation du parc prévu. Cela est vrai, et tend à majorer l'estimation des subventions prévisibles. D'un autre côté, les prévisions de la CRE concernent 2025 alors que celles du PPI se rapportent à 2023. Pour calculer des différences significatives, il faudrait extrapoler les données du décret ou intrapoler celles de la CRE, ce qui aurait pour effet d'augmenter l'importance des différences, et donc de majorer l'estimation des subventions prévisibles. Pour donner des ordres de grandeur, on a supposé que ces deux erreurs se compensent.

de production des renouvelables. Les subventions ont ainsi causé une *rente* indue, que l'on peut essayer d'évaluer. Les prix d'achat sont supérieurs de 22 % aux coûts de production standardisés de l'OCDE, pour le solaire comme pour l'éolien. En multipliant cette différence (en euros) par la production cumulée des années 2010 à 2014, on a une estimation de l'importance de la rente éolienne et solaire : 2,8 milliards d'euros pour ces cinq années. Le Tableau V-11 détaille ce calcul. Bien entendu, on ne peut pas être certain que les coûts standardisés internationaux sont ceux qui ont prévalu en France, et le calcul ne prétend pas proposer plus qu'un ordre de grandeur.

Tableau V-11 – Rente éolienne et solaire, France 2010-2014

	Eolien	Solaire
Prix d'achat[a] (€/MWh)	89	374
Coût de production standardisés[b] (€/MWh)	69	292
Différence = rente (€/MWh)	20	82
Différence (%)	22%	22%

Sources et notes – [a]Tableau V-5. [b]Tableau V-1 ; les chiffres donnés en dollars de 2008 ont été convertis en euros de 2008 au moyen du taux de change de 2008 : 1 dollar = 0,71 euros.

Ces estimations de la rente unitaire (par MWh) ne sont pas contredites par une analyse de la CRE (2014) sur un échantillon d'installations éoliennes et photovoltaïques. Cette analyse met en évidence une grande amplitude dans le rendement des installations. Mais elle conclut, dans un langage administratif admirable : « *La moitié des parcs éoliens du panel permet d'atteindre des rentabilités significatives, voire très significatives, pour leurs actionnaires* » (CEE 2014, p. 29). Ce qui signifie en bon français : beaucoup d'opérateurs s'en mettent plein les poches.

Elles ne le sont pas non plus par les informations disponibles sur certaines opérations commerciales. Le cas de la Compagnie du Vent est public. Cette petite société consacrée à l'éolien disposait en 2007 d'un parc éolien de 100 MW et, surtout, d'un portefeuille d'autorisations d'implantation de 400 MW. GDF-Suez (dorénavant: Engie) a acheté 51 % des parts pour 300 M€, ce qui valorisait la société à 600 M€[1]. Cela veut dire que le marché appréciait à un peu plus de 400 M€ la seule autorisation de produire 15 millions de MWh[2], soit à 27 euros par MWh. On a là une autre évaluation de la valorisation de la rente éolienne, assez proche des 20 €/MWh estimés ci-dessus.

Si l'on retient cet ordre de grandeur, assurément très fragile, on peut chiffrer la rente générée par la politique des renouvelables sur la période 2005-2014: 1,7 milliard pour l'éolien, 2 milliards pour le solaire, pas loin de 4 milliards pour les renouvelables.

Impacts sur les prix

Combien? – Le développement des renouvelables intermittents a un impact sur les prix de l'électricité. La figure V-1 qui montre pour les pays d'Europe le prix de vente de l'électricité aux ménages en fonction du poids du solaire et de l'éolien dans le mélange électrique le suggère très fortement.

1. C'était le début d'un long feuilleton qui se termine en Avril 2017 avec l'achat par Engie des 41 % du capital encore détenus par le fondateur pour (estime-t-on) environ 300 000 euros.

2. 500 MW × 2000 h/an × 15 ans = 15 M de MWh

Figure V-1 – Prix de l'électricité en fonction du poids des renouvelables, 20 pays européens, 2015

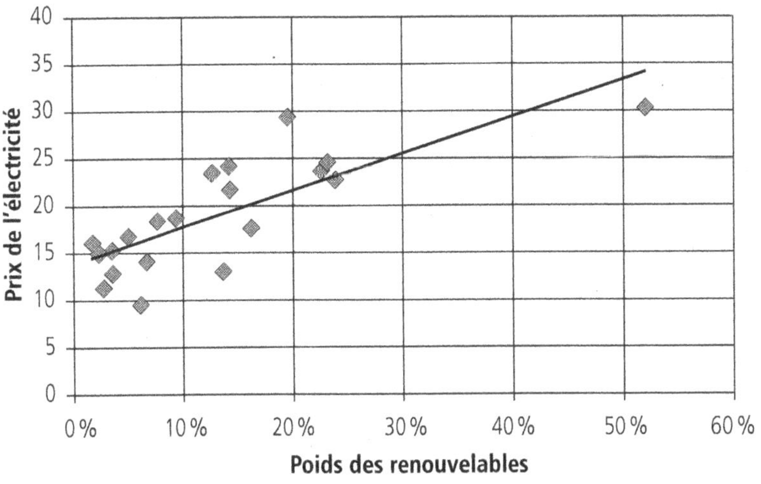

Sources et notes: Le poids des renouvelables (intermittents) est défini ici comme la production d'électricité éolienne + la production d'électricité photovoltaïque rapportées à la production d'électricité totale du pays; les données sont extraites de British Petroleum 2016. Le prix de l'électricité est le prix de vente aux ménages; les données sont extraites de Eurostsat, tableau nrg_pc_204

L'équation de la droite dite des moindres carrés, celle qui représente le moins mal possible le nuage de points, est:

$$\text{Prix} = 139 + 390^{*}\text{Poids} \qquad R^2 = 0{,}61$$
$$(1{,}26) \qquad (7{,}3)$$

La corrélation est claire: plus le poids des renouvelables est grand, plus le prix de l'électricité est élevé. Elle ne peut évidemment pas être parfaite, car les prix ne dépendent pas seulement du poids des renouvelables, mais aussi de considérations historiques (le poids du nucléaire en France) ou géographiques (l'importance de l'hydraulique en Suède) ou commerciales (la proximité des autres pays scandinaves pour le Danemark). Il est toujours dangereux de transformer une corrélation en causalité, mais il est en l'occurrence difficile de ne pas céder à cette tentation. Le nombre d'observations (20) est assez élevé pour noyer ou effacer ces idiosyncrasies. On peut même utiliser la régression pour *chiffrer* l'impact sur les prix du recours aux renouvelables intermittents. C'est ce que fait le tableau V-12.

Tableau V-12 – Prix de l'électricité en fonction du poids des renouvelables, Europe 2015

Poids renouvelables (ren./Prod. totale) (%)	Prix électricité (avec Danemark) (€/MWh)	Prix électricité (sans Danemark) (€/MWh)
0 %	139	125
5 %	159	152
10 %	178	179
20 %	217	233
30 %	256	288

Sources et notes : Calculé à partir de l'équation ci-dessus pour la deuxième colonne. On a aussi estimé une équation de régression pour 19 pays, en excluant le cas du Danemark, qui est très particulier (Prix = 125 + 540*Poids R^2 = 0,59), et utilisé cette équation pour construire la troisième colonne.

On peut considérer que le cas du Danemark (le point le plus à droite sur la Figure V-1) fausse quelque peu le jeu. Comme on l'a vu au chapitre III, le Danemark est totalement dépendant des capacités de stockage hydraulique de ses voisins scandinaves, et son expérience peu généralisable. On a donc estimé une droite de régression sur les 19 pays européens sans le Danemark, utilisée pour calculer les chiffres de la troisième colonne du tableau V-12. On peut penser que cette colonne est plus significative que la précédente. De toutes façons, les chiffres de ces deux colonnes racontent à peu près la même histoire. Lorsqu'il n'y a pas de renouvelables, le prix de vente de l'électricité aux ménages est d'environ 130 €/MWh (13 centimes/kWh). Lorsque les renouvelables intermittents pèsent 10 % dans le mélange électrique, le prix s'élève du côté 180 €/MWh (une augmentation d'environ 40 %). Lorsque ces renouvelables représentent 20 % de la production électrique, le prix de vente atteint 220 ou 230 €, soit une augmentation de 70 à 80 %. Un taux de 30 % de renouvelables entraîne un doublement du prix de l'électricité.

Ces augmentations de prix reflètent l'expérience des pays européens dans les années 2010-2015. On ne peut l'extrapoler dans l'espace ou dans le temps qu'avec beaucoup de prudence. Ce qui est vrai ici ne l'est peut-être pas ailleurs. Ce qui l'est aujourd'hui ne le sera peut-être pas demain. L'examen de l'expérience d'une vingtaine de pays européens fournit cependant un ordre de grandeur empirique de la relation renouvelables-prix de l'électricité, et un fondement concret à la réflexion prospective.

Comment ? – De quelles façons le développement des renouvelables entraîne-t-il une hausse du prix de l'électricité ? On peut en identifier au moins quatre.

La première, et la plus évidente, est la hausse du coût de production de l'électricité. Le contexte européen est globalement celui de la stagnation de la consommation, et donc de la production, de l'électricité. Une hausse de la production d'électricité renouvelable implique donc une baisse de la production d'électricité classique (nucléaire, au gaz, au charbon). La Tableau V-13 donne pour ces deux types d'électricité les coûts de production à la fois totaux et marginaux (combustibles et fonctionnement). En simplifiant, le coût total unitaire de l'électricité renouvelable est d'environ 100 €/MWh, le coût total unitaire de l'électricité classique est d'environ 70 €/MWh, le coût marginal de l'électricité classique est d'environ 25 €/MWh. Mais on a ici une dissymétrie. Répétons-le : il ne faut pas comparer les 100 € du renouvelable avec les 70 € du classique. L'électricité renouvelable ajoutée va bien coûter 100 €/MWh, mais l'électricité classique soustraite va économiser seulement 25 €/MWh. Il est facile d'évaluer l'impact d'une augmentation de la production de renouvelables de 10 %. C'est ce que fait le Tableau V-13.

Tableau V-13 – Impact sur les prix d'une augmentation de la production de renouvelable de 10 % du total en Europe

Electricité :	Classique	Renouvelable	Total
Coûts de production (€/MWh)	25	100	
Sans renouvelables :			
Quantités produites (MWh)	100	–	100
Coût de production (€)	2 500	–	2 500
Avec 10 % de renouvelables :			
Quantités produites (MWh)	90	10	100
Coût de production (€)	2 250	1 000	3 250
Différence des coûts de production :			
Absolue (€)			750
Relative (%)			+30%

Source : calcul de l'auteur, avec un coût marginal de production classique de 25 et un coût moyen de production des renouvelables de 100, et une substitution de 10 % du total de l'électricité classique par une électricité renouvelable.

Avec les hypothèses très simplifiées mais très plausibles ci-dessus, l'introduction de 10 % de renouvelables entraîne une augmentation du prix de vente de l'électricité d'environ 30 %. On calcule facilement que l'introduction de 20 % de renouvelables entraîne une augmentation du prix de vente de 60 %. Ces augmentations de coûts (propres à des pays européens où la production stagne) sont parfaitement cohérentes avec les résultats de l'analyse économétrique présentée *supra* (qui concerne seulement les pays européens).

La continuation de la baisse des coûts de l'électricité renouvelable ne change pas radicalement ces calculs. Imaginons une baisse de 30 % (par rapport aux prix actuels) du prix des panneaux photovoltaïques et des turbines des éoliennes. Comme ces composants représentent environ la moitié du coût total de ces électricités, le coût total baisserait d'environ 15 %. L'augmentation du coût total (causée par l'introduction de 10 % de renouvelable) serait de 24 % (au lieu de 30 % précédemment).

La deuxième est la hausse des coûts de raccordement, de transformation, de transport, d'interconnections, de stockage, etc. causés par le développement de l'électricité éolienne et solaire. En l'absence de cette électricité intermittente, dans un contexte de demande d'électricité stable dans le temps, le réseau de transport, qui est adapté à cette demande, ne nécessiterait que des investissements normaux d'entretien et de maintenance. Les lourds investissements de capacité et d'extension effectivement engagés sont d'autant plus lourds que le poids des renouvelables est grand. Ces dépenses augmentent les coûts totaux et contribuent à l'augmentation des prix.

Une troisième cause d'augmentation des prix est la moindre utilisation du parc de production classique. La priorité absolue donnée à l'électricité renouvelable fait que le taux d'utilisation du parc classique (qui joue le rôle de variable d'ajustement) diminue. Le coût de capital est amorti sur une production moindre, ce qui augmente le coût unitaire. Ou bien cette augmentation du coût est reflétée dans des prix plus élevés; ou bien elle entraîne une diminution de la rémunération des opérateurs, voire une perte; ou bien encore les deux.

Une dernière cause possible est l'apparition de rentes. Si les subventions versées aux producteurs d'électricité éolienne et solaires pour les inciter à investir massivement sont plus importantes que leurs surcoûts effectifs, et lorsque ces subventions sont financées par un impôt assis sur la production d'électricité (ce qui est le cas général), on aura là une cause supplémentaire d'augmentation des prix. Il est difficile d'apprécier son importance, qui a probablement tendance à diminuer. Mais on a vu, sur le cas français, que de telles rentes étaient bien réelles.

VI

Les renouvelables sur le pseudo-marché de l'électricité

> Comme je descendais des Fleuves impassibles,
> Je ne me sentis plus guidé par les haleurs :
> Des Peaux-Rouges criards les avaient pris pour cibles,
> Les ayant cloués nus aux poteaux de couleurs.
>
> Arthur Rimbaud, *Le bateau ivre*

L'électricité en Europe est produite, transportée et commercialisée dans un cadre institutionnel largement défini et imposé par l'Union Européenne, qui est un cadre de marché. La mise en œuvre de ce cadre conduit ce secteur industriel à une véritable impasse très inquiétante. Pratiquement tous les producteurs européens perdent actuellement de l'argent dans la production d'électricité. Ils cherchent à sauver leur peau en se tournant vers les renouvelables (subventionnés), vers le transport et la distribution (hors-marché), ou vers des pays extra-européens (gérés différemment). Les renouvelables ne sont pas la principale raison de cette situation désastreuse. Mais ils contribuent à l'aggraver.

Le pseudo marché de l'électricité

Pendant longtemps, en Europe et ailleurs, l'électricité a été produite, transportée et distribuée par des monopoles régulés. Dans chaque pays (parfois dans chaque région) une entreprise généralement publique, parfois privée et concessionnaire, effectuait toutes ces opérations, sous le contrôle direct et étroit de l'autorité publique, qui décidait notamment du niveau des prix, appelés tarifs. C'est cette entreprise – EDF dans le cas de la France – qui prenait toutes les décisions d'investissement et d'opération, et qui les harmonisait. C'est par exemple elle qui arbitrait, à chaque instant, entre les diverses sources d'électricité disponibles dans le pays pour produire exactement la quantité d'électricité demandée à cet instant, et la produire au coût minimal pour l'entreprise et le pays. Elle le faisait en appelant ces différentes sources « par ordre de mérite », c'est-à-dire en commençant par les sources les moins coûteuses, tout en respectant les contraintes (de sécurité d'approvisionnement, par exemple, ou encore de politique industrielle) imposées par l'autorité publique.

Ce système de monopole régulé fonctionnait-il bien ? Dans le cas de la France, certainement. EDF était une entreprise bien gérée, qui faisait les bons investissements au bon moment, et qui les exploitait au mieux, et qui donc excellait dans l'exercice d'optimisation sous contraintes esquissé ci-dessus. EDF a efficacement accompagné la forte augmentation de la demande d'électricité de l'après guerre, engagé deux vagues de gros investissements (dans l'hydraulique d'abord, dans le nucléaire ensuite) parfaitement rentables, financés par des emprunts (remboursables, et remboursés) sans subventions publiques. Elle a doté la France d'une électricité abondante, bon marché, nationale (largement indépendante d'intrants importés), et très peu carbonée.

Dans certains autres cas, en particulier aux Etats-Unis et dans beaucoup de pays pauvres, les monopoles régulés ont sans doute été parfois moins efficaces. Pour cette raison, et aussi par pure idéologie, est apparue, dans les années 1980, l'idée qu'il y avait beaucoup à gagner à remplacer les monopoles régulés par des marchés dérégulés.

Dans son principe, cette idée n'était pas absurde. Qui dit régulation dit régulateur, et il n'est pas très réaliste de postuler que le régulateur, c'est-à-dire le couple politique-bureaucrate, est toujours parfaitement altruiste et compétent. La solution alternative – le marché – avait beaucoup d'attrait. Le marché est en effet un formidable instrument d'allocation des ressources. Il rabote les rentes. Il stimule les innovations. Il fait reculer la pauvreté. Les institutions internationales, comme la Banque Mondiale ou l'OCDE, puis les pays anglo-saxons, puis la Commission des Communauté Européennes, ont donc plaidé pour l'introduction d'une grande dose de marché dans le secteur de l'électricité.

L'Union Européenne a mis cette idée en oeuvre. Des Directives de 1996, 2003 et 2009 (suivies en France par des lois de 2000, 2004 et 2008) ont prescrit la séparation des segments production, transport et distribution, la création au stade de la production de marchés ouverts à la concurrence, et la création d'institutions de régulation en principe indépendantes. Malheureusement le marché, ou les marchés, ainsi créés sont bien trop imparfaits pour produire tous les bienfaits attendus d'un vrai marché. Le système en vigueur apparaît comme un marché (i) limité, (ii) monopolistique, (iii) faussé, et (iv) myope qui en font un pseudo-marché ou un faux marché.

Un marché limité : exclusion du transport et de la distribution – Ce marché ne concerne que la production. Le transport de l'électricité reste un monopole d'Etat, confié en France à RTE (Réseau de Transport de l'Electricité), Il en va de même de la distribution de l'électricité aux ménages et aux entreprises, assurée par un autre monopole d'Etat, en

France ENEDIS, (autrefois ERDF). Il y a d'excellentes raisons à cela : on imagine mal deux (ou trois, ou plus) réseaux de transports qui se feraient concurrence en offrant le même service sur des lignes parallèles. La partition du secteur en trois sous-secteurs (production, transport et distribution) était d'ailleurs la première des obligations imposées par les Directives européennes et les lois françaises subséquentes. La rémunération de ces deux monopoles est assurée par un prix fixé par les pouvoirs publics, appelé TURPE (Tarif d'Utilisation des Réseaux Publics d'Electricité). Ce prix est calculé par la CRE (Commission de Régulation de l'Energie) de façon à couvrir tous les coûts de ces entreprises. Ce coût est à la charge des consommateurs. Pour le transport et la distribution, on est donc là aux antipodes d'un marché : le système ne comprend aucune des incitations à l'efficacité et à l'innovation habituellement associées à l'existence d'un marché.

Il faut souligner que le coût du transport et de la distribution est élevé. En gros le prix payé par le consommateur se décompose en trois tiers, comme le montre le tableau VI-1 : un tiers pour la production d'électricité, un tiers pour le transport et la distribution, un tiers pour les taxes. Le marché ne concerne donc qu'un peu plus du tiers du prix payé par le consommateur. C'est une limite très forte.

En fait, le système exclut presque totalement le consommateur final. Le prix que paye celui-ci est totalement dissocié des coûts – très fluctuants – de la production. Il ne diminue pas lorsque la demande est faible et les coûts de production bas, et il n'augmente pas lorsque la demande est forte et les coûts de production élevés. Le mécanisme de rétroaction consommation-production qui est l'essence même d'un marché, et la source de son efficacité, est débranché (si l'on ose cette image électrique). En principe, un prix élevé incite à la fois

Tableau VI-1 – Structure du prix de l'électricité, France, 2015

Composant	Part	Décideur
Fourniture d'électricité	37 %	Marché
Transport et distribution (TURPE)	29 %	CRE
Taxes	35 %	Etat
dont CSPE[a]	*12 %*	
autres taxes[b]	*23 %*	
Total	100 %	

Source : Ministère de l'Environnement. 2016. Panorama énergies-climat. *Notes :* [a]La CSPE (Contribution au Service Public de l'Electricité) est une taxe affectée en large partie aux électricité renouvelables et pourrait de ce fait être classée dans la catégorie « Fourniture ». [b]Les vraies taxes sont la TVA, les TCFE (Taxes Communales et départementales sur la consommation Finale d'Electricité) et la CTAS (Contribution Tarifaire d'Electricité)

les consommateurs à consommer moins, et les producteurs à produire plus. Rien de tel ici. De ce point de vue, on assiste à un recul par rapport au système antérieur du monopole. EDF introduisait des différenciations tarifaires, telles que des prix d'été plus bas que les prix d'hiver, et des tarifs de nuit plus faibles que les tarifs de jour. Ces tarifs incitaient les consommateurs à réduire leur demande en période de coûts de production élevés, et à les augmenter en période de coûts de production faibles.

Un marché monopolistique : concurrence sans concurrents – Une autre source majeure d'incomplétude du marché français de l'électricité est que, même sur le segment de la production ouvert à la concurrence, il ne peut pas y avoir beaucoup de concurrence parce qu'il n'y a pratiquement pas de concurrents. EDF est à peu de choses près le seul producteur d'électricité sur le territoire français.

Il a construit et possède la totalité du parc nucléaire (76 % de la production d'électricité), les trois-quarts du parc hydraulique (12 % de la production), l'essentiel du parc thermique (6 % de la production). Il n'y a que deux autres producteurs. Engie, un grand commerçant dans le domaine du gaz, a acheté une part (50 %) dans la CNR (Compagnie Nationale du Rhône) et contrôle la SHEM (Société Hydraulique du Midi) qui produisent en France de l'électricité hydraulique. Engie dispose également de quatre centrales électriques au gaz, qui ont été pendant plusieurs années à l'arrêt, mais qui ont redémarré en 2015. Le troisième producteur en France est E. ON, un très important électricien allemand, qui a pris le contrôle de la SNET (Société Nationale d'Electricité et de Thermique) et possède et exploite plusieurs centrales à charbon, progressivement remplacées par des centrales au gaz. C'est bien peu. Hors renouvelables intermittents, EDF produit 481 TWh, et ses « concurrents » 29 TWh. C'est un taux de concentration de l'offre rarement atteint.

Le tableau est un peu compliqué par les renouvelables. La production de solaire et d'éolien d'EDF, d'Engie, et de nombreux petits producteurs est obligatoirement vendue à une filiale d'EDF, qui la paye au prix fort imposé par l'Etat. Cette filiale met ensuite tous ces achats en vente sur le marché de gros. Ce système oblitère en quelque sorte la pluralité de petits producteurs de renouvelables. Il ne laisse aucune marge de manœuvre à la société d'achat-vente de renouvelables, qui a obligation d'acheter toute la production, et obligation de l'offrir toute entière sur le marché de gros. Au total, on n'a donc sur ce marché que trois intervenants, dont l'un – EDF – dispose de 94 % de l'offre potentielle. Un tel tableau décrit davantage un monopole qu'un marché concurrentiel.

Cela est si évident que les pouvoirs publics ont considéré qu'il était nécessaire d'obliger EDF de vendre aux opérateurs qui le souhaitent (c'est-à-dire à ses concurrents) une partie de sa production d'électricité nucléaire à un prix fixé par l'Etat. C'est l'ARENH (Accès Régulé à l'Electricité Nucléaire Historique), introduit en 2010. Le volume maximal était fixé à 100 TWh, environ le quart de la production d'électricité nucléaire d'EDF. Le prix était fixé à 42 €/MWh. On se croirait dans la cour de l'école, où le gros qui a toutes les billes doit en donner une partie à ses copains pour que la partie puisse s'engager. Sur le prétendu marché de l'électricité français, comme il n'y a pas assez de concurrents, on (c'est-à-dire l'Etat) en fabrique artificiellement, d'une façon un peu caricaturale.

Ce système est intrinsèquement pervers. Le prix de marché est supérieur ou inférieur à 42 €/MWh. Dans le premier cas, les opérateurs achètent à 42 €, et revendent à un prix supérieur, empochant la différence. Dans le deuxième cas (qui prévaut actuellement), les opérateurs ignorent l'ARENH, et se fournissent sur marché. Ils ont tout à gagner et rien à perdre à ce système, qui les dispense de produire ou de prendre des risques.

En principe, l'ARENH devait être un mécanisme transitoire, qui inciterait les opérateurs à devenir producteurs, en investissant dans des installations de production. Rien de tel ne s'est produit, sauf dans le secteur des renouvelables subventionnés. Les acteurs ont préféré le rôle plus confortable d'intermédiaires, de commerçants, qui achètent de l'électricité en gros et la revendent – plus cher – sur le marché de gros ou sur le marché de détail. Le marché ainsi créé n'est pas un relai entre demande et production, ce qui est la fonction d'un vrai marché, mais simplement l'occasion d'opérations foncièrement spéculatives plus ou moins profitables, dont il est difficile de voir l'utilité sociale.

En réalité, le marché de gros est animé par d'autres concurrents que les trois entreprises produisant en France : les entreprises étrangères qui vendent et (surtout) achètent de l'électricité. Le marché de l'électricité est principalement un marché d'importation et d'exportation. Cela a des avantages, au moins en théorie. Un tel marché favorise des optimisations au niveau de toute l'Europe. Pour faire face à une demande imprévue, plutôt que de produire une coûteuse électricité au gaz, l'Autriche achètera de l'électricité nucléaire française bon marché, ce qui est un gain pour l'Europe dans son ensemble. En vérité, les accords bilatéraux qui se négociaient avant l'instauration du marché parvenaient au même résultat. Mais le marché fait le travail plus simplement et plus efficacement. L'inconvénient, qui n'est pas mince, est que le prix de gros qui s'impose en France dépend beaucoup plus de ce qui se passe en Allemagne (qui domine le marché européen) que de ce qui se passe en France. On reviendra sur ce point un peu plus loin.

Un marché faussé : subventions et contraintes – Tout se passe comme si les gouvernements, y compris le gouvernement de la France, et aussi l'Union Européenne, ne croyaient pas dans les vertus du ou des marché(s) qu'ils imposent. Ils formulent (dans des directives, des lois ou des décrets) des objectifs quantitatifs de mélange électrique, et des « plans » d'investissements dans les différentes filières. Le PPI (Programmation pluriannuelle des investissements) français, par exemple, est tout entier dans la logique du Gosplan soviétique, qui n'est pas celle du marché. Les gouvernements imposent des obligations, comme par exemple celle qui est faite aux opérateurs d'acheter toute la production des renouvelables, qu'ils en aient besoin ou non. Ils interviennent directement dans les prix, en fixant les prix auxquels ces opérateurs doivent acheter la production des renouvelables. Ils subventionnent, et très largement (comme on l'a vu au chapitre précédent) certaines filières, notamment renouvelables. L'Union Européenne est l'ennemi juré des subventions qui, dit-elle, « faussent la concurrence », et elle poursuit vigoureusement les pays qui donnent quelques millions d'euros à telle ou telle entreprise. Mais cette même Union Européenne tolère, et même encourage, les pays qui subventionnent à hauteur de milliards d'euros par an certaines formes d'électricité. Les gouvernements mettent des limites supérieures (des caps, comme on dit en franglais) aux prix du marché en période de pénurie. Ces interventions nombreuses, variées, lourdes, appellent deux commentaires.

Dans son principe, l'intervention dans le fonctionnement d'un marché n'est pas illégitime. Elle peut être la sauce du rôti. On peut, et souvent même on doit, chercher à corriger les imperfections d'un marché, de préférence au moyen de taxes ou de subventions, afin d'orienter ses résultats dans des directions considérées comme souhaitables d'un point de vue social, politique, technique, ou environnemental. Mais ce principe ne justifie pas n'importe quelle intervention. Il faut d'abord que les imperfections du marché soient bien identifiées. Il faut ensuite que les instruments correctifs soient bien adaptés. Il faut enfin que l'intervention soit bien dosée. Il faut que l'intervention améliore le marché, pas qu'elle l'étouffe. La sauce doit donner du goût au rôti, pas le noyer ou le remplacer. On a bien l'impression que toutes ces conditions ne sont pas réunies en l'espèce. Le marché de l'électricité est imparfait, complexe, fragile, comme un magasin de porcelaine ; les interventions dont il est actuellement l'objet ou la cible évoquent irrésistiblement l'éléphant de la célèbre formule.

Le second commentaire est une évidence : la plupart des interventions qui faussent le marché de l'électricité concernent les renouvelables intermittents. Les plans, les obligations, les subventions fleurissent principalement dans le domaine des renouvelables.

Un marché borgne et myope : déconnexion prix-investissements – L'existence même du marché, et le prix de gros qui se fixe sur ce marché est susceptible d'orienter les choix de court terme des producteurs entre les différentes filières. Les producteurs choisissent les filières les moins coûteuses, par ordre de mérite, ce qui permet d'optimiser l'utilisation du parc existant. Pour un pays comme la France, le gain d'efficacité est mince : c'est exactement ce qu'EDF savait faire, et faisait depuis toujours. La différence est que l'interconnexion des marchés européens permet maintenant d'optimiser l'utilisation du parc européen tout entier. Ce gain d'efficacité est difficile à mesurer, mais bien réel. Il se paye cependant fort cher parce que le marché de gros actuel n'embraye ni sur la demande (il est borgne), ni sur les investissements (il est myope).

Le prix qui se fixe sur un « vrai » marché éclaire et modifie en effet le comportement des consommateurs finaux, et celui des investisseurs de moyen et long terme. Selon la célèbre formule de Marcel Boiteux, « les prix sont faits pour dire les coûts comme les horloges pour dire l'heure ». Si le prix s'élève, le consommateur final diminue sa demande, et l'investisseur augmente ses investissements. Rien de tel ici. Sur les marchés actuels de l'électricité, les prix ne sont qu'un murmure inaudible que n'entendent ni les consommateurs ni les investisseurs.

Le marché de gros est borgne en ce qu'il n'a pas d'incidence sur la demande finale. Entre prix de gros et prix finaux, il y a les coûts de transport et de distribution, les taxes, et la répercussion des subventions aux renouvelables. La preuve en est qu'au cours des années récentes on a vu à la fois les prix de gros fortement diminuer et les prix de détail fortement augmenter. De plus, beaucoup de prix de détail sont réglementés. Surtout, presque toujours, ils sont stables au cours d'une année, totalement isolés des variations de coût journalières ou saisonnières, qui sont pourtant considérables et une caractéristique majeure de l'électricité. Ils ne peuvent donc pas engendrer des changements de comportement de la part des consommateurs qui reflèteraient ces changements de coûts.

Le marché est également myope, en ce sens qu'il ne guide les producteurs que dans le court terme, et pas du tout dans le long terme. Il sert sans doute à optimiser *l'utilisation* du parc de production, mais certainement pas la *composition* de ce parc. Les économistes savent, et disent, pourtant que l'optimisation de l'usage du parc n'est optimale que lorsque le parc lui-même est optimal. Lorsque le prix reflétait le coût marginal de développement (ce que s'efforçaient de faire les tarifs d'EDF du temps du monopole), le prix était un guide sûr pour l'investissement. Mais un marché de court terme ne peut pas faire ce que faisait un monopole éclairé ou contrôlé. Le prix du marché de gros actuel ne peut que refléter un coût marginal de court terme, un coût variable de fonctionnement. Un tel coût est nécessairement inférieur au coût moyen ou au coût marginal de développement. Il signifie que dans beaucoup de cas les producteurs vendent à perte. Le message envoyé est alors : n'investissez pas.

C'est bien ce qu'entendent les producteurs européens. Ils ont pratiquement cessé d'investir dans les filières classiques (hydraulique, thermique, et nucléaire). Ils se tournent vers (i) les renouvelables subventionnés où les prix d'achat obligatoires sont trois fois plus élevés que les prix du marché de gros, (ii) les réseaux de transport et de distribution, qui sont des monopoles régulés où les prix sont fixés par la puissance publique, à des niveaux rémunérateurs, et (iii) vers des pays lointains protégés des miracles ou des mirages du marché à l'européenne.

Le choc des renouvelables sur ce marché

Le « marché » de l'électricité esquissé ci-dessus, qui conduit les électriciens dans l'impasse, n'a pas été conçu pour les renouvelables intermittents, même si ceux-ci en sont devenus une composante importante. Les renouvelables ne sont donc pas les seuls coupables des dysfonctionnements de ce faux marché, et des résultats déplorables qu'il engendre. Mais ils en sont des complices actifs. Dans le cadre de ce marché, les renouvelables, et leur augmentation, ont pour effet de diminuer les prix de gros et de réduire la rentabilité des autres filières.

Pression sur les prix de gros – Les renouvelables contribuent à faire diminuer les prix du marché. Au cours des années récentes, les prix de gros (ou plus exactement la moyenne des prix de gros) a régulièrement diminué. Elle passe en France de près de 60 €/MWh en 2008 à 26 €/MWh durant le premier semestre 2016 (une diminution de 60 %). Dans le même temps, la production d'électricité éolienne et solaire a beaucoup et régulièrement augmenté (d'environ 400 %). Une corrélation sur moins de 10 points est évidemment fragile ; et de toutes façons, une corrélation n'est pas nécessairement une causalité. On peut cependant mettre en évidence deux mécanismes susceptibles de montrer pourquoi et comment le développement des renouvelables peut faire baisser les prix de gros.

Tout d'abord, l'offre d'électricité sur le marché de gros augmente (en valeur absolue) comme la production de renouvelables, puisque la totalité de cette production est mise sur le marché. Toutes choses égales par ailleurs, la demande d'électricité sur ce marché reste constante. Demande constante plus offre augmentée signifient nécessairement prix en baisse.

Mais la demande n'est pas constante dans l'hypothèse d'une augmentation de la production de renouvelables. Plus de renouvelables subventionnés, c'est une électricité plus chère pour le consommateur final, comme on l'a vu au chapitre précédent. Une électricité plus chère, c'est une demande d'électricité moindre, toutes choses égales par ailleurs. De nombreuses études ont établi, et chiffré, cette relation. En s'appuyant sur NERA (2015) pour les Etats-Unis et Bourdonnais *et al.* (2013) pour la France, on peut estimer grossièrement qu'une augmentation du prix de 10 % entraîne une diminution de la demande d'environ 8 % (ou si l'on préfère que l'élasticité-prix de la demande d'électricité est d'environ -0.8[1]). On a vu au chapitre précédent qu'une augmentation de 1 point de la part des renouvelables dans le mélange électrique engendre une hausse du prix de l'électricité d'environ 3 % ; elle cause donc une diminution de la demande d'électricité de quelque 2,4 %. Si la demande diminue, à offre constante, le prix sur le marché diminue.

Ces deux effets s'ajoutent, et même se multiplient, et entraînent (toutes choses égales par ailleurs) une baisse des prix de gros. Ces prix peuvent, à certains moments, devenir nuls, et même négatifs. Pourquoi négatifs ? Parce que l'électricité renouvelable, une fois produite, doit bien être écoulée et utilisée, sous peine de créer des dommages au réseau. Les opérateurs sont alors prêts à payer pour s'en débarrasser.

A cette présentation littéraire de la pression des renouvelables sur les prix de gros, les économistes et les ingénieurs préféreront sans doute la présentation graphique de la Figure VI-1 (qu'ils trouveront plus simple et plus claire) qui raconte la

1. En réalité, cette élasticité varie selon le type de client (résidentiel, commercial, industriel) et selon que l'on considère la variation immédiate ou la variation de plus long terme. L'ordre de grandeur donné ici concerne l'élasticité de long terme.

même histoire. Elle examine l'effet sur le marché de gros d'une augmentation de la production de renouvelables entre t_1 et t_2.

L'offre d'électricité sur ce marché est largement inélastique, c'est-à-dire indépendante du prix. Elle est presque verticale. En t_1, cette courbe d'offre est O_1. Du fait de l'augmentation de renouvelables, elle se déplace vers la droite, de O_1 vers O_2.

La demande D a la forme classique. Lorsque le prix (de détail) de l'électricité augmente, du fait d'une augmentation de la production de renouvelables, la courbe de demande se déplace vers la gauche, de D_1 vers D_2. En t_1, elle est D_1 ; en t_2, elle devient D_2.

L'équilibre de marché en t_1 se situe en E_1. Une quantité q_1 est échangée à un prix p_1. En t_2, l'équilibre est en E_2, avec une quantité q_2 et un prix p_2. On voit que l'augmentation de la production de renouvelable entraîne une baisse du prix sur le marché de gros. On voit qu'il suffit d'une augmentation de la production de renouvelable un peu plus importante, qui va déplacer encore davantage les courbes d'offre et de demande, pour que l'équilibre s'établisse à un niveau de prix nul ou négatif.

Diminution de la rentabilité des installations classiques – Dans le contexte économique et réglementaire européen actuel, la production de renouvelables, et son augmentation, ont un effet marqué sur les moyens de production non renouvelables (nucléaire, hydraulique, thermique). Elle diminue leur activité, augmente leurs coûts, diminue leur rentabilité, et à terme leur place :

Plus de Renouvelables	→	Moins de classique	→	Rentabilité moindre des classiques	→	Disparition du parc de classiques

Figure VI-1 – Impacts d'une augmentation de la production de renouvelable sur les prix du marché de gros

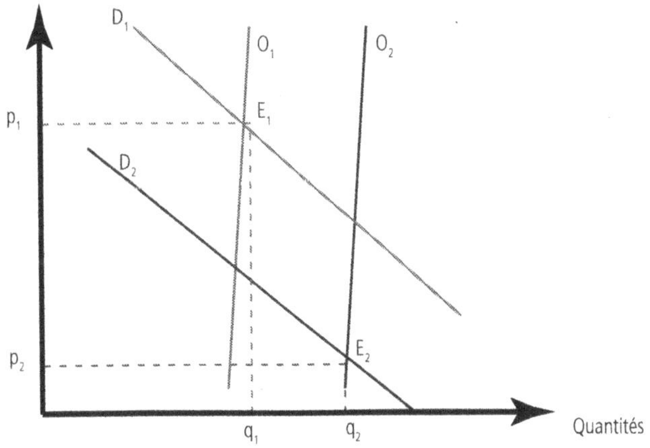

L'irruption des renouvelables subventionnés exerce une triple pression sur les filières classiques : par les quantités, par les prix, et par les coûts. (i) Par les quantités, d'abord. Dans la mesure où la demande totale d'électricité reste constante, et où l'électricité renouvelable bénéficie d'une priorité d'accès au réseau, la progression du renouvelable implique nécessairement la régression du non-renouvelable. Plus de solaire et d'éolien, c'est moins de thermique, d'hydraulique, de nucléaire, dans cet ordre. (ii) Par les prix, ensuite, puisque, on l'a vu, les renouvelables font baisser les prix (sur les marchés de gros). (iii) Par les coûts enfin. Dans un premier temps, les centrales existantes vont fonctionner moins d'heures par an. Dans un secteur aussi capitalistique que celui de la production d'électricité, les coûts fixes seront répartis entre moins de MWh, et donc plus élevés par MWh. Leurs coûts de production vont augmenter. Les filières classiques vont donc non seulement vendre moins d'électricité mais vont la vendre à un prix plus faible dans un contexte de coûts croissants. Leur rentabilité va fondre comme neige au soleil.

Aux Etats-Unis, le phénomène frappe davantage les centrales au charbon que les centrales au gaz, parce que le gaz de schiste bon marché rend cette filière plus compétitive que la filière à charbon – ce qui a entraîné une baisse du prix du charbon. En Europe, on observe le contraire. Les pays européens n'ont guère accès au gaz bon marché américain (qui est difficile à transporter), mais bénéficient du charbon à bas coût importé des Etats-Unis. La filière au charbon est donc en Europe plus compétitive que la filière au gaz. C'est cette dernière qui souffre, et qui souffre beaucoup, des conséquences du développement des renouvelables.

Beaucoup d'entreprises de production d'électricité classique produisent donc à perte. Leurs gestionnaires vont réagir en fermant, ou en mettant sous cocon, certaines de ces centrales, de façon à augmenter le taux de charge des centrales restantes. C'est bien ce que l'on observe en Allemagne, à grande échelle, et un peu partout dans le monde développé à une échelle moindre. Il s'ensuit que peu ou pas d'industriels souhaitent investir dans des centrales classiques nouvelles. On observe d'ailleurs en Europe que les investissements dans les capacités de production électrique se portent presque exclusivement vers les renouvelables subventionnés. En 2016 en France, l'éolien et le solaire ont assuré à eux seuls 98 % des nouvelles capacités raccordées au réseau national.

Beaucoup s'en réjouissent. Des centrales à charbon, ou même au gaz, qui fonctionnent peu d'heures par an, et qui ferment, c'est moins de CO_2 rejeté. N'est-ce pas l'objectif visé ?

Il ne faut cependant pas se réjouir trop vite. Tout d'abord, l'argument ne vaut que pour le thermique. Réduire la durée de fonctionnement et/ou le nombre des centrales nucléaires ne diminue en rien les rejets de CO_2. C'est stériliser un capital en état de marche, c'est-à-dire un gaspillage pur et simple, qui aura un coût.

Ensuite, et surtout, c'est négliger l'intermittence aléatoire des renouvelables. C'est commettre l'erreur de croire que tous les MWh se valent, et qu'ils sont parfaitement substituables. Il n'en est rien. C'est la demande qui, pour chacune des heures de l'année, définit la quantité d'électricité à produire. La production naturelle de renouvelable n'a aucune raison de coller à ces fluctuations de la demande. Ce sont les formes non renouvelables qui font office de variables d'ajustement, parce qu'à la différence des renouvelables elles sont « commandables ». Les renouvelables ne peuvent pas s'en passer. En chassant nucléaire, thermique et hydraulique, les renouvelables scient la branche sur laquelle ils sont assis. Davantage de renouvelables augmente le besoin de non-renouvelable et simultanément diminue la rentabilité des non renouvelables.

Pour sortir de cette contradiction, on a imaginé la mise en place d'un mécanisme dit de capacité. Il consiste à subventionner l'existence de centrales de non renouvelables afin qu'elles soient rentables même lorsqu'elles ne fonctionnent que peu d'heures par an. Elles ne seraient pas payées pour produire de l'électricité, mais pour ne pas en produire la plupart du temps, tout en étant capables d'en produire en cas de défaillance des renouvelables. La boucle serait ainsi bouclée. Une subvention en engendre une autre. Le système d'achat obligatoire et subventionné (des renouvelables) détruit de la capacité (des non renouvelables) de faire face à la demande de pointe ; une deuxième subvention va être créée pour remplacer la capacité ainsi détruite. Inutile de préciser que cette subvention aura un coût, qui augmentera d'autant le prix de vente de l'électricité au consommateur.

Dépendance de l'Allemagne – Le système de marché des prix de gros mis en place par l'Union Européenne est largement international. Les réseaux de transports des différents pays sont interconnectés, c'est-à-dire reliés les uns les autres. Cette mise en relation n'est pas parfaite. Les systèmes informatiques d'échange sont certes en place et fonctionnent efficacement. Mais certains obstacles subsistent. En particulier, les lignes transfrontalières à gros débit sont parfois insuffisantes et saturées. Le marché de gros européen n'est de ce fait pas totalement unifié : en témoignent des différences de prix entre différents pays qui peuvent être importantes, notamment à certaines heures. Cependant l'intégration des marchés nationaux progresse, et on se dirige vers une sorte de quasi marché unique européen.

Entre l'Allemagne et la France, en particulier, les interconnections sont importantes et effectives, et les prix évoluent de concert. Si les prix français sont supérieurs aux prix allemands, des opérateurs allemands vont immédiatement acheter de l'électricité sur le marché allemand, et la revendre sur le marché français, ce qui contribuera à faire converger les prix dans les deux pays. Comme le marché allemand est plus profond que le marché français, c'est ce qui se passe en Allemagne qui donne le « la », et qui détermine les prix de gros en France. Ce qui se passe en Allemagne en matière de prix de gros est largement déterminé par la production éolienne et solaire en Allemagne. Les déplacements vers la droite de la courbe d'offre évoqués ci-dessus, et donc la pression à la baisse sur les prix de gros, dans le très court terme comme dans le moyen terme, sont donc principalement alimentés par la météorologie et la politique allemandes. Les prix de gros sont un rouage important de la politique de l'électricité de la France (et des autres pays européens). Il n'est pas sain que ce rouage échappe très largement au contrôle de la France (et des autres pays).

L'analogie avec la politique monétaire dans la zone euro n'est pas très rassurante. Les taux d'intérêt (et les achats de titres par la BCE [Banque Centrale Européenne]) sont à la politique monétaire ce que les prix de gros de l'électricité sont à la politique de l'électricité. On sait maintenant qu'un prix unique de l'argent s'accommode mal de 18 politiques économiques différentes. De la même façon, on peut craindre qu'un prix de l'électricité unique s'accorde mal avec des politiques énergétiques différentes. On peut même penser qu'en Europe les réalités énergétiques diffèrent bien plus encore que les réalités économiques. Et donc que le chiasme entre prix unique et politiques différentes soit encore plus déplorable dans le cas de l'électricité que dans celui de la monnaie.

VII

Les industries des renouvelables

« L'intérêt parle toutes sortes de langues, et joue toutes sortes de personnages, même celui de désintéressé »

La Rochefoucauld, *Maximes*

Les renouvelables intermittents ne sont pas seulement un projet, mais aussi un secteur industriel et financier. L'image répandue par les amoureux des renouvelables – et dominante dans l'opinion – est celle d'activités bucoliques, individuelles, à taille humaine, anti-système. La réalité est au contraire celle d'un *big business*, avec de grosses entreprises multinationales, financées par les Etats et par de grandes banques ou Fonds. La comparaison suivante l'illustre bien : dans le monde, les investissements dans le secteur des renouvelables (280 milliards de dollars par an, selon Bloomberg) sont actuellement beaucoup plus importants que les investissements dans l'industrie automobile (190 milliards de dollars par an, selon PwC [Price Waterhouse Cooper]). On essayera de répondre brièvement à trois questions : qui sont les acteurs principaux du secteur des renouvelables et plus généralement de la lutte contre le « réchauffement climatique » ? que pèse ce secteur, en termes d'activité, d'emploi, de croissance ? peut-on comparer ce complexe climato-industriel au célèbre complexe militaro-industriel ?

Les acteurs du secteur

Les entreprises qui interviennent dans le secteur des renouvelables sont de quatre types : (i) celles qui fabriquent les turbines éoliennes et les panneaux solaires ; (ii) celles qui installent des champs d'éoliennes ou de panneaux ; et (iii) celles qui les exploitent, et (iv) celles qui financent les précédentes. On trouve à la fois des entreprises spécialisées dans l'une de ces trois premières activités, des entreprises plus intégrées qui interviennent dans deux ou trois de ces activités, et enfin des entreprises à vocation plus générale pour qui les renouvelables sont une activité parmi d'autres. Le schéma ci-après synthétise cette structure.

Figure VII-1 – Schéma du système climato-industriel

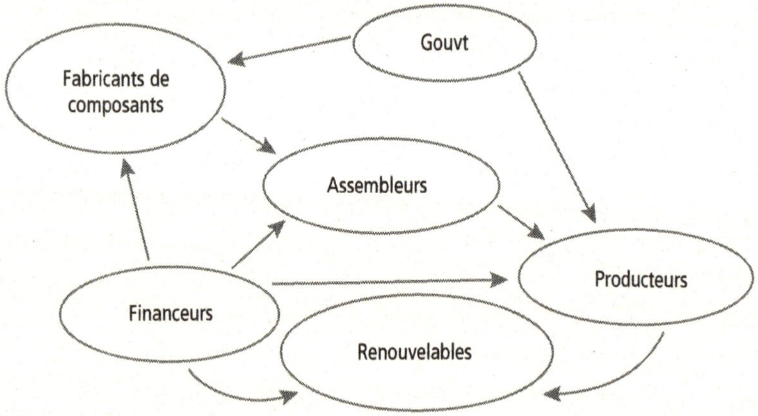

Les fabricants de turbines et de panneaux – Les fabricants de turbines éoliennes et de panneaux solaires assurent à peu près (les chiffres précis manquent) la moitié de l'activité du secteur des renouvelables. Le tableau VIII-1 liste les plus importants. La fabrication des composants est assez concentrée. Les sept premières entreprises de chacun des deux sous-secteurs assurent à peu près la moitié des ventes, ce qui, au niveau mondial, est beaucoup. Toutes les sociétés citées ont un chiffre d'affaire qui se chiffre en milliards de dollars

Les flèches du schéma représentent des flux de natures très diverses : des ventes, des prêts, des subventions, des régulations. On y a fait figurer les gouvernements, qui interviennent, au moyen de subventions et de régulations, dans le fonctionnement des quatre familles d'acteurs. On les examinera successivement, avant de présenter quelques études de cas.

Les fabricants de turbines et de panneaux – Les fabricants de turbines éoliennes et de panneaux solaires assurent à peu près (les chiffres précis manquent) la moitié de l'activité du secteur des renouvelables. Le tableau VIII-1 liste les plus importants. La fabrication des composants est assez concentrée. Les sept premières entreprises de chacun des deux sous-secteurs assurent à peu près la moitié des ventes, ce qui, au niveau mondial, est beaucoup. Toutes les sociétés citées ont un chiffre d'affaire qui se chiffre en milliards de dollars.

Tableau VII- 1 – Principaux fabricants de composants, monde, 2015

Turbines éoliennes		Panneaux solaires	
Goldwin (Chine)	13 %	Trina Solar (Chine)	7 %
Vestas (Danemark)	12 %	JA Solar (Chine)	7 %
GE Wind (Etats-Unis)	10 %	Hanwha Q Cells (Corée)	7 %
Siemens Wind (Allemagne)	8 %	Jinko Solar (Chine)	5 %
Gamesa (Espagne)	5 %	Canadian Solar (Canada)	5 %
Enercon (Allemagne)	5 %	First Solar (Etats-Unis)	5 %
United Power (Chine)	5 %	Yingli Green (Chine)	5 %
Autres sociétés	42 %	Autres sociétés	59 %
Total (en %)	100 %	Total (en %)	100 %
Total (en G$)	11	Total (en G$)	32

Sources : Renewable Energy World. April 2016. *Top Ten PV Manufacturers*, & Bloomberg New Energy Finance.

On voit que la Chine est très bien représentée, notamment dans le solaire. Les classements de ce tableau sont à prendre avec prudence. Ils varient selon les sources, sont présentés tantôt en valeur et tantôt en puissance installée, et se modifient beaucoup d'une année sur l'autre. La concurrence dans ces sous-secteurs est vive, et porte à la fois sur les prix et sur les technologies. Le classement reflète l'importance des marchés domestiques, notamment pour les turbines, même si toutes ces entreprises sont très actives à l'exportation.

Les entreprises françaises sont largement absentes de ce secteur. *L'Annuaire de l'industrie éolienne française* publié en 2014 par le ministère du Redressement Productif cite à la rubrique « fabricants d'éoliennes » une quinzaine d'entreprises. Presque toutes sont des filiales françaises des grands fabricants étrangers comme par Enercon, Gamesa Eolica, ou Vestas. Les trois principales entreprises françaises citées sont Vergnet, Alstom, et Areva. La production et l'installation d'éoliennes n'étaient qu'une petite partie de l'activité énergie d'Alstom, qui n'était elle-même qu'une partie de l'activité industrielle d'Alstom, qui était déficitaire. En 2015, Alstom négocie avec le géant américain GE (General Electric), garde son activité dans le ferroviaire, et cède à GE son activité dans l'énergie, y compris la production de turbines éoliennes. Les usines restent en France, mais sont dorénavant sous contrôle américain. La même histoire se produit pour les éoliennes d'Areva à peu près simultanément. Areva, le géant nucléaire français, a cherché à se diversifier dans les énergies renouvelables, et en particulier dans l'éolien en mer. Le succès économique n'a pas été au rendez-vous. On peut même dire que les renouvelables ont contribué aux déboires financiers d'Areva. En 2015, Areva se rapproche de l'espagnol Gamesa pour la création d'une filiale commune (Adwen) dans l'éolien en mer.

En 2016, Areva abandonne, et vend à Gamesa (qui entre-temps a été partiellement racheté par l'allemand Siemens) ses parts dans Adwen. En deux ans, la fabrication d'éoliennes en France – présentée comme un secteur d'avenir qui allait créer richesses et emplois – est devenue américaine et germano-espagnole.

En ce qui concerne les panneaux photovoltaïques, les entreprises françaises ne sont pas mieux représentées. En fait, la plupart des panneaux installés en France sont importés, principalement de Chine. L'*Annuaire de l'énergie solaire en France* recense bien 53 entreprises, mais la plupart d'entre elles sont des filiales d'entreprises étrangères. Les entreprises françaises, comme Photowatt, Sillia VT ou Fonroche ont une taille et une capacité de production modestes, même si certaines sont engagées dans l'exploration de technologies nouvelles, qui se révéleront peut-être très fécondes.

Les installateurs et les opérateurs – Les installateurs et les opérateurs sont nombreux et divers. Le monde des installateurs lui-même est complexe, et on pourrait distinguer entre les développeurs, qui préparent (techniquement et administrativement) un projet, et les réalisateurs, qui le font sortir de terre. Pour le seul éolien, Wind Power (une société qui vend de l'information sur l'éolien) compte 2050 installateurs et 2250 opérateurs ; les deux bases de données se recoupent du reste assez largement. Beaucoup de ces entreprises sont actives à la fois dans le solaire et dans l'éolien, et souvent aussi dans d'autres compartiments comme l'hydraulique, la biomasse ou le stockage ; elles opèrent sur leur marché et à l'international ; elles sont capables de construire des champs d'éoliennes ou de panneaux solaires, et aussi de les exploiter. Ce sont elles qui répondent aux appels d'offre internationaux qui sont de plus en plus fréquents.

Beaucoup des grands opérateurs ont créé des filiales à cet effet. C'est le cas d'EDF avec EDF Energies Nouvelles, d'ENEL en Italie, avec ENEL Green Power, de Vattenfal en Suède, de DONG au Danemark, ou d'EDP (Energia de Portugal) avec EDP Renovaveis (dont le siège social est d'ailleurs en Espagne). Le capital de ces entreprises est largement contrôlé par les Etats d'origine. C'est aussi celui de E. On en Allemagne, avec E. On Climate Renewables. Mais on trouve également des entreprises créées plus récemment, comme Acciona Energia, ou Gamesa, en Espagne, ou RES (Renewable Energy System) au Royaume-Uni.

On trouve enfin de grands groupes pétroliers qui ont acheté (ou plus rarement créé) des entreprises engagées dans la production de composants ou d'électricité renouvelable. Shell et British Petroleum s'y sont essayé, sans grand succès. Total est devenu (pour 1,4 milliards de dollars) actionnaire majoritaire de Sun Power, une société américaine de panneaux photovoltaïques, qui a longtemps perdu de l'argent ; et a acheté (pour 1 milliard d'euros) SAFT, une usine de batteries en France. Total proclame sa volonté de devenir un acteur majeur du renouvelable. La ferveur de cet engagement n'exclut cependant pas la prudence : les investissements annuels de Total prévus dans ce secteur représentent 2,5 % de ses investissements annuels.

Ce paysage complexe est un paysage changeant. Pratiquement toutes ces activités, et la plupart de ces entreprises, ont moins de 15 ans. Le secteur est en général très oligopolistique, avec de très grandes entreprises. Mais ces oligopoles ne sont nullement collusifs, et le secteur est aussi très concurrentiel. Chaque année, des entreprises apparaissent, d'autres disparaissent, des entreprises fusionnent, et les classements se modifient très significativement. Le secteur est enfin très mondialisé. Les fabricants de composants (turbines et panneaux) sont tous exportateurs, même si leur marché domestique leur fournit souvent une base bien utile. Les installateurs le sont de plus en plus, et les grosses entreprises du secteur sont présentes dans un grand nombre de pays. L'exploitation est sans doute moins exportatrice, mais la tendance est là aussi à l'internationalisation.

Etudes de cas – Pour mettre un peu de chair sur ce squelette, on esquissera trois études de cas. Les installateurs-opérateurs retenus (qui ne prétendent pas constituer un échantillon représentatif) ont eu des destins contrastés (une faillite, un échec, un succès). Les entreprises concernées ont, ou ont eu, des positions de tout premier plan dans leurs domaines. Elles ont toutes eu une grande visibilité médiatique.

(i) Le cas de *SunEdison* mérite d'être présenté parce que cette entreprise américaine fut en 2014 le plus important installateur de projets d'électricité renouvelable du monde, avant de faire banqueroute en 2016. L'histoire commence en 2009 lorsqu'une entreprise électronique rachète SunEdison, une petite société spécialisée dans l'installation de systèmes photovoltaïques, et prend son nom. Sous l'impulsion d'un PDG dynamique et imprudent, SunEdison se lance dans toutes sortes de projets solaires, puis éoliens, dans tous les coins du monde en promettant des rendements mirobolants. Elle crée des filiales, achète d'autres entreprises du secteur (comme First Wind), emprunte à tout va (24 milliards de dollars).

Cette stratégie est couronnée de succès. SunEdison apparaît alors comme une star de Wall Street. La valeur de ses actions s'envole. Les analystes voient en elle un émule d'Apple ou d'Amazon. En 2015, la prestigieuse *MIT Technology Review* désigne SunEdison comme la sixième compagnie la plus intelligente des Etats-Unis, pour « *son expansion agressive dans les produits de l'énergie renouvelable et sa construction d'un modèle pour la fourniture d'électricité dans le monde développé* ». C'est le triomphe du Capitole.

Il est comme on sait tout proche de la roche tarpéienne. Quelques mois plus tard, SunEdison ne peut plus faire face à ses obligations. Le cours de ses actions s'effondre. En 2016, SunEdison dépose son bilan dans le cadre du célèbre article 11 de la loi sur les banqueroutes.

Cette faillite est bien entendu autant le résultat d'opérations financières complexes et douteuses que la conséquence de la fragilité économique des renouvelables. Le contraste entre les rêves – des rêves très largement partagés – et les réalités n'en est pas moins frappant. Les bas taux d'intérêt de l'époque combinés avec les subventions publiques aux renouvelables ont créé un étrange climat, un climat dans lequel la déraison l'a emporté sur la raison.

(ii) *Abengoa* est une société espagnole, basée à Séville, dont l'itinéraire a été intéressant. Elle a commencé petit, dans l'équipement électrique, avant de se tourner vers les énergies vertes dans les années 2000. Son développement a été rapide, dans l'ingéniérie, les activités de construction, la concession d'infrastructure et la production d'électricité. Elle a créé des centaines de filiales, et s'est implantée dans une soixantaine de pays (dont la France, dans les biocarburants). Elle est devenue leader mondial dans le thermosolaire, via sa filière Abengoa Solar. Abengoa était en particulier engagée dans un impressionnant projet solaire en Arizona qui faisait l'objet de l'admiration de Barack Obama (et d'une garantie de prêts par le gouvernement américain).

Son ascension prend fin en 2015. On s'aperçoit alors que l'entreprise et ses filiales ont au moins 10 milliards de dette, dont elles ne peuvent plus assurer le service. Elle est mise en pré-dépôt de bilan. Elle est en passe de faire l'objet de la plus grosse faillite jamais vue en Espagne. Abengoa vend des filiales, licencie le tiers de ses salariés (qui passent de 27000 à 17000), négocie un accord avec ses créanciers. Fin 2016, un accord est finalement trouvé, qui sauve l'entreprise *in extremis*. Comme l'écrit la correspondante des *Echos* à Madrid : « *il a fallu se séparer de fermes photovoltaïques, de parcs éoliens, d'usines de désalinisation, et renoncer aux activités dans les biocarburants, pour se recentrer plus modestement vers le conseil et l'ingénierie. L'ancien géant vert retourne donc, modestement, vers son métier d'origine* ».

(iii) DONG n'est pas une entreprise chinoise, mais bien une entreprise danoise (Dansk Olie og NaturGas) créée pour l'exploration et l'exploitation des ressources gazières en eau profonde, dans la mer du Nord. Elle dispose de plusieurs plates-formes, et de réseaux de gazoduc. Au début des années 2000, l'entreprise a commencé à se diversifier dans les parcs éoliens en mer, au Danemark d'abord, puis au Royaume-Uni et en Allemagne (en partenariat avec Siemens). DONG est ainsi devenu le premier opérateur du monde en éolien marin. L'entreprise, initialement publique, a en 2014 ouvert son capital à hauteur de 18 % à Goldman Sachs (ce qui a d'ailleurs causé une crise politique au Danemark, et conduit les socio-démocrates, opposés à cette opération, à quitter le gouvernement) ; un accord politique stipule que l'Etat doit rester majoritaire dans l'entreprise. Au cours des années récentes, l'entreprise, dont le chiffre d'affaire est d'environ 10 milliards d'euros, a cessé de faire des bénéfices. Ces pertes sont dues à l'exploitation du gaz (non subventionné) plus qu'à celle de l'éolien en mer (subventionné). Toujours est-il qu'en 2016, DONG a annoncé son intention de mettre en vente ses activités gazières afin de concentrer tous ses efforts sur ses activités de production d'électricité éolienne en mer. Ce faisant, DONG suit l'exemple donné par E. On, le grand électricien allemand, qui en 2015 a scindé ses activités en deux : d'un côté la production d'électricité thermique (gaz et charbon), d'un autre la production d'électricité renouvelable (et nucléaire).

Les financeurs – Parodiant une formule célèbre, l'industrie des renouvelables pourrait s'écrier : « mon ami, c'est la finance ». Cette industrie est en effet appuyée sur un système de banques vertes et de fonds verts particulièrement important. L'expression « appuyée sur » n'est peut-être pas très appropriée, tant on a parfois l'impression que c'est la finance verte qui s'appuie sur l'industrie verte, plutôt que le contraire. En exagérant à peine, on peut dire que si dans beaucoup de secteurs on voit des projets industriels cherchant des financements bancaires, dans le secteur des renouvelables on voit des financements bancaires cherchant des projets industriels.

Les institutions bancaires de financement, qui sont très nombreuses, forment un continuum qui va du tout-public au tout-privé en passant par les partenariats public-privé.

Comme le dit l'OCDE (dans un livre tout entier consacré aux *Banques d'Investissements Verts*) : « *les budgets publics ont traditionnellement été une source importante de financement des infrastructures vertes* ». « Importante » est une litote, et signifie en réalité : « dominante » ou « majoritaire » ou « déterminante ». Les budgets publics continuent de jouer ce rôle, par des financements directs, des exonérations fiscales, la création de sociétés spécialisées, ou la prise de participations dans des sociétés dédiées.

Plusieurs Etats, dont la France (en janvier 2017, pour la bagatelle de 7 milliards d'euros – le budget annuel du ministère de la Justice) ont émis des « obligations vertes », c'est-à-dire des obligations d'Etat destinées à financer des investissements

« verts », violant d'ailleurs au passage le principe de non-affectation des recettes budgétaires. Des comités d'experts (gouvernementaux, c'est plus sûr) certifieront l'usage conforme des fonds ainsi récoltés. *Les Echos* commentent : « *Le marché est encore restreint (166 milliards de dollars en 2016) mais il progresse très vite* » (*Les Echos*, 25 janvier 2017).

Plus systématiquement peut-être, de nombreuses banques ou fonds publics ou semi-publics, financés et contrôlés par les Etats, sont partiellement ou totalement dédiés au financement des renouvelables et à la lutte contre le réchauffement, au niveau national comme au niveau international. Dans le cas de la France, on peut citer des institutions comme la CDC (Caisse des Dépôts et Consignations) ou la BPI (Banque Publique d'Investissement) particulièrement empressées à soutenir des projets ou des entreprises verts[1]. Le Royaume-Uni a créé une Banque d'Investissement Verts (Green Investment Bank), qui a déjà prêté plus près de 4 milliards d'euros. Le Fond pour la Croissance Verte (Green for Growth Fund) rentre dans cette catégorie. Il a été créé par la BEI (Banque Européenne d'Investissement) et KFW (l'équivalent allemand de la Caisse des Dépôts). Y participent des entités comme la BERD (Banque Européenne pour la Reconstruction et le Développement), la FMO (la Banque de Développement des Pays-Bas) ou l'Eglise du Suède. Ce Fonds finance de l'assistance technique et des projets d'électricité renouvelable dans les Balkans, l'Ukraine, l'Egypte, la Tunisie et le Maroc.

1. A l'occasion d'un prêt de 200 millions d'euros à une société d'investissement dans les renouvelables, un communiqué de la BPI le dit très clairement : « *Cet investissement s'inscrit dans la volonté de Bpifrance d'investir dans des sociétés favorisant la transition énergétique [...] Cette démarche est au cœur du mandat de Bipifrance et représente plus que jamais un impératif d'action publique* »

Le cas du financement de projets liés au climat dans les pays en développement mobilise des financements importants, et un nombre d'institutions nationales et multilatérales et d'organes de coordination qui donne le tournis. Heureusement, une étude de l'OCDE (2015) en liaison avec la Climate Policy Initiative (une institution de mobilisation de ces efforts) est parvenue, imparfaitement souligne-t-elle, à recenser et à synthétiser les principaux flux d'aide au financement du climat. Elle les estime, pour 2013-14, à 57 milliards de dollars par an. Ils sont de quatre types : (i) ceux qui proviennent de l'aide multilatérale publique, c'est-à-dire principalement des Banques Multilatérales de Développement comme la Banque Mondiale ou la Banque Asiatique de Développement, pour 18 milliards de dollars ; (ii) ceux qui proviennent de l'aide bilatérale publique, c'est-à-dire des Agences telles que l'AFD (Aide Française au Développement) ou USAID (United States Agency for International Development), pour 23 milliards ; (iii) des investissements privés mobilisés par des actions publiques (des pays riches), pour 15 milliards ; et (iv) des crédits à l'exportation, principalement de turbines éoliennes, de pays riches vers des pays pauvres, pour 2 milliards. On ne sait pas si ces sommes très importantes sont additionnelles à l'aide classique au développement, ou si au contraire elles se font aux dépens de cette aide. Le rôle du célèbre Fonds Vert pour le Climat, décidé à la Conférence de Copenhague en 2009, et re-décidé à la Conférence de Paris en 2015, reste marginal, pour ne pas dire inexistant ; Il est censé mobiliser 100 milliards de dollars par an, sans que l'on sache si ces 100 milliards incluent les flux déjà existants ou s'ils s'y ajoutent.

Le secteur bancaire et financier principalement privé n'est pas en reste. Des centaines de fonds d'investissements spécialisés ont été créés, qui recueillent l'argent des épargnants et l'investissent dans des entreprises vertes. On citera par exemple les fonds ALTEX (First Hand Alternative Energies), NALFX (New Alternatives), GAAEX (Guiness Atkinson Alternative Energy, ou Climate Change Capital, ou encore Green Century. Aux Etats-Unis, beaucoup d'universités disposent d'un patrimoine à faire fructifier, et elles sont nombreuses à créer un Fonds Vert destiné à acheter des actions ou des obligations d'entreprises engagées dans la production d'électricité renouvelable.

Le secteur bancaire « vert » est si développé que Bloomberg, la célèbre firme américaine de production d'informations et d'analyses financières a été conduite à créer une filiale intitulée BNEF (Bloomberg New Energy Finance, la Finance de la nouvelle énergie) qui « *fournit [moyennant finance] des analyses indépendantes permettant aux décideurs de naviguer dans la changeante économie de l'énergie* » (site de BNEF). BNEF publie chaque année sous le nom de *League Tables* le palmarès des institutions les plus actives dans le crédit ou le conseil des opérations financières (prêts, fusions, etc.) réalisées dans le domaine des énergies nouvelles, principalement dans les renouvelables. Le tableau VII-2 donne les cinq premières places de ces Oscars verts pour 2016, et pour deux catégories.

Tableau VII-2 – Principaux acteurs, catégories conseillers financier et chefs de file de crédits, 2016

(en milliards de dollars)

Chefs de file		Conseil	
Mitsubishi	2,9	Lazard	6,2
Sumitomo	2,2	Evercore Partners	4,9
EIB	2,0	Crédit Suisse	4,6
Banco Santander	1,9	JP Morgan	3,1
Mitsuho Financial	1,6	Barclays	2,2

Source : BNEF. 2017. *2016 League Tables*

Il ne faut pas attacher trop d'importance à ces classements, qui changent beaucoup d'une année à l'autre. Mais il faut retenir qu'on y trouve le Gotha de la haute finance, engagé dans des opérations qui se chiffrent en milliards de dollars. La réalité que reflète ce tableau est bien loin de l'image du petit paysan qui installe quelques panneaux photovoltaïques sur le toit de son étable. Trois raisons peuvent expliquer cette prolifération d'institutions occupées à jongler avec des milliards de dollars – verts comme les billets de banque américains.

Tout d'abord l'industrie des renouvelables est un monde de grosses entreprises, ainsi qu'on l'a montré dans les paragraphes précédents. Les banques, grosses elles aussi, préfèrent prêter au *big business* plutôt qu'aux PME (petites et moyennes entreprises).

Ensuite, les investissements dans les renouvelables ont généralement été très rentables, et très sûrs. Ils ont été, et restent, soutenus par toutes sortes de subventions gouvernementales qui ont précisément pour objet de les rendre tels.

Enfin, la passion des renouvelables, stimulée par la propagande des Etats et des grandes entreprises intéressées, a pris une telle ampleur qu'il existe beaucoup d'épargnants (individuels ou collectifs) disposés à mettre leur argent au service d'investissements de ce type. Les banquiers l'ont compris, et s'efforcent, avec succès, de capter à leur profit une partie de cette manne potentielle.

Le monde des renouvelables est ainsi dominé par les multinationales de l'industrie et de la banque. Le forum de Davos, dans son édition de janvier 2017, en donne une image un peu caricaturale. Il a été en grande partie consacré au « combat » pour le climat, c'est à dire au « combat » pour les renouvelables.

1 700 jets privés y étaient attendus. Les participants à Davos, qui sont les patrons des plus grandes entreprises du monde, accompagnés de dirigeants politiques de premier plan et des chefs des ONG environnementales, ne sont pas principalement des philanthropes, et sont d'abord préoccupés par l'intérêt de leurs entreprises (ce qui n'a évidemment rien de répréhensible). Le fait qu'ils consacrent une partie significative de leur – très précieux – temps à discuter des renouvelables, entre eux et avec des politiciens, montre assez qu'il y a pour leurs entreprises beaucoup d'argent à gagner dans le secteur.

L'économie du secteur

Poids économique – Le poids économique d'un secteur se mesure en termes de *valeur ajoutée*. La valeur ajoutée d'une entreprise, ou d'un secteur, est égale à son chiffre d'affaire diminué de ses achats (« consommation intermédiaire », en jargon d'économiste). La valeur ajoutée de l'électricité renouvelable n'est pas évaluée dans les comptabilités nationales, et encore moins au niveau mondial. On peut cependant en donner un ordre de grandeur, assez grossier il est vrai, à partir de la connaissance du stock de capital du secteur. On dispose en effet d'une information solide sur l'investissement dans les renouvelables, grâce à une enquête annuelle réalisée par Bloomberg New Energy Finance (en coopération avec le PNUE (Programme des Nations Unies pour l'Environnement). Le tableau VII-3 présente ces investissements.

Le stock de capital du secteur est pratiquement égal à la somme des investissements du secteur au cours de la période 2004-2016 : dans le monde un peu plus de 1 900 milliards de dollars pour les seuls solaire et éolien, 2 300 milliards pour l'ensemble des renouvelables. C'est à peu près le PIB de l'Afrique

Tableau VII-3 – Investissements dans les renouvelables, par type, monde, 2004-2016

(en G$)

	Eolien	Solaire	Autres[b]	Total[a]
2004	19	12	16	47
2011	84	155	40	279
2016	110	161	15	286
Total cumulé 2004-2016	876	1 043	393	2 314

Sources & notes : Bloomberg 2016 ; [a]grande hydraulique non compris ; [b]bio carburants, biomasse, petite hydraulique, géothermie.

tout entière. On sait par ailleurs qu'il existe un rapport plus ou moins constant entre un stock de capital et la valeur ajoutée qu'il génère :

Valeur ajoutée = Capital *a

Quelle est la valeur de a ? On l'a calculée sur le cas des entreprises non financières françaises en 2016 : 0,48. Bien entendu, rien ne garantit que ce ratio capital/travail (*capital output ratio* en jargon) pour l'industrie française puisse facilement être extrapolé à l'industrie des renouvelables du monde. Mais le contraire n'est pas prouvé non plus.

Avec cette hypothèse, une simple multiplication nous donne une estimation de la valeur ajoutée par le secteur en 2016 : un peu plus de 900 milliards de dollars pour éolien et photovoltaïque, soit 1,2 % du PIB du globe, un peu plus de 1 100 milliards pour l'ensemble des renouvelables, soit 1,5 % du PIB du globe.

On peut (grâce notamment aux données de l'enquête de Bloomberg New Energy Finance) apporter quelques précisions sur la répartition et l'évolution de cette activité.

Le tableau VII-3 montre que l'activité, et les investissements qui la génèrent, se portent principalement sur le solaire et l'éolien (dans cet ordre). L'importance des autres renouvelables est relativement faible, et de plus déclinante (en pourcentage) au cours du temps.

En ce qui concerne l'évolution dans le temps, on peut distinguer deux périodes assez différentes. De 2004 à 2011, les investissements dans les renouvelables augmentent rapidement. Depuis cette date, ils ont plutôt tendance à stagner. Cette stagnation se rapporte à la valeur des investissements, pas à leur quantité, qui a continué à augmenter du fait de la baisse des coûts unitaires.

Ce que le tableau ne montre pas (dans un souci de simplification) c'est l'ampleur des variations d'une année sur l'autre, qui est très grande : les investissements dans le solaire, par exemple passent de 104 G$ en 2010 à 154 G$ en 2011 pour redescendre à 119 G$ en 2013.

Au cours du temps, la géographie de ces investissements s'est modifiée. Dans les années 2000, la plus grande partie de ces investissements (et de l'activité qui en résulte) ont été réalisés dans les pays développés. Cependant, la part des pays en développement a constamment augmenté, en particulier du fait de la Chine. Elle est maintenant égale à celle des pays riches. Tout porte à croire qu'elle sera demain plus importante.

On notera aussi que ces investissements, qui mobilisent beaucoup de capital produisent finalement peu de TWh, et n'ont donc pas été très efficaces. Ce capital, qui s'élève à environ 1 900 G$, a produit (en 2015) 1 090 TWh d'électricité. Avec un capital de 1 milliard de dollars on produit annuellement environ 0,6 TWh dans le renouvelable intermittent. C'est fort peu. Dans les coûteuses centrales nucléaires d'Hinkley Point, avec 1 milliard de dollars de capital, on espère produire annuellement environ 1,1 TWh[1], environ deux fois plus, et pendant deux ou trois plus d'années. Dans le parc nucléaire français, le grand carénage – la remise aux normes qui prolongera la durée de vie des centrales d'une vingtaine d'années – coûte environ 1 milliard de dollars par centrale, et produira annuellement environ 8 TWh, à peu près 13 fois plus d'électricité qu'un investissement de 1 milliard investi dans les renouvelables.

Les investissements dans les renouvelables constituent actuellement, en valeur, l'essentiel des investissements dans la production d'électricité. A côté des 270 milliards dans les renouvelables, on trouve environ 120 milliards d'investissements dans les centrales à combustibles fossiles (principalement au charbon), 40 milliards dans la grande hydraulique et une vingtaine de milliards dans le nucléaire. En *capacité effective de production*, l'importance des différentes filières est évidemment bien différente. Mais du point de vue qui nous intéresse ici, et qui est celui des financiers et des industriels, ce sont bien entendu les chiffres en milliards de dollars, pas en TWh, qui comptent.

Emploi – L'importance apportée aux problèmes de l'emploi justifie la question : l'industrie des renouvelables crée-t-elle beaucoup d'emplois ? Le nombre d'emplois dans le secteur est mal connu. Cela est pour partie dû à l'imprécision du champ « énergies renouvelables » : faut-il y inclure les biocarburants ? et l'isolation des bâtiments ? Cela est dû également à la volonté des institutions ou lobbies du secteur de gonfler les chiffres de l'emploi dans leur secteur. En 2008, lors du Grenelle de

1. 1600 MW*8 760 h*80 % (taux de charge) = 11,2 TWh pour un investissement d'environ 10 G$, soit 1,1 TWh par milliard d'investissement.

Tableau VII-4 – Emplois dans les renouvelables, France, 2006-2014

	2006	2010	2014
Photovoltaïque	1 400	31 500	8 500
Eolien	1 900	3 400	2 400
PV + éolien	3 200	34 900	11 100
Autres renouvelables	32 800	35 300	35 900
Total renouvelables	36 100	70 200	46 800

Source: ADEME. 2014. *Marchés et emplois liés à l'fficacité énergétique et aux énergies renouvelables: situation 2012-13 et perspectives à court terme.*

Notes: la composante principale des « autres renouvelables » est les pompes à chaleur. Les emplois recensés ici concernent le développement et la production des énergies renouvelables; la source indique également les emplois dans la « vente » desdites énergies.

l'Environnement, le Boston Consulting Group, pour le ministère de l'Environnement, annonçait à grands sons de trompe que les mesures du Grenelle allaient créer 600 000 emplois en France. On ne les a guère vus dans les chiffres du chômage des années suivantes. Il faut donc prendre les données publiées avec beaucoup de prudence.

Pour la France, l'étude la plus crédible semble une analyse de l'ADEME de 2014, dont on tire le tableau VII-4.

Pour les renouvelables intermittents, qui sont l'objet de notre étude, le bilan en termes d'emplois est modeste : un peu plus de 10 000 emplois, et il est en déclin marqué. On est bien loin des 600 000 emplois promis par le Boston Consulting Group (qui se rapportaient, il est vrai, à un champ un peu plus large).

Au niveau mondial, l'étude la plus citée provient de l'IRENA (International Renewable ENergy Agency), un lobby. Elle avance pour 2015 le chiffre de 8,1 millions d'emplois dans les renouvelables, dont 3,9 millions dans les renouvelables intermittents. Elle donne pour la France le chiffre de 170 000 emplois, presque quatre fois le chiffre de 50 000 avancé par l'ADEME. Cette même institution, dans une autre étude, assure qu'il y a « *davantage d'emplois dans l'énergie renouvelable que dans le pétrole, le gaz et le charbon combinés* ». Si cette affirmation était vraie, comme ces combustibles fossiles produisent 30 ou 40 fois plus d'énergie que les renouvelables, cela voudrait dire que la productivité du travail y est au moins 30 ou 40 fois plus élevée.

Plus que ces données empiriques médiocres, la réflexion théorique est susceptible d'éclairer la question de l'emploi dans les renouvelables.

Le premier point est qu'il ne faut pas confondre les emplois *bruts* dans le secteur avec les emplois *nets* créés par le secteur. Les centaines de milliards de dollars dépensés dans le secteur y créent évidemment des emplois. Mais ces mêmes milliards, parce qu'ils sont financés par l'impôt ou par la hausse des prix de l'électricité, diminuent la dépense des consommateurs dans d'autres secteurs (dans l'industrie du meuble ou du livre), et détruisent des emplois dans ces autres secteurs (dans le secteur du meuble ou du livre). Pour être moins visibles, ces diminutions d'emplois n'en sont pas moins réelles. Ce qui compte, ce ne sont pas les créations brutes d'emplois dans les renouvelables, mais les créations nettes des destructions associées. L'affirmation que la dépense publique augmente le nombre des emplois, est aussi fausse que fréquente (sauf dans le cas très particulier d'une relance keynésienne qui fonctionne). Si elle était vraie, la France, champion du monde de la dépense publique, n'aurait plus un chômeur depuis longtemps.

Dans le cas des renouvelables, les créations nettes d'emplois sont probablement faibles, et sans doute même négatives. Si on en croit les chiffres de l'ADEME, les renouvelables intermittents (éolien et solaire) emploient en France 11 000 personnes. Ils sont subventionnés et réduisent la consommation de 4 milliards d'euros chaque année. Une telle réduction ampute la population active d'environ 60 000 emplois[1]. La création nette d'emplois associée à ces réalités est alors d'environ – (moins) 50 000 emplois.

Le deuxième point est que dans les renouvelables la dépense créatrice d'emplois bruts est une dépense d'investissement. La fabrication des composants et le montage des installations exigent de la main d'œuvre et « créent » des emplois ; mais une fois éoliennes et panneaux solaires installés, leur fonctionnement ne requiert que quelques emplois de vérificateurs ou de réparateurs. Les emplois créés ne dépendent pas du parc en fonctionnement et de l'électricité produite, mais de l'accroissement de ce parc et de cette production. Lorsque le taux de cet accroissement diminue (même si le parc continue de croître), les emplois dans le secteur diminuent. C'est ce que suggère le tableau VII-3 ci dessus, qui fait état d'une forte réduction entre 2010 et 2014. Dans un pays comme l'Espagne, où l'arrêt des subventions aux investissements nouveaux dans les renouvelables est intervenu, l'emploi direct dans le secteur, évalué par l'Association des entreprises d'énergie renouvelable, peu suspecte d'en minorer l'importance, a diminué de près de moitié entre 2008 et 2015, de 83 000 à 46 000 emplois (APPA 2016, p. 13).

1. La division de la dépense de consommation de biens et services marchands des ménages par l'emploi dans la production des biens et services marchands donne environ 15 000 emplois par milliard d'euros de dépenses ; un milliard d'impôt en plus, c'est en première analyse 15 000 emplois en moins (compte non tenu des emplois qui seront créés par la dépense publique financée par ce milliard).

Un troisième point est que la création (brute et nette) d'emplois dans le secteur dépend fortement, pour un pays donné, de la position exportatrice (ou importatrice) du pays en matière d'équipements de production. La fabrication de ces équipements représente en effet, comme on l'a vu, près de la moitié des dépenses de la production, et partant des emplois, du secteur. Dans un pays comme la France, fortement importateur, une partie importante (sans doute près de la moitié) des emplois « créés » le sont en Chine, au Danemark ou en Allemagne. Inversement, dans un pays comme l'Espagne, exportateur (de matériel et surtout d'activité), une partie des emplois créés correspond à de l'énergie renouvelable produite dans le reste du monde, et cette partie a contribué à limiter le déclin de l'emploi en Espagne même.

Au total, l'emploi créé par l'industrie des renouvelables apparaît faible, fluctuant, en déclin en Europe au cours des dix dernières années, et surtout, si on prend en compte l'emploi détruit dans le reste de l'économie par les subventions et les hausses de prix qui l'accompagnent, probablement négatif.

Croissance – Les thuriféraires des renouvelables aiment à présenter leur industrie comme un moteur de la croissance. L'électricité verte engendrerait nécessairement la croissance verte. Tous les discours politiques qui prônent une « autre croissance » ou des « investissements de croissance » ajoutent rituellement : « notamment dans la transition énergétique » – ce qui est une façon de dire : dans le solaire et l'éolien. L'électricité intermittente est ainsi implicitement et souvent explicitement comparée aux secteurs qui ont effectivement au cours des siècles passés puissamment contribué à la croissance de l'économie, comme la machine à vapeur, les chemins de fer, l'électricité, l'automobile, ou l'informatique. Cette analogie, et les prévisions qu'elle autorise, reposent sur du sable. Il est en effet facile de mettre en évidence les nombreuses et formidables différences qui existent entre ces secteurs moteurs classiques et le secteur des renouvelables intermittents.

Les premiers ont été principalement d'origine privée et entrepreneuriale, alors que le second est presque uniquement conduit par des politiques publiques.

Les premiers se sont appuyés sur des technologies qui abaissaient massivement le coût de production des biens et services demandés par les hommes, ce qui en augmentait la demande, et générait de la croissance, alors que le second (le secteur des renouvelables intermittents) tend à augmenter les coûts et à diminuer la demande.

Les premiers ont été des secteurs « offensifs », visant à satisfaire des besoins existants ou nouveaux, alors que le second est presque exclusivement « défensif », motivé par la volonté politique de réduire les technologies existantes réputées polluantes ou dangereuses (parfois, mais pas toujours, à juste titre).

Enfin, les premiers se sont toujours appuyés sur des innovations technologiques absolument radicales, comme le remplacement du cheval par la machine à vapeur, ou celui du transport ferroviaire par le moteur à explosion, alors que solaire et éolien ne sont que des améliorations à la marge, utiles certes mais pas révolutionnaires. L'éolienne n'est qu'un moulin à vent perfectionné, alors que l'électricité n'est absolument pas une bougie améliorée. L'éolienne n'aura pas sur la croissance le rôle qu'a eu l'électricité.

Le complexe climato-industriel

On appelle « complexe militaro-industriel » l'ensemble que forment les industriels de l'armement, les chefs militaires et des politiciens, ainsi que les liens étroits qui les unissent. L'expression a été sinon inventée, du moins popularisée, par rien de moins que Dwight Eisenhower en 1961. L'ancien général en chef des armées alliées en 1944, ancien président des Etats-Unis, qui savait de quoi il parlait, s'inquiétait de la puissance de cet ensemble. L'ensemble formé par les industriels du climat et des renouvelables, les fonctionnaires ou quasi-fonctionnaires du climat, et des politiciens mérite-t-il d'être appelé « complexe climato-industriel » ? Les deux complexes présentent en effet beaucoup de traits communs.

Importances (presque) comparables – Ils brassent tout d'abord des sommes d'importance presque comparable. La notion de dépenses militaires est à peu près claire (les budgets des Ministères de la Défense), et égale, pour le globe, à 2 % du PIB, et à un peu moins (en pourcentage des PIB) pour la plupart des pays européens. Les notions de dépense climatique ou de dépense des renouvelables sont beaucoup plus imprécises. On a vu que la valeur ajoutée par les énergies renouvelables représentait de 1 % à 1,5 % du PIB du globe. Les estimations faites en 2008 au sujet des dépenses engendrées par le Grenelle de l'environnement, qui visaient à peu près toutes la réduction des émissions de CO_2 de la France, vont dans le même sens. Elles ont été évaluées à environ 40 milliards d'euros par an, soit 2 % du PIB. C'était l'ampleur du budget militaire de la France. Les sommes consacrées à l'environnement semblent bien être du même ordre de grandeur que celles consacrées à la défense. Le chiffre d'affaire du complexe climato-industriel, qui est pour beaucoup celui des renouvelables, est donc assez comparable à celui du complexe militaro-industriel.

Ressorts similaires – Nos deux complexes ont également en commun d'avoir à combattre un ennemi simple, unique et terrible : le communisme pour le militaro-industriel, le CO_2 pour le climato-industriel. La menace est si grande qu'elle justifie toutes les mesures, même – et surtout – si elles sont très coûteuses. Il n'est pas interdit d'exagérer cette menace. Ceux qui hésitent ou questionnent sont tout simplement des gens qui n'aiment pas leur pays, ou la planète. On peut, on doit, les accuser d'être à la solde des pays communistes ou des lobbies pétroliers. Et les empêcher de nuire par tous les moyens.

Connivences parallèles – Dans les deux cas, les dépenses à engager – et effectivement engagées – sont principalement des dépenses publiques. Cela va sans dire pour les dépenses militaires. Cela est moins évident, mais guère moins vrai, pour les dépenses climatiques. Elles résultent toutes de décisions politiques, qui prennent la forme de subventions, d'interdictions ou de taxes. Les marchés des industriels du climat, comme ceux des industriels de la défense, sont créés de toutes pièces par le système administrativo-politique. La question n'est pas ici de savoir si ces « créations » sont ou non justifiées (elles le sont souvent). Cette caractéristique commune a deux implications importantes.

Tout d'abord, elle explique les liens étroits qui se tissent (dans nos deux domaines) entre industriels, administratifs, et politiciens, et qui justifient l'appellation de « système ». *A contrario*, il n'y a pas de « système textilo-industriel » parce que le domaine de l'habillement est indépendant de la dépense publique. Ces liens étroits concernent notamment le lobbying intense des industriels de la défense et des renouvelables auprès des parlementaires, les passages de haut-fonctionnaires vers les entreprises de ces secteurs, les interventions politiques dans l'attribution des marchés.

« *Nous avons plus de généraux au mètre carré que le Pentagone* » : cette phrase d'un dirigeant de MPRI, une firme américaine de consultants militaires, est restée célèbre, et décrit assez bien ce phénomène. En France, l'ADEME (Agence De l'Environnement et de la Maitrise de l'Energie), est un puissant organisme public doté d'un budget d'un demi milliard d'euros consacré à la « transition énergétique », c'est-à-dire principalement à la promotion des renouvelables – un petit Pentagone climatique en quelque sorte. L'un des dirigeants de l'ADEME est devenu, sans transition, Président du SER (Syndicat des Energies Renouvelables), le principal lobby des industriels du secteur. Un document officiel se flatte de la liaison (au sens amoureux du mot) développée entre l'Etat et le SER : « *L'Etat a accordé sa confiance à la filière éolienne française à travers le SER pour piloter son propre projet de structuration industrielle, Windustry France*[1]*, et employer de la manière la plus efficiente les fonds publics pour le développement de l'activité des entreprises de ce secteur d'avenir* ». (Ministère du Redressement Productif. 2014. *Annuaire de l'industrie éolienne française.* Préface).

L'autre implication concerne l'apparition de rentes. Le caractère politique et administré des dépenses militaires et climatiques est propice à ce phénomène. Les fromages attirent les rats. L'électricité éolienne et photovoltaïque en offre deux exemples classiques – et publics – en France.

1. *Sic* ; on ne peut pas s'empêcher de penser que parler français serait aussi utile, et moins coûteux, qu'acheter français.

Le premier a déjà été évoqué au chapitre V. Il concerne la Compagnie du Vent, créée au début des années 2000, et valorisée 600 millions d'euros en 2007. Son créateur, M. Germa n'a rien à se reprocher : il a seulement, en entrepreneur plus avisé ou plus rapide que d'autres, su exploiter la rente créée par des dispositions législatives ou réglementaires. On s'étonnera cependant de voir que beaucoup de Français, tout en s'indignant que le PDG d'une entreprise de 100 000 salariés puisse gagner 2 ou 3 millions par an semblent trouver tout naturel que le fondateur d'une entreprise de 80 salariés empoche d'un coup un demi milliard d'euros principalement pour avoir obtenu des autorisations de construire des éoliennes.

Le cas de Pâris Mouratoglou est plus complexe mais assez comparable. Cet ingénieur financier avait créé dans les années 1990 la SIIF (Société Internationale d'Investissements Financiers) dont le nom suggère une vocation au moins aussi financière qu'industrielle. Après quelques déboires dans l'immobilier, la SIIF se tourne vers l'éolien, d'abord aux Antilles puis en France. En 2000, il s'adosse à EDF en lui cédant 35 % de ses parts, qui deviendront 50 % en 2002. L'entreprise prend le nom d'EDF Energies Nouvelles, et devient l'un des grands acteurs mondiaux dans l'éolien et le photovoltaïque. Elle est cotée en bourse, et fait appel au marché financier. En 2011, M. Mouratoglou contrôle encore 25 % du capital. EDF, qui veut le contrôle total de la société, et sortir de la Bourse, rachète le capital flottant, ainsi que, pour 600 millions d'euros, la part de M. Mouratoglou. En dix ans, celui-ci a encaissé plus d'un milliard d'euros, devenant l'une des plus grosses fortunes de France. Une partie de ces sommes reflète une adroite activité d'industriel, mais une partie sans doute plus grande encore est la récupération d'une rente.

Conséquences équivalentes – Les dépenses militaires (comme les dépenses climatiques), ont toujours été présentées par leurs bénéficiaires comme positives pour le développement de l'économie. Elles créent des emplois, favorisent l'innovation technologique, nous explique-t-on. Un nombre respectable d'économistes indépendants ont cherché à vérifier ces assertions. Ils ont comparé les performances économiques de pays comparables qui différaient dans le montant de leurs dépenses militaires, ou les performances économiques d'un pays donné à des périodes différentes en termes de dépenses militaires, ou encore à introduire la variable dépenses militaires (rapportée au PIB) dans des régressions expliquant les taux de croissance. Les résultats de ces nombreuses analyses objectives sont assez clairs : les dépenses militaires n'ont pas accéléré la croissance économique, elles l'ont au contraire ralentie. Ce résultat n'est ni surprenant ni dirimant (tel n'était pas leur objectif), mais il est intéressant. Il suggère que, les mêmes causes produisant les mêmes effets, les dépenses climatiques ont un effet comparable, c'est-à-dire négatif, sur la croissance économique, ainsi qu'on a essayé de le montrer plus haut.

Symboles identiques – L'un des symboles de la lutte armée totale est la *war room* (salle de guerre). La plus célèbre est celle d'où Winston Churchill coordonnait la guerre contre l'Allemagne nazie. Mais tous les pays, et en particulier les Etats-Unis, en ont créé dans l'après-guerre. Les combattants du climat ont repris la chose, et même le mot. En 2010, le milliardaire Richard Branson se demandait : « *Ou est la war room, ou est le centre qui coordonne l'attaque contre le carbone ?* ». Il l'a créé, sous le nom de Carbon War Room, et installé au cœur de Washington. Et Hillary Clinton, candidate malheureuse à la présidence des Etats-Unis, faisait figurer dans son programme la création d'une « climate room » dans les sous-sols de la Maison Blanche. La valeur scientifique de ces rapprochements sémantiques est bien entendu faible. Mais elle n'est pas nulle. Elle est la cerise sur le gâteau du parallèle entre les complexes militaro-industriel et climato-industriel.

La conclusion qui ressort de cette plongée dans le monde des entreprises du renouvelables est que sa réalité ne correspond guère à son image. Ce monde se présente comme un monde de petites et moyennes entreprises; il est en fait surtout constitué de grands groupes multinationaux. Il se donne comme un exemple de capitalisme innovant; il vit en fait principalement de la volonté et du soutien de l'étatisme militant. Il prétend se composer de firmes industrielles; il est pourtant un exemple du rôle crucial des grandes banques et des marchés financiers. Il affirme créer beaucoup, et de plus en plus, d'emplois; les chiffres montrent qu'il en crée peu, et de moins en moins dans beaucoup de pays. Il se veut l'apanage de la sophistication technologique des pays développés; force est de constater qu'il se développe surtout maintenant dans les pays du tiers-monde. Le monde des entreprises du secteur des renouvelables ne préfigure guère le monde de demain, comme on voudrait nous le faire croire, il illustre plutôt celui d'aujourd'hui, et même souvent celui d'hier.

Il n'y a pas de mal à cela. Nous avons besoin de multinationales, de banques, de secteurs capitalistiques, de technologies simples, et même d'interventions étatiques. De plus, le secteur est en évolution rapide, et il finira peut-être par ressembler à son image. Mais en attendant pourquoi donc vouloir nous faire prendre de grosses vessies pour de petites lanternes ?

VIII

Les avenirs des renouvelables

« Racine passera comme le café »
Madame de Sévigné (attribué à)

Les pages qui précèdent ont surtout analysé le passé et le présent. Pourtant, la question qui compte, et qui intéresse, concerne le futur. Quelle sera la place des renouvelables dans les années à venir ? La réponse est évidemment entachée d'incertitude, comme tout ce qui concerne l'avenir. Elle est aussi complexe, parce qu'elle est plurielle, dans au moins trois dimensions.

La première est définitionnelle. Le futur à explorer est-il le futur désirable – du point de vue de la demi-douzaine d'objectifs de la politique de l'électricité mentionnés au chapitre I ? Ou s'agit-il du futur probable, compte tenu des forces sociales (opinions, intérêts économiques ou politiques, idéologies, etc.) ? Ces deux types de futurs peuvent en effet, et malheureusement, être bien différents.

La deuxième est géographique. Comme on l'a déjà dit, en matière de mélange électrique, on ne peut pas mettre tous les pays dans le même sac : ce qui est vrai pour un pays (ou une époque) ne l'est pas pour un autre. Le cas de la France, en particulier, est spécifique. Il ne peut pas – et ne doit pas – être imprudemment généralisé.

La troisième est temporelle. L'avenir des renouvelables à court terme (à 15 ou 20 ans) est sans doute différent de l'avenir des renouvelables à long terme (au delà de 20 ans). Cette banalité est vraie de beaucoup de questions, mais elle l'est particulièrement des renouvelables. La raison en est la grande importance de la technologie dans ce domaine, et la possibilité de découvertes majeures (telles que le stockage massif de l'électricité, par exemple) qui changeraient la donne. Ces découvertes, qui seraient le fruit des efforts intenses de recherches engagés actuellement, ne seront à peu près sûrement pas disponibles industriellement avant 2030 ou 2035. Le court terme se définit donc comme un monde sans ces technologies nouvelles, et le long terme comme un monde avec ces technologies.

L'avenir des renouvelables en France

L'avenir désirable – Pour la France, les scénarios d'évolution à court terme du mélange électrique doivent prendre en compte quatre caractéristiques fortes de notre système électrique, déjà mentionnées dans le chapitre I.

La première est la constance de la demande d'électricité, que l'on élargira à la constance de la production (c'est-à-dire à la constance des exportations nettes). Tout indique en effet que demande et production, qui sont stables depuis une dizaine d'années, resteront à leur niveau actuel dans les quinze ou vingt années à venir. En 2016, le niveau de la production était de 531 TWh.

La deuxième est l'existence d'un parc nucléaire déjà construit, qui est, et restera, en état de marche dans la période considérée.

Cette caractéristique suppose l'accord de l'Autorité de Sureté Nucléaire, et des dépenses d'entretien et de mises aux normes toujours plus strictes. Ces deux conditions semblent très plausibles. On connaît même le coût de la seconde : environ 1 milliard d'euros par réacteur.

La troisième caractéristique est la difficulté, pour ne pas dire impossibilité, de modifier sensiblement la production d'électricité hydraulique, thermique et renouvelable autre que solaire et éolienne. En 2016, cette production était de 118 TWh (dont 64 pour l'hydraulique). Il n'y a pratiquement plus (en France) de sites propices à construction de centrales hydrauliques. On ne peut guère se passer des quelques centrales thermiques françaises existantes, qui ont le précieux avantage d'être mobilisables lors des pointes de demande. Tout au plus peut-on remplacer les deux ou trois centrales au charbon encore en vie par des centrales au gaz moins polluantes : c'est d'ailleurs ce que l'on fait. Les « autres renouvelables » (géothermie, biomasse, déchets urbains, etc.) sont très respectables, mais leur importance est petite et leur développement possible limité. Dans un souci de simplification, on peut donc parler de la constance de ces types d'électricité dans le court terme en France. On a donc, en baptisant « intermittents » ou « renouvelables » l'électricité solaire plus l'électricité éolienne :

Nucléaire + Intermittents = Production – Autres = 413 TWh

Cette égalité montre clairement une relation fondamentale (pour la prospective à court terme des renouvelables en France) entre renouvelables intermittents et nucléaire : x TWh de renouvelables en plus, c'est x TWh de nucléaire en moins ; et réciproquement x TWh de nucléaire en moins, c'est x TWh de renouvelable en plus. En 2016, on a 384 TWh de nucléaire et 29 TWh de renouvelable. Bien entendu, les chiffres précis varient un peu d'une année sur l'autre, du fait de la température, des précipitations, de l'ensoleillement, de la ventosité, etc., mais l'égalité ci-dessus donne des ordres de grandeur significatifs.

La quatrième caractéristique (qui n'est pas propre à la France) est que l'électricité nucléaire est décarbonée. La production d'électricité renouvelable ne rejette pas de CO_2, la production d'électricité nucléaire non plus. Le remplacement de celle-ci par celle-là ne réduit en rien les rejets de CO_2 de notre système électrique, et ne présente donc absolument aucune justification climatique.

Un argument souvent employé est celui d'un meilleur « équilibre » entre nucléaire et renouvelable. L'argument est très faible, pour ne pas dire bidon. En matière de choix technologique, il est très difficile de donner un sens à cette notion d'équilibre. Personne n'a jamais parlé d'un « équilibre désirable » entre bougie et électricité pour l'éclairage. Ni d'un « équilibre désirable » entre transport par bateau et transport par avion pour la traversée de l'Atlantique. L'équilibre désirable, et unanimement accepté, a été le 100 % électricité, et le 100 % avion – le 99 % si l'on tient compte des niches respectables que sont les diners d'amoureux aux chandelles et les courses en bateau à voile. Du reste, ceux qui brandissent le pseudo-argument de l'équilibre pour réduire la part du nucléaire sont aussi ceux qui militent pour « sortir du nucléaire » et donc qui veulent le « zéro nucléaire » – ce qui donne la mesure du sérieux qu'ils accordent à la notion d'équilibre.

Le cas du choix entre nucléaire et renouvelable dans le contexte français est d'ailleurs assez exceptionnel. Généralement, dans les choix sociétaux de ce type, chacune des branches de l'alternative a des avantages et des inconvénients qu'il s'agit d'évaluer et de comparer – ce qui n'est pas toujours facile et fait souvent intervenir des jugements de valeur. Dans le choix entre diesel et essence, par exemple, le diesel rejette (au km parcouru) nettement moins de CO_2 que l'essence, mais il rejette davantage de particules; faut-il préférer la santé des hommes ou l'avenir de la planète ? Il en va de même du choix entre classes hétérogènes et classes homogènes en matière d'éducation ; ou du choix entre ouverture des échanges et protection commerciale. Dans chacun de ces exemples, il y a des « pour » et il y a des « contre ». Dans le cas des renouvelables dans la France d'aujourd'hui, il n'y a que des « contre ».

Il en résulte que l'avenir désirable pour les renouvelables en France est l'avenir zéro. La France n'a *actuellement* nullement besoin de renouvelables intermittents. Ils ont un coût, et aucun bénéfice. En fait, chaque éolienne érigée, chaque panneau solaire installé, est un mauvais coup porté à l'économie française. Plus la part des renouvelables sera élevée, plus ce coût sera important. On peut quantifier l'ampleur de ce coût, ou plus exactement l'ampleur de ce coût en fonction de l'importance des renouvelables. On utilisera à cet effet un petit modèle – simplificateur mais suggestif, comme tout modèle.

Le coût considéré est le coût d'investissement K. Il mesure les dépenses à engager pour produire à un horizon donné (par exemple 2025) une quantité Q d'électricité renouvelable. Cet indicateur n'est pas parfait. Il ignore les coûts de fonctionnement, et la durée de vie des installations (25 ans en moyenne), et il ne s'articule pas aisément avec les subventions nécessaires pour rentabiliser l'investissement dans les renouvelable. Mais il donne un ordre de grandeur intéressant de l'effort impliqué par la production de Q. Soit :

a_i = la capacité productive du renouvelable i (i = solaire, éolien terrestre ou éolien en mer), définie comme la capacité nécessaire pour produire 1 TWh d'électricité, exprimée en GW/TWh ;

b_i = le coût capacitaire du renouvelable i, c'est-à-dire le coût de l'investissement nécessaire pour construire une capacité de 1 GW, exprimé en G€/MW;

c_i = le coût unitaire du renouvelable i défini comme le coût d'investissement nécessaire pour produire 1 TWh, exprimé en G€/TWh. On voit que $c_i = a_i * b_i$.

On a:

$$K = \Sigma_i Q_i * c_i = \Sigma_i Q_i * a_i * b_i$$

Les valeurs des capacités productives a_i, c'est à dire le nombre de GW nécessaires pour produire 1 TWh d'électricité, sont obtenues en divisant pour l'éolien terrestre, l'éolien maritime, et le solaire, la puissance installée (en GW) en 2016 par la quantité d'électricité produite en 2016. Il faut, par exemple, des installations solaires de 0,82 GW de puissance pour produire 1 TWh par an d'électricité solaire.

Les valeurs des coûts capacitaires b_i, c'est-à-dire la dépense d'investissement nécessaire pour construire une installation d'une puissance de 1 GW, ont été présentées au chapitre IV ci-dessus. Il faut, par exemple, 2 milliards d'euros pour édifier une installation solaire d'une puissance de 1 GW. Certains trouveront ces chiffres élevés, en citant des projets récents. Ils sont pourtant comparables ou inférieurs aux coûts moyens effectivement enregistrés dans le monde en 2016, tels qu'ils ressortent des études de Bloomberg New Energy Finance sur les dépenses d'investissement et les augmentations de capacité de 2015: 1,5 G€ pour l'éolien terrestre, 2,9 G€ pour le solaire; on voit mal pour quelles raison les coûts seraient plus bas en France qu'ailleurs. Le tableau VIII-1 présente les valeurs des paramètres retenues.

Tableau VIII-1 – Paramètres du calcul du coût d'investissement des renouvelables intermittents

	Solaire	Eolien terrestre	Eolien maritime	Total pondéré
a = capacité productive (GW/TWh)	0,82	0,57	0,57	
b = coût capacitaire (G€/GW)	2,0	1,8	4,8	
c = coût unitaire (G€/TWh)	1,64	1,0	2,7	1,43

Sources et notes: RTE. *Bilan électrique 2016*. Pour la capacité productive. Voir chapitre IV pour les coûts capacitaires. (c) = (a)*(b). La pondération utilisée, basée sur l'importance relative des filières en 2016, est: solaire = 40 %; éolien terrestre = 50 %; éolien maritime = 10 %.

Connaissant les coûts unitaires, il suffit de les multiplier par les quantités d'électricité renouvelables produites ou envisagées pour connaître le coût d'investissement requis. Il dépend de la structure de la production d'électricité renouvelable, c'est à dire de la part d'éolien terrestre, maritime et solaire. Pour simplifier la présentation, on a supposé la structure suivante: solaire: 40 %; éolien terrestre: 50 %; éolien maritime: 10 %, qui s'inspire de la structure actuelle modifiée pour tenir compte de l'apparition programmée de l'éolien maritime. Elle produit un coût d'investissement de 1,43 milliard par TWh d'électricité renouvelable. La fonction K ci-dessus devient simplement:

$$K \text{ (en G€)} = 1{,}43 * Q \text{ (en TWh)}$$

Le tableau VIII-2 présente la valeur de l'investissement K pour quelques valeurs choisies de la quantité Q de renouvelables. A chaque valeur de Q, on a fait figurer le taux de pénétration des renouvelables, en postulant une production totale d'électricité de 500 TWh (un peu inférieure à la production effective de 2016, qui était de 531 TWh).

Tableau VIII-2 – Coûts d'investissements en fonction de l'importance de l'électricité renouvelable

Production (Q, en TWh)	Pénétration (%)	Investissement (K, en G€)
30	6	43
50	10	72
100	20	143
150	30	210
200	40	286

Source : la fonction K = 1,43*Q. Le taux de pénétration est le rapport de la production d'électricité renouvelable à la production totale d'électricité, postulée égale à 500 TWh. G€= milliards d'euros.

Une production de 30 TWh d'électricité renouvelable, ce qui est à peu près la situation de 2016 en France (29 TWh, dont 21 pour l'éolien et 8 pour le solaire), correspondant à un taux de pénétration d'environ 6 %, implique donc un investissement d'environ 43 milliards d'euros. En réalité, les sommes investies ont été nettement plus élevées, mais c'est parce que les coûts capacitaires au début des années 2010 ont été bien plus élevés que ceux qui ont été retenus ici. Une production de 100 TWh de renouvelable, correspondant à un taux de pénétration de 20 % implique un investissement de 143 milliards, soit une augmentation des investissements de 100 milliards.

En réalité, ces chiffres sont des prix d'ami. Ils ne concernent que le montant des investissements *directs*, effectués par les investisseurs (subventionnés). En toute rigueur, il faudrait y ajouter les coûts *indirects,* tels que les coûts d'investissements dans les réseaux de transports rendus nécessaires par la localisation nouvelle des installations éoliennes et solaires, ou les coûts à engager pour limiter les dommages causés par l'intermittence des renouvelables. On connaît mal ces coûts, qui atteignent peut-être 50 % (voire davantage) des coûts directs. Tout ce que l'on sait, c'est que ces coûts ne sont probablement pas linéaires ; ils augmentent plus vite que les taux de pénétration.

En résumé, le futur proche désirable des renouvelables en France est assez simple à définir : ne pas s'y engager, parce qu'ils n'apportent aucun avantage, et qu'ils coûtent cher, et en rester à la production actuelle d'environ 30 TWh. Cette voie n'est pas celle dans laquelle la France s'engage, ou affirme s'engager.

L'avenir affiché : la transition énergétique – Les autorités françaises adorent afficher des objectifs quantitatifs dans tous les domaines, sans toujours se soucier des moyens propres à les atteindre et encore moins des coûts afférents. Le cas des renouvelables en offre un exemple assez caricatural. Les projections officielles du mélange électrique en 2025 sont en effet nombreuses – et malheureusement incohérentes. On en distingue trois, pour l'année 2025. (i) En 2014, la CRE (Commission de Régulation de l'Energie) publie une prospective de la CSPE (Contribution au Service Public de l'Electricité) qui inclut une projection de la production[1] d'électricité solaire et éolienne : 53 TWh. (ii) En 2015, la Loi sur la Transition Energétique décide implicitement une production des renouvelables intermittents de 157 TWh. Cette Loi prévoit en effet une diminution du tiers de la production nucléaire (soit 128 TWh), donc une augmentation équivalente de renouvelable, qui s'ajoute à la production actuelle (29 TWh). (iii) En 2016 enfin, un décret relatif à la PPE (Programmation Pluriannuelle de l'Energie) décrète une production d'électricité renouvelable de 71 TWh. Le tableau VIII-3 présente ces projections officielles. Elles apparaissent

1. CRE (2014) prévoit la puissance (en GW) des installations éoliennes (terrestres et maritimes) et solaires, que l'on a transformé en production (en TWh) d'électricité en multipliant par les ratios de production par GW installé enregistrés en 2016.

tremblantes : 50 TWh prévus en 2014, qui deviennent 160 TW dans une solennelle loi de l'année suivante, pour redescendre à 70 TWh en 2016[1]. La contradiction entre la loi de 2015 et le décret de 2016 est d'autant plus surprenante que ledit décret a été pris en application de ladite loi, après avoir été approuvé par : le Conseil Supérieur de l'Energie, le Comité d'experts pour la transition énergétique, « l'autorité environnementale » (sic), et le Conseil National de la Transition Energétique – excusez du peu. Pour partie, elle s'explique sans doute par le fait que les objectifs de la loi concernent le nucléaire, et ceux du décret les renouvelables. Mais explication n'est pas justification. Les deux sont étroitement solidaires, et les décisions sur l'un sont implicitement des décisions sur l'autre.

Tableau VIII-3 – Mélange électrique en 2025, Différents objectifs officiels

	(en TWh)			
	2016 Réalité[a]	2025 CRE 2014[b]	2025 Loi 2015	2025 Décret 2016[e]
Nucléaire	384	360	256[d]	342
Renouv. intermittents	29	53[c]	157	71[c]
Autres	118	118	118	118
Total Prod.	531	531	531	531
Taux de pénétration[f]	5 %	10 %	30 %	13 %

Sources & notes – [a]RTE. 2017. *Bilan électrique 2016.* [b]CRE. 2014. *La CSPE : Mécanisme, historique et prospective.* p. 111. [c]Les chiffres, donnés en GW de capacité ont été transformé en TWh de production au moyen des ratios de production par GW de capacité enregistrés en 2016 (1,77 pour l'éolien, 1,22 pour le solaire). [d] = 384*2/3. [e]Les chiffres du PPE du décret de 2015 se rapportent à 2023 : on les a projetés linéairement pour 2025 par une multiplication de 9/7. [f]Le taux de pénétration est le ratio de la production d'origine renouvelables intermittents à la production totale (en %).

1. Par souci de simplification, on a ignoré ici l'arrêté du 26 avril 2016 « relatif aux objectifs de développement des énergies renouvelables », qui avait purement et simplement « oublié » l'éolien en mer.

Lequel de ces objectifs choisir pour l'analyse ? Au nom du principe de préséance de la loi sur le décret, on retiendra celui de la Loi de transition énergétique de 2015 : environ 160 TWh d'électricité renouvelable, soit une multiplication par cinq de la production actuelle. Cette augmentation considérable entraînerait cinq coûts importants.

Un coût économique d'abord. L'équation K = 1,43*Q établie plus haut permet d'évaluer le coût en capital requis à cet effet à quelques 225 milliards d'euros, dont 43 milliards ont déjà été investis à ce jour, soit des investissements de 182 milliards à consentir d'ici 2025, soit une moyenne de 20 milliards par an. Ce chiffre est une estimation par défaut, qui ignore les coûts indirects de l'électricité renouvelable. On peut le comparer aux 24 milliards d'euros payés actuellement en Allemagne pour un taux de pénétration des renouvelables (20 %) inférieur au taux prévu par la Loi de transition énergétique (30 %) pour 2025. Plus de 20 milliards par an, c'est presque trois fois ce que l'on dépense annuellement pour la justice, ou si l'on préfère presque deux fois ce que l'on consacre à l'enseignement supérieur.

Les lobbies éolien et solaire répètent que le coût de l'électricité renouvelable se rapproche maintenant du coût de l'électricité nucléaire (ce qui ne les empêche pas d'exiger la continuation des subventions dont ils bénéficient). On l'a déjà dit, mais il n'est pas inutile de le répéter : dans la France d'aujourd'hui, qui dispose d'un parc nucléaire amorti et en état de marche, il ne s'agit pas de comparer le coût complet de l'éolien neuf avec celui du nucléaire neuf, mais bien le coût complet de l'éolien neuf avec le coût de fonctionnement du nucléaire déjà en place. La transition ne vise pas à choisir entre nucléaire et renouvelable, mais à remplacer l'un par l'autre, ce qui est complètement différent.

Un coût social ensuite. L'impact sur les prix de l'électricité serait considérable. Actuellement, en Europe, le prix de vente de l'électricité aux ménages est une fonction directe de la part des renouvelables intermittents dans le mélange électrique. Peu d'éolien et de solaire : des prix bas. Beaucoup d'éolien et de solaire : des prix très élevés. Les champions des renouvelables que sont le Danemark (50 %) et l'Allemagne (20 %) vendent l'électricité deux fois plus cher qu'en France (5 %). Les 30 % de la loi de transition énergétique impliquent au moins un doublement des prix. Il faudra bien financer les 180 milliards de dépense supplémentaire. L'impôt sur l'électricité nécessaire à cet effet est un impôt fortement régressif, parce que les pauvres consacrent à l'électricité une part de leur revenu bien plus grande que les riches.

Un coût électrique surtout. Eolien et solaire sont intermittents. Ils ne fonctionnent que lorsque le vent souffle (23 % du temps) ou que le soleil brille (14 % du temps). Pas toujours au moment où l'on en a besoin, notamment aux pointes de demande des froides soirées d'hiver. Parce qu'ils ne sont pas également mobilisables, les 128 TWh d'électricité renouvelable en plus ne valent pas les 128 TWh d'électricité nucléaire en moins. Comme on ne sait pas (actuellement) stocker l'électricité, un large recours au solaire et à l'éolien est l'épée de Damoclès d'une dramatique panne généralisée. Un pourcentage d'électricité intermittente aussi élevé n'existe d'ailleurs nulle part au monde (sauf au Danemark, où il est adossé à l'abondante électricité hydraulique et nucléaire de la Norvège et de la Suède).

Un exemple concret illustrera ce propos un peu abstrait. La troisième semaine de janvier 2017 a été en France (et plus généralement en Europe) marquée par une vague de froid, qui a entraîné une hausse de la demande d'électricité. Notre appareil de production d'électricité a peiné à y répondre. Aux heures de pointe du soir, manquaient plusieurs GWh. Heureusement, nous avons pu importer de l'électricité des pays voisins, et éviter ainsi des coupures de courants sélectives ou généralisées assez dramatiques. Il est facile de montrer que la politique affichée de développement des renouvelables nous conduit tout droit à ces grandes pannes en 2025.

Considérons la pointe du jeudi 19 janvier, de 19 à 20 h. La demande était de 93 GWh. La production nucléaire était de 56 GWh, la production de renouvelables de 3 GWh, celle des autres productions (hydraulique et thermique) de 31 GWh, soit au total de 90 GWh. Manquaient 3 GWh, qui ont été fournis par les importations.

Que deviennent ces chiffres pour une pointe comparable en janvier 2025 (ou, ce qui revient au même, si nous avions eu le 19 janvier 2017 de 19 à 20 heures les mélanges électriques décidés par la loi pour 2025) ? Le tableau VIII-4 le montre. La demande reste de 93 GWh. La production d'électricité nucléaire est réduite à 37 GWh. Celle d'électricité renouvelable augmente à 16 GWh. Celle des autres filières reste constante. Au total, la production est de 84 GWh. Manquent 9 GWh. Il devient très difficile ou impossible d'importer de telles quantités d'électricité. C'est la grande panne, ou des restrictions drastiques et coûteuses dans la fourniture.

Ce résultat inquiétant est-il biaisé par le choix de l'heure pour laquelle il a été calculé ? Hélas non. Les pointes de demande interviennent en hiver, généralement en début de soirée, à des moments où le soleil est couché et la production d'électricité photovoltaïque égale à zéro. A ces heures-là, le seul renouvelable intermittent qui fonctionne est l'éolien. La production

Tableau VIII-3 – Production électrique aux pointes de demande, 2017 et 2025

(en GWh)

	2017	2025
Demande	93,1	93,1
Production		
Nucléaire	55,5	37,0
Renouvelables intermittents	2,9	15,7
Autres	31,5	31,5
Total	89,7	84,2
Déficit	-3,4	-8,9

Sources – RTE (Eco2mix, portail client/production. Les chiffres de 2017 se rapportent à l'heure de pointe du 19 janvier (de 19 h à 20 h). Les chiffres pour 2025 sont ceux qu'implique la Loi du 5 août 2015 sur la transition énergétique.

d'électricité éolienne constatée à l'heure considérée (2,9 GWh) a-t-elle été anormalement basse ? Pas du tout. Pour les 744 heures de janvier 2017 (qui constituent un échantillon significatif) la médiane[1] des productions d'électricité éolienne s'établit à 2,0 GWh, nettement en dessous de 2,9 GWh. Une heure sur deux, en janvier, la production éolienne de toute la France est inférieure à 2 GWh (c'est à peu près l'électricité que produit la seule centrale de Fessenheim). Le calcul fait sur la base de 2,9 GWh ne surestime pas le déficit d'électricité et la menace de panne, il les sous-estime. En réalité, il serait plus justifié de partir de cette médiane, et d'évaluer sa valeur en 2025 : 11 GWh dans le scénario de la loi de transition. La médiane de la production disponible serait alors de 79 GWh. Lorsque la demande dépasse

1. La médiane d'une distribution est le chiffre m tel que la moitié des valeurs de la distribution sont supérieures à m (et l'autre moitié inférieures à m).

ces valeurs, il y aurait une chance sur deux pour que l'offre ne puisse pas répondre à la demande, sauf à faire appel aux importations ou aux restrictions de consommation.

En outre, le calcul présenté suppose que la production thermique (au gaz, mais aussi au charbon et au fioul) mobilisée ce jour là, à hauteur de 16 GWh, le serait également en 2025. C'est une hypothèse optimiste. La loi sur la transition énergétique prévoit explicitement la disparition, ou en tout cas une forte diminution, de ces filières. Si elle était mise en œuvre sur ce point, le manque à produire serait augmenté d'autant.

Un coût environnemental aussi. Les éoliennes ont maintenant des mâts de 100 mètres de haut, équipés de pales de 50 mètres. Il n'y a en France que dix cathédrales de plus de 100 mètres de haut (Notre-Dame de Paris culmine à 96 mètres). On compte déjà près de 10 000 éoliennes. Au cours des dix dernières années, elles ont marqué les paysages de France plus que tous les édifices construits au cours des dix siècles précédents. La multiplication des éoliennes par cinq d'ici 2025) paraît à beaucoup proprement effrayante.

Un coût industriel enfin. En matière industrielle, la France est un géant nucléaire et un nain éolien-solaire. Nous avons déjà de la peine à exporter notre considérable savoir-faire nucléaire. La transition énergétique revient à faire une croix sur ce secteur. Qui donc achètera des centrales nucléaires à un pays qui ferme les siennes, et qui s'en flatte ? Croire que nous pourrions compenser dans le développement des industries des turbines éoliennes et des panneaux photovoltaïques (industries peu sophistiquées d'ailleurs) est une chimère. Alstom et Areva s'y sont essayé : échec complet (et coûteux). Loin d'être exportateurs de ces composants, nous sommes importateurs, et nous le resterons.

Si ces coûts étaient le prix à payer pour « sauver la planète », et réduire les rejets de CO_2, on pourrait peut-être envisager de les payer. Mais ce n'est nullement le cas. Répétons-le, la transition substitue de l'électricité (renouvelable) décarbonée à de l'électricité (nucléaire) également décarbonée. Les rejets de CO_2 de l'électricité française, qui sont les plus faibles d'Europe, ne diminueront pas d'un kilogramme.

L'avenir probable – Ni l'avenir désirable (0 TWh supplémentaire d'électricité renouvelable) ni l'avenir annoncé (130 TWh supplémentaires d'électricité renouvelable) ne semblent réalistes. Le futur probable sera entre ces deux chiffres. Le premier est celui de la raison. Le second celui de la passion. Il est difficile de savoir quelle sera la résultante des forces de la raison et des forces de la passion. Elles sont toutes les deux très puissantes.

La force de la raison est, comme on l'a vu, particulièrement grande. Dans le contexte français actuel, l'électricité renouvelable ne présente aucun intérêt. Elle ne diminue en rien les rejets de CO_2 du système électrique français. Et ce rien coûte très cher.

Mais le cœur a ses raisons que la raison ne connaît point. Le cœur ne veut pas, et ne sait pas, compter. Il se refuse à voir les coûts économiques, sociaux, industriels, et même les coûts environnementaux de l'objet de sa passion – même, et peut-être surtout, chez ceux qui sont, et qui font profession d'être, particulièrement sensibles à ces coûts-là. On donnera deux exemples de ce paradoxe, qui prêtent à sourire, mais qui en disent long sur la force de la passion.

Le premier concerne les groupes d'environnementalistes prêts à tout pour la sauvegarde des oiseaux et des insectes.

Un projet d'autoroute reliant Caen à Tours (l'A28) risquait de troubler la qualité de vie d'une vingtaine de pique-prunes (une espèce de scarabées protégée mais pas menacée de disparition). Des groupes conservationnistes locaux et nationaux ont pris leur défense avec tant de vigueur et de persévérance que la construction de l'autoroute a été retardée de plus de six ans. La mortalité routière est quatre fois moindre sur une autoroute que sur la nationale qu'elle remplace : cette obstruction a entraîné le décès d'une quinzaine d'êtres humains. Aucun des sympathiques militants pro-pique-prunes n'est troublé par les milliers d'oiseaux de proie et de chauve-souris hachés chaque année par les éoliennes de France, et par la perspective de la multiplication par cinq de ces massacres impliquée par la « transition énergétique ».

Le second exemple se rapporte aux conservationnistes qui veillent jalousement sur l'environnement des monuments historiques, et s'opposent à toute construction susceptible d'en casser le charme. Ils ont d'ailleurs la loi pour eux, qui rend obligatoire un avis des Architectes des Bâtiments de France sur l'opportunité de telles constructions. Lorsqu'un projet de loi a voulu soumettre la construction d'éoliennes à un tel avis, c'est le groupe Europe Ecologie Les Verts à l'Assemblée Nationale qui a pris la tête d'une opposition à ce projet de loi, et qui l'a effectivement bloqué. Protéger les paysages, oui ; les protéger des éoliennes, non.

Souvent d'ailleurs, ce n'est pas l'amour des renouvelables qui motive leurs propagandistes, c'est la haine du nucléaire. Pour une grande partie, le puissant mouvement « vert », à commencer par Greenpeace, est né dans les années cinquante et soixante du combat contre l'arme nucléaire (celle des Etats-Unis, du Royaume-Uni et de la France ; comme le disait François Mitterrand en 1983 : « le pacifisme est à l'ouest, mais les euromissiles sont à l'est »). Pour caractériser l'attitude de Greenpeace, le mot de « combat » n'est pas excessif : le célèbre bateau de l'ONG était baptisé « Guerrier arc-en-ciel » (*Rainbow Warrior*). Lorsque la demande sociale d'abandon unilatéral du nucléaire militaire a diminué, Greenpeace s'est reconverti ou diversifié dans le combat contre le nucléaire civil.

La passion des renouvelables est donc très puissante. Elle est très largement relayée par les médias. Partagée par la majorité de l'opinion. Et instrumentalisée par les politiques. La diminution de la production d'électricité nucléaire – et par voie de conséquence l'augmentation massive de la production d'électricité renouvelable – figure au programme de la plupart des partis politiques.

Même EDF considère ne pas pouvoir s'opposer à ce tsunami. Sa politique affichée consiste à s'appuyer à la fois sur le nucléaire et sur les renouvelables. Ses dirigeants, très bien informés et très éclairés (si l'on ose cette image), savent parfaitement que la France ne peut pas à la fois, dans un contexte de demande constante, garder toute sa production nucléaire et augmenter fortement sa production de renouvelable. Mais ils ont de fortes raisons de ne pas le dire. Tout d'abord, les renouvelables sont une filière (la seule) où l'on peut, grâce aux subventions dont ils bénéficient, gagner de l'argent. Ensuite, EDF ne peut tout simplement pas contredire ouvertement son actionnaire principal, l'Etat, surtout lorsque celui-ci est soutenu par l'opinion, les politiciens et les médias ; le faire serait livrer un combat illégitime, et au surplus perdu d'avance. Troisièmement, EDF considère peut-être que l'Europe sera dans le court terme en manque d'électricité et qu'un surplus éventuel serait facilement exportable. De plus, EDF se garde bien de chiffrer l'importance relative du nucléaire et du renouvelable qu'elle préconise ; on peut penser qu'il s'agit probablement du célèbre pâté d'alouette et de cheval : une alouette de renouvelable plus un cheval de nucléaire. Enfin, EDF pense sans doute au moyen et au long terme. Qui sait de quoi l'après 2025 sera fait ? Le nucléaire connaîtra peut-être un retour en grâce médiatique, ou des progrès techniques inespérés. Des découvertes technologiques en matière de stockage ou de transport de l'électricité rendront peut-être les renouvelables intéressants. Ou bien le vent de l'opinion aura tourné, et les renouvelables (dont la durée de vie est assez brève) seront considérés comme une impasse. Il faut être prêt à toutes ces éventualités inconnues. La meilleure stratégie à cet effet est sans doute de miser (des montants bien différents) sur tous les chevaux – ou, pour mieux dire, sur les chevaux et sur les alouettes.

L'avenir probable des renouvelables en France est donc difficile à prévoir. La passion, alliée aux intérêts des grands groupes industriels et financiers, pousse à une forte augmentation dans les années à venir. Cependant, la raison, appuyée sur les réalités, est un frein puissant.

Le taux de pénétration des renouvelables intermittents prescrit pour 2025 dans la loi sur la transition énergétique – 30 % – n'est pratiquement atteint par aucun pays au monde. La seule exception est le Danemark (50 %), mais on a montré qu'elle est peu significative. Ailleurs dans le monde, on trouve seulement quatre pays au dessus de 10 % : l'Espagne (23 %), l'Allemagne (20 %), le Royaume-Uni (14 %), et l'Italie (14 %). La possibilité pour la France de passer en quelques années de 5 % à 30 %, c'est-à-dire de faire un grand bond en avant et de damer le pion à tous ces pays n'est pas très crédible.

Enfin, lorsque l'on voit qu'en dépit d'une volonté politique forte et affichée, il a été impossible de fermer les deux réacteurs de Fessenheim au cours des cinq dernières années, il apparaît peu probable que l'on puisse en fermer une douzaine au cours des neuf prochaines années.

Certes, quand on aime, on ne compte pas. Mais quand on ne compte pas, et qu'on jette l'argent par les fenêtres, on a vite fait de se retrouver à la merci de ses créanciers. Le contexte économique et financier actuel de la France se prête mal aux gaspillages. Laissons le philosophe Alain conclure : « *Sans raison, il y a la passion, mais la passion sans raison finit toujours dans l'échec* ».

L'avenir des renouvelables dans le monde

Dans les dix ou quinze années à venir, quel peut être l'avenir des renouvelables dans les autres pays du monde ? Il variera beaucoup d'un pays à un autre. On cherchera à répondre à cette question en examinant successivement le cas des grands pays européens, des Etats-Unis, de la Chine, et celui de l'Afrique.

Pays européens – Si tous les pays européens ne sont pas des champions des renouvelables (intermittents), tous les champions des renouvelables sont européens. Comme on l'a vu, les cinq pays du monde où le taux de pénétration des intermittents (dans le mélange électrique) est supérieur à 10 % sont, par ordre décroissant : le Danemark, l'Espagne, l'Allemagne, le Royaume-Uni et l'Italie. Quatre considérations éclairent la prévision à court terme.

Premièrement, la production d'électricité a diminué au cours de la période 2010-2015 dans quatre de ces cinq pays (-25 % au Danemark ; -8 % en Espagne ; -7 % en Italie, et -11 % au

Royaume-Uni), et stagné en Allemagne (+2 %). Il faut prendre ces chiffres avec prudence car ils peuvent varier sensiblement d'une année sur l'autre, mais ils n'en donnent pas moins un élément de contexte significatif. Dans le court terme, on peut tenir pour très probable que la consommation d'électricité de ces pays va stagner ou décliner.

Deuxièmement, dans tous ces pays champions des renouvelables, l'électricité continue d'être en 2015 principalement produite à partir des combustibles fossiles. A 29 % au Danemark (mais ce chiffre est peu significatif, à la fois parce qu'il a été particulièrement bas en 2015, et surtout parce que le Danemark est tellement intégré électriquement à la Suède et surtout à la Norvège que les chiffres relatifs au seul Danemark ne veulent pas dire grand chose), à 43 % en Espagne, à 46 % en Allemagne, à 52 % au Royaume-Uni, et à 60 % en Italie. Le combustible fossile utilisé varie beaucoup : principalement le charbon en Allemagne, le gaz au Royaume-Uni et le pétrole en Italie. En gros, les combustibles fossiles assurent à peu près la moitié de l'électricité de ces pays. Il en résulte que cette électricité est fortement carbonée. Comme ces pays ont généralement peu de possibilités hydrauliques, et une certaine aversion pour le nucléaire, ils ne peuvent réduire leurs rejets de CO_2 électrique (généré par la production d'électricité) qu'en développant les renouvelables. A la différence de la France, ils ont donc une raison (bonne ou mauvaise, c'est une autre histoire) de continuer à augmenter leurs taux déjà élevés de pénétration des renouvelables.

Troisièmement, ces taux élevés, et les subventions qui les ont permis, pèsent lourdement sur les finances publiques, ou plus exactement sur les prix de vente au détail de l'électricité (puisque ces subventions sont financées par des taxes payées par les consommateurs d'électricité). Nos cinq pays sont, en

2016, et selon Eurostat, les pays où les prix aux consommateurs sont les plus élevés de l'Europe à 27 pays (avec le Portugal, qui est lui aussi un champion des renouvelables). Ces prix élevés frappent particulièrement les ménages les plus pauvres. Dans ces pays, les cas de « pauvreté énergétique » se multiplient. Cette situation est la cause d'un réel mécontentement populaire. Elle freine (sans l'arrêter) l'appétit des politiciens pour le développement des renouvelables.

Quatrièmement, la politique énergétique de l'Union Européenne est un échec. L'un des deux piliers de cette politique a été une confiance aveugle dans les bienfaits absolus du marché. L'autre a justement été le développement considérable des renouvelables intermittents. Comme on l'a montré au chapitre VI, le mariage de ces deux principes a été désastreux. Les prix de l'électricité payés par les ménages et les industriels européens sont les plus élevés du monde, deux ou trois fois plus élevés qu'aux Etats-Unis ou en Chine. Et les prix encaissés par les producteurs d'électricité européens sont parmi les plus bas du monde ; les grands électriciens européens sont à peu près tous dans le rouge – à l'exception de ceux qui sauvent leur peau en se tournant vers les renouvelables subventionnés ou le monopolistique transport d'électricité. Les investissements dans la production d'électricité (autre que renouvelable) ont cessé d'être rentables, et la sécurité de la fourniture à moyen terme n'est plus assurée.

Même la Commission Européenne a fini par commencer à reconnaître cet échec. Dans une « communication au Parlement Européen » de 2016, intitulée *Une Energie propre pour tous les Européens,* connue sous le nom de « paquet d'hiver » (Winter package), qui ne comprend pas moins de 37 rapports distincts, soit plus de 1 000 pages, elle en présente une analyse, et esquisse des solutions. L'analyse est souvent biaisée et orientée. Par exemple, le texte reconnait que « *la pauvreté énergétique est un défi majeur dans l'Union Européenne* », ce qui n'est que trop vrai, mais ajoute immédiatement que ladite pauvreté « *a sa racine dans les revenus bas et dans l'inefficacité énergétique des bâtiments* », ce qui n'est pas faux, mais évacue délibérément les prix élevés et croissants de l'électricité européenne. Quant aux solutions, qui n'apparaissent pas clairement, elles semblent être le recours à davantage de marché et de renouvelable. La combinaison de marché et de renouvelable a conduit à une impasse ; pour en sortir, rajoutons une dose de marché et une dose de renouvelable. La panacée semble être l'introduction de « mécanismes de capacité », consistant à payer des industriels pour entretenir des centrales électriques prêtes à produire de l'électricité aux moments où les installations solaires et éoliennes n'en produisent pas. Pour résoudre les problèmes causés par une subvention (aux renouvelables), on n'a rien trouvé de mieux qu'une seconde subvention (de capacité).

Tout cela contribue à affaiblir le poids des exhortations de l'Union Européenne en matière d'électricité. Ce poids a été grand, et explique en partie les taux de pénétration élevés des renouvelables dans les pays européens. Il est probable qu'il sera dans le court terme moins grand.

Ces quatre éléments de contexte jouent dans des sens différents. Les deux premiers militent pour la continuation du développement des renouvelables. Les deux derniers pour une modération ou une suspension de ce développement. On peut conjecturer qu'il en résultera une augmentation, mais une augmentation assez faible, des taux de pénétration des renouvelables en Europe. On en voit déjà les prémisses. Le tableau VIII-4 montre les variations de puissance installées pour le solaire et l'éolien pour le début et pour la fin de la période 2010 et 2015.

Tableau VIII-4 – Variations de capacité renouvelable 2010-2012 et 2013-2015, cinq pays champions du renouvelable

(en GW)

	2010-2012 (1)	2013-2015 (2)	(2)/(1)
Danemark	0,7	0,4	-43 %
Allemagne	17,3	14,1	-19 %
Espagne	3,8	0,1	-97 %
Royaume-Uni	5,3	9,1	+72 %
Italie	15,3	1,2	-92 %
Ensemble	42,4	24,9	-42 %

Source: Calculé d'après BP 2016. La première ligne veut dire qu'au Danemark, la puissance installée des renouvelables (solaire + éolien) s'est accrue de 0,7 GW entre 2010 et 2012, de 0,4 GW entre 2013 et 2015, et que cela représente une diminution de 43 %.

Chez nos cinq champions, sauf au Royaume-Uni, l'augmentation de la puissance installée, ou si l'on préfère, l'investissement nouveau, a été bien moindre durant la deuxième partie de la période considérée que dans la première partie. Les investissements ont beaucoup diminué. En Espagne et Italie, ils se sont pratiquement arrêtés. Le déclin est moins massif en Allemagne, mais il est net. Ce retournement de la courbe s'explique par les mesures de réduction des subventions aux renouvelables prises par des gouvernements effrayés par l'envolée des coûts et des prix au détail de l'électricité renouvelable. La courbe des augmentations de capacité en fonction du temps semble une fonction dite logistique, qui a la forme d'un S aplati (aussi appelée pour cette raison : sigmoïde). Elle a augmenté fortement, et même exponentiellement, à la fin des années 2000 et au début des années 2010, connu un point d'inflexion vers 2012 ou 2013, et augmente de moins en moins vite ensuite.

Le Royaume-Uni fait exception. Il a joué les bons élèves dans la classe Union Européenne, et fait de gros efforts pour réduire sa dépendance au charbon et au gaz en investissant lourdement dans l'éolien et même dans le solaire. Mais les mêmes causes produisant les mêmes effets, les coûts se sont envolés, la pauvreté énergétique se répand, la politique suivie est de plus en plus critiquée, et les gouvernements (qui ne se sentent plus contraints par les instructions de Bruxelles) sont en train de modifier leur politique électrique, et de réduire leurs subventions aux renouvelables. Il est facile de prévoir que l'avenir des renouvelables britanniques sera modeste.

On arrive à la même conclusion en observant les données rassemblées par Bloomberg New Energy Finance (2016) sur les investissements en valeur dans l'électricité renouvelable dans le monde, que présente le tableau VIII-5.

Tableau VIII-5 – Investissements dans les énergies renouvelables, pays choisis, 2010-2015.

	(en G$/an)						
	2010	2011	2012	2013	2014	2015	
Europe	113	123	89	60	62	49	Fort déclin
Etats-Unis	35	49	41	35	37	44	Constance
Chine	40	47	62	62	88	103	Forte croiss.
Inde	9	13	8	7	8	10	Constance
Afrique & MO	4	3	10	9	8	10	Variable
Monde	239	278	257	234	273	286	Constance

Source : BNEF 2016, p. 14. Notes : MO = Moyen-Orient

La première ligne montre un déclin important et régulier des investissements dans les renouvelables en Europe : ils ont diminué des deux-tiers au cours des cinq années passées. Ces chiffres surestiment ce déclin. Ils sont exprimés en valeur (en milliards de dollars) alors que les prix unitaires ont diminué au cours de la période. Une série en volume (en GW installés) ferait apparaître un déclin moins rapide, mais un déclin bien réel, comme le montre le tableau VIII-4 *supra*. On voit aussi que le profil des autres pays ou régions du monde diffère fortement du profil de l'Europe.

Pour l'Europe, et à court terme, c'est-à-dire à technologies constantes, l'analyse du contexte et celle des inflexions récentes suggère un avenir des renouvelables assez peu brillant. Les taux de pénétration – qui sont, de loin, les plus élevés du globe – devraient augmenter, mais assez peu, d'ici 2025 ou 2030. Ils pourraient passer de 14 % à 16 ou 17 % en Italie et au Royaume-Uni, de 20 % à 22 % en Espagne, et peut-être augmenter davantage en Allemagne, de 18 % à 21 ou 22 %.

Etats-Unis – Le cas des Etats-Unis est évidemment important. C'est le plus gros producteur et consommateur d'électricité du monde. C'est, en termes de TWh, et en 2015, le premier producteur de renouvelables intermittents du globe (la Chine suit de très près). Le soleil et le vent y sont très abondants. Une étude prospective officielle publiée dans *l'Annual Energy Outlook* de 2017 publié par l'EIA (Energy Information Administration) évalue le mélange électrique qui lui semble le plus probable pour chacune des années 2015 à 2050. Le tableau VIII-6 donne (en TWh) l'évolution de ce mélange pour le passé (2010 et 2016) et sa projection pour l'avenir (2025).

On note tout d'abord que la production totale d'électricité des Etats-Unis est stable. Elle l'a été au cours de la décennie passée, et il est prévu qu'elle le reste au cours de la décennie à venir. Comme en Europe ; mais dans un pays qui connaît et sans

Tableau VIII-6 – Mélange électrique, Etats-Unis, 2010, 2016, 2025

	2010	2016	2025	
Production totale TWh)	4 120	4 080	4 100	Stabilité
Thermique fossile (TWh)	2 800	2 600	2 200	Déclin
Hydraulique (TWh)	260	270	270	Stabilité
Nucléaire (TWh)	810	810	770	Stabilité
Renouvelables intermittents				
en volume (TWh)	100	250	560	Croissance
en taux de pénétration (%)	2,3%	6,2%	13,8%	Croissance

Sources: US EIA pour 2010 et 2016; *Annual Energy Outlook 2017* pour la projection pour 2025. *Note*: dans un souci de lisibilité, les chiffres ont été arrondis. Les taux de pénétration ont été calculés sur les chiffres non arrondis.

doute connaitra des taux de croissance de la population et du PIB plus élevés qu'en Europe; et qui donc augmente sa productivité en électricité plus rapidement que les pays d'Europe.

On note aussi la prédominance de l'électricité thermique fossile, qui assure, en 2016, près des deux-tiers (64 %) de la production d'électricité du pays, ce qui en fait une électricité fortement émettrice de CO_2. Entre 2010 et 2016, cette carbodépendance a diminué (elle passe de 69 % à 64 %), et elle doit diminuer plus encore entre 2016 et 2025 (elle doit passer de 64 % à 53 %). Ce que le tableau ne montre pas, mais qui est très important, est que la structure de cette électricité thermique se modifie. La part du charbon (très carboné) diminue, celle du gaz (environ moitié moins carboné) augmente. Il en résulte une diminution notable des rejets de CO_2 générés par le système électrique américain. Dans le passé proche (2010-2016) elle a été de 21 %. Dans le futur proche (2016-2025), elle sera encore plus considérable, puisque la diminution de l'électricité thermique officiellement prévue est nettement plus importante, et que le transfert du charbon au gaz va (toujours selon la prévision officielle citée) se poursuivre.

On note également la stabilité – passée et prévue – de la production d'électricité hydraulique et nucléaire.

On note surtout enfin la forte augmentation de l'électricité renouvelable intermittente. Elle a plus que doublé entre 2010 et 2016. Le taux de pénétration, qui était faible (2,3 %) en 2010, est devenu moyen (6,2 %) en 2016. C'est à peu près le taux de pénétration enregistré en France actuellement. C'est un taux bien inférieur aux taux des champions que l'on trouve en Europe. La prévision de l'EIA (Energy Information Administration) pour 2025 envisage la poursuite de cette forte augmentation. L'électricité renouvelable aux Etats-Unis devrait de nouveau doubler, et le taux de pénétration atteindre 13,8 %. C'est à peu près le taux actuel du Royaume-Uni ou de l'Italie. Certes, le fait que la période 2016-2025 soit un peu plus longue que la période 2010-2016 introduit un bémol dans la comparaison. Mais la tendance affichée est celle d'une très forte croissance des renouvelables aux Etats-Unis.

Cette évolution est-elle désirable ? La cause est plaidable. Le cas des Etats-Unis est en effet bien différent du cas la France. Aux Etats-Unis, il ne s'agit pas de remplacer des centrales nucléaires en état de marche, mais de remplacer des centrales thermiques qui ont le double inconvénient d'arriver en fin de vie et de rejeter beaucoup de CO_2 et de polluants divers. Le choix doit se faire entre construire des centrales thermiques neuves et des centrales éoliennes ou solaires neuves. Choisir les renouvelables engendre un gain (certes difficile à apprécier), et le fait à un coût modéré (la différence entre le coût de production de l'électricité au gaz et celui de l'électricité solaire ou éolienne) et déclinant, au moins si on ignore les coûts indirects.

Est-elle probable ? Cela apparaît vraisemblable. La projection n'est pas, ou pas principalement, l'expression d'une « volonté politique ». Elle repose sur des analyses chiffrées des comparaisons entre le coût des différents types de centrales (au gaz ou renouvelables) qu'il faudra bien construire pour répondre à la demande d'électricité au fur et à mesure de la mise au rebut techniquement ou économiquement nécessaire des vieilles centrales au charbon. La France a été dans les années 1975-80 confrontée à un problème similaire : à quel rythme remplacer des centrales au charbon vieillissantes par des centrales nucléaires ? La prévision américaine s'appuie sur des calculs économiques, ce qui la crédibilise. Comme le soulignent ses auteurs, elle est sensible à deux facteurs : le prix du gaz, et le montant des subventions publiques aux renouvelables. Plus le prix du gaz et le montant des subventions seront élevés, et plus le développement des renouvelables sera rapide. *A contrario*, un prix du gaz très bas et des subventions réduites (voire supprimées) diminueraient l'écart entre le coût de l'électricité thermique et le coût de l'électricité renouvelable, et freineraient le progrès des renouvelables. Un tel scénario n'est pas inconcevable, mais il semble assez peu probable. Les subventions seront certainement réduites ou éliminées durant la présidence de Donald Trump, mais on peut penser que le poids du lobby climatique est tel que les successeurs de Donald Trump rétabliront ces subventions, au moins partiellement. Un autre frein pourrait venir des coûts indirects (ou externes ou systémiques) engendrés par un taux de pénétration trop élevé. Ce scénario non plus n'est pas très probable. Le taux de pénétration envisagé pour 2025 (14 %) est celui que connaissent actuellement le Royaume-Uni et l'Italie : il engendre sans doute des coûts indirects non négligeables, mais cependant gérables. On observera en particulier, comme le montre le tableau VIII-5, que les investissements dans les renouvelables aux Etats-Unis n'ont pas fléchi au cours des années récentes (à la différence de ce que l'on a observé en Europe). Il y a donc quelques raisons de penser que la projection de l'EIA (Energy Information Agency) n'est pas irréaliste. Elle est peut-être un peu généreuse, et un taux de pénétration de 11 ou 12 % en 2025 est probablement une projection plus prudente.

Chine – On ne peut évidemment pas s'interroger sur l'avenir à court terme des renouvelables sans considérer le cas de la Chine. Les données relatives au mélange électrique chinois sont difficiles à trouver, souvent lacunaires, parfois contradictoires. Elles se rapportent bien plus souvent à la puissance (GW) qu'à la production (TWh). Pour les prévisions, on dispose de deux sources principales : les engagements de la Chine à la conférence de Paris sur le climat (la CDNN – contribution déterminée au niveau national, plus connue sous son acronyme anglais INDC) ; les prescriptions du 13e Plan Quinquennal pour l'énergie, diffusé en janvier 2017 par la NEA (National Energy Administration). (i) La contribution à la conférence de Paris, un bref texte de 7 pages, n'est pas très utile pour la prospective des renouvelables. On y trouve plus de mots que de chiffres. Et presque rien sur l'électricité en général, et l'électricité renouvelable en particulier – si ce n'est l'affirmation de la volonté de « *monter en puissance dans l'électricité éolienne* » et « *d'accélérer le développement de l'électricité solaire* ». (ii) Le 13e Plan Quinquennal sur l'Energie, qui vise la période 2016-2020 n'est pas très précis non plus. Au moins dans les communiqués et les analyses de la NEA (National Energy Administration), on ne trouve aucun chiffre sur la production future d'électricité par source : seulement des objectifs de capacité de production (en GW) visés pour 2020. On les a utilisés pour produire le tableau VIII-7, qui présente le mélange électrique en 2010, 2016 et 2020. Il suggère les commentaires suivants.

Tableau VIII-7 – Mélange électrique, Chine, 2010, 2016, 2020

	2010[a] (TWh)	2015[b] (TWh)	D 2020/15[c] (%)	2020[d] (TWh)
		En TWh)		
Production	4190	5810	+22 %	6280
Thermique fossile	3330	4010	+11 %	4710
Hydraulique	720	1130	+6 %	1230
Nucléaire	74	170	+123 %	300
Renouvelables		310		490
Eolien	45	190	+62 %	300
Solaire	1	40	+156 %	100
Total intermittents	46	230	(+74 %)[e]	400
Taux de participation :				
du thermique fossile	79 %	69 %		63 %
des renouvelables intermittents	1 %	6 %		8 %

Sources et notes : [a]National Bureau of Statistics. [b]BP *Statistical Review of the World 2016*. [c]Ces taux d'augmentation, qui se rapportent aux capacités (en GW), sont extraits le 13[e] Plan Quinquennal. [d]La prévision pour 2020 est obtenue en appliquant aux productions de 2025 les prévisions d'accroissement des capacités prévues dans le 13[e] plan. [e]Ce taux de croissance n'est pas tiré directement du 13[e] plan, mais obtenu en rapportant la production prévue pour 2020 à la production de 2015. Pour plus de lisibilité, les chiffres ont été arrondis à la dizaine la plus proche.

Tout d'abord, le contexte est celui d'une demande, et d'une production, d'électricité en augmentation. Nous sommes loin de la constance observée et prévue en Europe ou aux Etats-Unis. Le taux de croissance de cette production, environ 4 % par an, est bien inférieur aux taux de 8 ou 10 % que la Chine a connus au cours des années 1980-2000, mais il reste important. Son évolution est difficile à prévoir. En 2015 par rapport à 2014, par exemple, il a été proche de zéro. Le 4,2 % prévu dans le plan est loin d'être assuré, et pourrait bien être un peu trop optimiste.

Ensuite, le tableau de l'électricité en Chine est, et continue d'être, largement dominé par le thermique fossile, qui assure actuellement environ 70 % de la production. Le combustible fossile utilisé est principalement (à 85 % environ) du charbon. Le gouvernement chinois est bien conscient des coûts environnementaux (rejets de CO_2 et plus encore pollution de l'air) de la combustion du charbon, et déterminé à fortement les réduire. Une partie importante (43 % en 2014) de la combustion du charbon sert à produire de l'électricité. Il y a plusieurs façons façon de réduire les rejets de CO_2, de particules, et d'oxydes d'azote associés à la combustion du charbon. On peut, en améliorant la technologie de la combustion, réduire assez considérablement les rejets par unité d'électricité ou de chaleur produite ; l'industrie chinoise s'y emploie. On peut remplacer, dans l'industrie électrique et dans les autres industries, le charbon par le gaz, un combustible fossile également, mais beaucoup moins polluant. On peut améliorer la productivité en énergie de l'électricité et des autres activités économiques. On peut enfin, modifier le mélange électrique en augmentant la part du nucléaire, de l'hydraulique et des renouvelables au détriment de la part des combustibles fossiles. Il faut à cet effet augmenter la production d'électricité thermique moins rapidement que la production totale. C'est bien ce qui a été enregistré dans la période 2010-2015 (+20 % v. +38 %). C'est ce qui est prévu pour la période 2015-2020 (+11 % v. +22 %). Dans les deux cas, hier et demain, on a une augmentation de la production d'électricité d'origine fossile, pas une diminution.

Troisièmement, au cours des années récentes, la Chine a fait de gros efforts pour développer les renouvelables intermittents. Elle partait d'un niveau très bas. En 2010, le taux de pénétration des intermittents était seulement de 1 %. L'électricité solaire était pratiquement inexistante, en dépit de la domination chinoise du marché des panneaux solaires. Au cours du 12e plan quinquennal (2010-2015), la production d'électricité solaire a été multipliée par 50, celle d'électricité éolienne par 4, au prix d'un investissement de 400 milliards de dollars (comme le montre le tableau VIII-5). Malgré cet effort remarquable, le taux de pénétration des renouvelables dans le mélange électrique reste modeste (6 %) en 2015, comparable au taux de la France ou des Etats-Unis, et bien inférieur aux taux des champions européens.

Quatrièmement, les projections affichées pour 2020 (dans le 13e plan quinquennal) sont ambitieuses. Elles le sont bien plus pour le solaire (+150 %) que pour l'éolien (+60 %). Elles sont cependant un peu moins ambitieuses que les réalisations du 12e plan quinquennal. Le coût des investissements prévus est moindre (300 milliards au lieu de 400 milliards de dollars), particulièrement lorsqu'on le rapporte au PIB chinois (qui augmente rapidement), même s'il est vrai que la baisse des coûts unitaires fait que l'on construit sans doute autant de capacité demain avec 300 milliards qu'hier avec 400. L'impact prévu sur le taux de pénétration des combustibles fossiles a bien le sens désiré d'une diminution, mais celle-ci reste modeste (le taux passe de 69 % à 63 %). Le taux de pénétration des renouvelables augmente comme souhaité, mais là aussi dans des proportions modestes (de 6 % à 8 %). On note aussi que le taux de croissance de la production d'électricité nucléaire est bien plus élevé que le taux de croissance de la production d'électricité renouvelable. Pour toutes ces raisons, les projections, pourtant ambitieuses, ont été assez vivement critiquées par des associations comme Greenpeace China.

La question se pose de savoir si ces projections seront effectivement réalisées. Plusieurs éléments incitent à la prudence. Tout d'abord, les prévisions des plans quinquennaux ne se réalisent pas toujours. C'est ainsi, par exemple, que le 12e plan prévoyait, pour 2015, pour l'éolien maritime, une puissance installée de 5 GW : en 2015, la puissance installée était de 1 GW. Le 13e plan reprend pour 2020 cet objectif de 5 GW.

Une réelle incertitude pèse sur l'évolution de la demande, et donc de la production, d'électricité. Le taux d'augmentation de 4,2 % par an du 13e plan, repris dans le tableau VIII-7, n'est rien moins que certain. Il ne concorde pas avec les prévisions d'un autre organisme chinois, le China Electricity Council, qui table sur un taux de 3,3-4 %. Entre 2014 et 2015, la production d'électricité a pratiquement stagné. Les progrès de l'efficacité énergétique du secteur industriel chinois et le recul de la part de l'industrie dans le PIB chinois suggèrent que ce pays est peut-être en train de s'aligner plus vite que prévu sur le modèle européen ou américain d'une croissance faible ou nulle de la demande d'électricité.

Le réseau électrique chinois semble avoir des difficultés à absorber l'électricité intermittente produite. Un nombre croissant d'installations ne sont pas reliées au réseau. Une partie de la production solaire reste inutilisée. Le doublement de la production intermittente prévue posera de redoutables problèmes au réseau. On doit espérer, et on peut penser, que les responsables, dans ce pays d'ingénieurs, seront capables de les résoudre dans les délais serrés qui leur sont impartis. Mais on ne peut pas en être certain.

L'efficacité des installations renouvelables chinoises semble déjà laisser à désirer, comme le montre la comparaison avec les Etats-Unis qu'illustre le tableau VIII-8.

Tableau VIII-8 – Puissance et production des éoliennes, Etats-Unis et Chine, 2015

	Chine	Etats-Unis
Puissance éolienne installée (GW)	145	75
Production d'électricité éolienne (TWh)	185	193
Production / puissance installée (TWh / GW)	1,3	2,6

Source : calculé d'après : BP. *Statistical Review of the World 2016*

Pour ce qui est des éoliennes, les deux pays ont une production presque identique assurée par un stock de capital deux fois plus importants en Chine. La production d'un ensemble d'éoliennes de 1 GW est moitié moins importante en Chine qu'aux Etats-Unis. Une différence de productivité aussi considérable ne peut pas s'expliquer par la différence des régimes des vents dans les deux pays, mais renvoie à des considérations technico-économiques significatives[1]. Comme le dit en trois mots un article récent (Lam, *et al.* 2017) sur le sujet : « *haste is waste* » (« précipitation entraine gaspillage »). La Chine parviendra sans doute à surmonter ces maladies infantiles, mais elles ont un coût économique et social non négligeable, et elles exerceront probablement un effet de freinage sur le développement de l'électricité renouvelable.

Afrique – L'Afrique est un continent sous-électrifié. Comme le montre le tableau VIII-9, son 1,2 milliard d'habitants produit et consomme à peine plus d'électricité que la France ; par habitant, c'est 14 fois moins que la France. La disparité est encore plus grande que ne le suggèrent ces chiffres moyens. Trois pays seulement – l'Afrique du Sud, l'Egypte et l'Algérie – produisent

1. Au passage, elle montre le danger des comparaisons et des additions en termes de capacités, qui sont pourtant la règle dans beaucoup de publications statistiques ou d'analyses journalistiques.

Tableau VIII-9 – Afrique, mélange électrique, 2015

	Afrique	Nord & Sud	Autres	*France*
Population (M)	1 171	184	987	*64*
Production totale (TWh)	760	500	260	*570*
Thermique fossile (TWh)	610	470	145	*42*
Hydraulique (TWh)	120	14	105	*54*
Nucléaire (TWh)	11	11	0	*11*
Renouvelables intermittents				
Solaire (TWh)	3	2	1	*7*
Eolien (TWh)	8	4	4	*20*
Total (TWh)	11	6	5	*27*
Géothermie, biomasse (TWh)	6	0	6	*409*
Taux de pénétration				
du thermique fossile (%)	81%	95%	56%	*7%*
des intermittents (%)	1%	1%	2%	*5%*

Source: BP. *Statistical Review of the World 2016. Note:* Nord & Sud = Algérie, Egypte, Afrique du Sud.

les deux tiers de l'électricité de l'Afrique toute entière. Les autres pays d'Afrique, qui représentent 84 % de la population du continent, soit 1 milliard de personnes, doivent se contenter de 260 TWh, moins de la moitié de l'électricité française.

Cette sous-électrification est dramatique. Lénine disait : « le communisme (il voulait dire : le progrès), c'est les soviets plus l'électricité ». La rareté de l'électricité est un frein terrible à l'industrialisation, à l'éclairage, à la lecture, à la santé, à l'information, à la mobilité, etc. – et donc au développement. Un siècle après Lénine, M. Borloo a compris cette évidence, et travaille à la mettre en œuvre. Quel rôle peuvent jouer les renouvelables intermittents dans cette indispensable évolution ?

Un coup d'œil sur le point de départ de cette course, la situation actuelle, n'est pas inutile. On remarque la prépondérance du thermique fossile. On note également le très faible taux de pénétration actuel des renouvelables intermittents (1 ou 2 %). Le nucléaire n'existe qu'en Afrique du Sud, à très petite échelle. Plus significatif est l'hydraulique. Plusieurs pays, notamment l'Ethiopie, mais également la Zambie, le Mozambique, le Soudan et l'Egypte, disposent de barrages importants.

Pour l'analyse prospective, deux caractéristiques assez évidentes doivent être prises en compte. La population de la plupart des pays africains est généralement très dispersée (il y a bien entendu des exceptions, comme la vallée du Nil), avec des taux d'urbanisation faibles et des densités faibles. L'Afrique est pour beaucoup un continent de villages, qui ne sont pas reliés à des réseaux électriques, et qui ne peuvent l'être qu'à des coûts élevés. Deuxièmement, les revenus sont généralement faibles, ce qui rendra difficile la pénétration des modes coûteux.

Dans les zones urbaines denses, qui peuvent être facilement desservies par des réseaux, et qui sont celles où la demande de l'industrie et des ménages croît fortement, le développement des renouvelables sera freiné par leur coût et par leur intermittence, au moins dans le court terme. Il est illusoire de croire que solaire et éolien fourniront l'essentiel de la nécessaire électricité. On ne pourra pas se passer des centrales à charbon et aussi hydrauliques. Dans beaucoup de pays, les ressources hydrauliques potentielles sont considérables, très sous-exploitées, et peuvent être développées à des coûts très compétitifs. D'autant plus que les barrages de retenue ne servent pas seulement à produire de l'électricité, mais servent simultanément à contrôler les crues des fleuves en aval, et à augmenter (par irrigation) la production agricole. D'un autre côté, il est vrai, les lacs de retenue ont parfois, sans doute même souvent, des effets négatifs sur les populations, la faune, la flore, les monuments.

L'attitude dominante des pays développés consiste à s'opposer par tous les moyens à la création de centrales à charbon, et à un moindre degré de centrales hydrauliques, en Afrique. Les agences publiques d'aide au développement, nationales (comme l'AFD en France) et internationales (comme la Banque Européenne d'Investissement) refusent systématiquement et officiellement des dons, et même des prêts, à cet effet. Les grandes banques privées, clouées au pilori par les ONG occidentales lorsqu'elles l'ont fait, se sont alignées et refusent maintenant des prêts pour la construction de centrales thermiques et même de barrages. Cette attitude est lamentable, et vaine. Lamentable, parce qu'elle condamne des millions d'Africains à vivre sans électricité. Vaine, parce que d'autres pays, et en particulier la Chine, sont prêts à financer ces centrales et ces barrages (ou, pour mieux dire, à financer des centrales plus polluantes et des barrages plus destructeurs que ceux que les pays occidentaux auraient pu financer). Elle a été justement dénoncée par un Africain bien placé pour savoir de quoi il parlait, Donald Kaberuka, un Rwandais, président de la Banque Africaine de Développement (une petite sœur de la Banque Mondiale, c'est-à-dire une banque publique motivée par l'intérêt général). En mars 2015, il disait : « *Les gouvernements occidentaux sont hypocrites ; eux qui se sont enrichis avec les combustibles fossiles, disent maintenant aux pays africains : vous n'avez pas le droit de construire des barrages, ni des centrales à charbon, contentez-vous de ces renouvelables hors de prix. Les pays africains ne les écouteront pas* ». On aurait pu craindre que son successeur à la tête de la Banque Africaine de Développement tienne un autre langage, sous la pression des pays riches. Il n'en est rien. Akiwumi Adesina, le Nigérian qui lui a succédé, déclare lui aussi, et avec la même clarté : « *L'Afrique doit utiliser toutes les énergies, y compris le charbon* » (*Le Monde Afrique*, 3.12.2015)

Dans les zones rurales peu denses cependant, le choix est entre des générateurs fonctionnant au diesel et des panneaux solaires ou éoliennes familiales. Les générateurs sont très polluants ; et très coûteux car il faut transporter le diesel sur de longues distances sur de mauvaises routes. Les panneaux et éoliennes sont également coûteux, mais ils sont très flexibles : en fonction de leurs revenus, les villageois (ou les plus riches d'entre eux) peuvent acheter des équipements de capacité et de stockage très variables, adaptés à leurs usages prioritaires : recharger leurs portables (ce qui est essentiel pour leurs activités agricoles), s'éclairer une ou deux heures après le coucher du soleil, faire fonctionner une mini-télévision, etc. C'est peu, mais pour beaucoup c'est un grand changement de mode de vie. On peut donc désirer, et penser, que l'électricité éolienne et surtout solaire de ce type va se développer rapidement en Afrique. Mais cela ne se traduira pas par des productions de centaines de TWh et des taux de pénétration des renouvelables très élevés.

On trouve sur le marché des kits solaires (panneaux et batteries) de 500 W pour 2 300 €. Supposons que ce kit fonctionne 2 000 heures par an. Il produit 500 W*2 000 h = 1 MWh/an. Supposons que la moitié des 1 000 millions d'Africains vivent dans des villages isolés, dans des familles de 5 personnes, cela fait 100 millions de familles. Si la moitié d'entre elles sont équipées d'un kit, elles produiront 50M*MWh par an, soit 50 TWh. A un coût d'investissement de 50M*2 300€ = 115 milliards d'euros. Ces calculs de coin de table n'ont pas de prétention scientifique, mais ils suggèrent des ordres de grandeur. 50 TWh, c'est une quantité d'électricité non négligeable pour l'Afrique, et 115 milliards d'euros un marché non négligeable pour les grands groupes industriels et financiers occidentaux ou chinois. Mais il s'agit d'une électricité contrainte, de faible puissance, qui ne permet sûrement pas de soutenir une activité industrielle ou même artisanale – d'une demi-électricité, en somme. Ces TWh-là ne sont pas vraiment comparables aux TWh des réseaux. Ils n'en sont pas moins très importants pour la vie de leurs utilisateurs, et il faut souhaiter les voir advenir.

D'un autre côté, les caractéristiques de ces kits solaires – faibles coûts de transport et d'installation – les rendent sujets aux détériorations et aux vols. L'expérience de l'Inde, où certains Etats fédérés comme la Maharastra ont fait de gros efforts pour distribuer des panneaux et des batteries dans des villages isolés, est de ce point de vue assez inquiétante. Au bout de deux ou trois ans, beaucoup de ces équipements, et en particulier des batteries, ont été volés ou ne fonctionnent plus. Le Maharastra envisage maintenant d'abandonner cette stratégie d'équipements individuels, et d'adopter la stratégie plus classique de connexion de ces villages au réseau.

Qu'il s'agisse des pays européens déjà très avancés sur le chemin des renouvelables, des Etats-Unis et de la Chine qui le sont moins, ou de l'Afrique qui ne l'est pas du tout, on peut pour le future proche prévoir un certain développement de l'éolien et surtout du solaire, mais un développement modeste.

C'est bien la conclusion à laquelle parviennent les experts de l'AIE (Agence Internationale de l'Energie). Dans son rapport annuel de 2016 (*World Energy Outlook 2016*), l'AIE donne ses projections pour 2025, c'est-à-dire pour le futur proche (ainsi que pour le plus long terme, c'est-à-dire 2040). Elle le fait pour trois scénarios construits avec des variables telles que le prix du pétrole, le taux de croissance, et le prix du CO_2 : le scénario du fil de l'eau, intitulé « politique courante » ; un scénario des « politiques nouvelles », qui inclut des mesures politiques en faveur des économies d'énergie et des renouvelables ; et un scénario dit « 450 », caractérisé par des mesures permettant de maintenir la teneur de l'atmosphère en CO_2 à 450 ppm (parts par million), scénario politiquement correct mais pratiquement improbable. Le tableau VIII-10 présente ces projections.

Tableau VIII-10 – Taux de pénétration des renouvelables intermittents prévus par l'AIE, selon trois scénarios, 2025 et 2050

	2014	2025	2040
Scénario :			
Au fil de l'eau	4 %	12 %	15 %
Nouvelles politiques	4 %	14 %	21 %
450	4 %	18 %	38 %

Sources et notes : Calculé d'après IEA 2016 Tableau 10.1 p. 412. Le taux de pénétration est le rapport de la production d'électricité éolienne et solaire à la production totale d'électricité.

Ces chiffres, qui émanent d'une institution politiquement très favorable au développement des énergies renouvelables, prévoient (pour le globe) pour 2025 un taux de pénétration de 12 ou 14 % ; le taux de 18 % se rapporte à un scénario assez peu vraisemblable, et constitue certainement une borne haute. (On commentera ci-dessous les prévisions pour 2040.)

Comme le dit Bill Gates, un homme intelligent, informé, visionnaire, philanthrope, pragmatique et assez riche pour être désintéressé et indépendant : « *Les énergies renouvelables, telles qu'on les connaît aujourd'hui, ne peuvent pas changer la donne.* » (dans une interview au *Times*, cité par Bercoff 2016, p. 209).

L'avenir des renouvelables à plus long terme

Incertitudes – Dans la citation de Bill Gates ci-dessus, l'incise « *telles qu'on les connaît aujourd'hui* » est essentielle. Les deux obstacles principaux à une forte augmentation des taux de pénétration des renouvelables dans le mélange électrique (et donc dans le mélange énergétique) sont les coûts et l'intermittence. Dans un domaine aussi dépendant de la technologie que celui-ci, on ne peut certainement pas exclure des découvertes ou des innovations qui diminueraient drastiquement les coûts et pallieraient efficacement l'intermittence.

On a de bonnes raisons de l'espérer. Tout d'abord, l'expérience des vingt dernières années est plutôt encourageante, au moins en ce qui concerne les coûts. Elle l'est moins du côté de l'intermittence, c'est-à-dire en pratique du stockage à un coût raisonnable, où les progrès effectifs sont très lents. Surtout, l'effort de recherche et développement engagé est considérable. Il est le fait des entreprises privées, pour qui l'enjeu est considérable. L'entreprise qui sera la première à inventer le stockage bon marché de l'électricité deviendra en quelques années l'une des premières capitalisations boursières du globe. Il y a là de quoi motiver la recherche. L'effort de R & D est aussi le fait des gouvernements, qui font déjà beaucoup, et qui pourraient ou devraient faire davantage. Dans le texte de Bill Gates cité plus haut, la deuxième phrase est : « *Les gouvernements devraient transformer les subventions énormes données à celles-ci [les énergies renouvelables] en un budget massif accordé à la Recherche et au Développement* » (*op. cit.*). Elle est aussi sensée que la première.

Mais on a aussi d'excellentes raisons d'être prudent. Tout d'abord, des progrès importants sont aussi susceptibles de survenir dans les modes concurrents. On peut imaginer des formes nouvelles et bon marché d'électricité nucléaire ; ou des moyens de capter et de neutraliser le carbone des centrales thermiques ; ou encore de nouveaux modes de production des combustibles fossiles ; ou on ne sait quoi puisque par définition les innovations les plus radicales sont imprévisibles. Certes, ces concurrents ne bénéficient pas des mêmes efforts de recherche que les renouvelables. Mais on a vu, au cours de la décennie passée, apparaître une nouvelle technique d'exploitation des gisements de pétrole et de gaz, le fracking. Personne ne l'avait véritablement anticipée, et encore moins subventionnée. Elle s'est cependant développée, et elle a bouleversé significativement le paysage énergétique mondial. Ce qui définira le futur des renouvelables, ce n'est pas seulement l'évolution du rapport avantages/inconvénients des renouvelables, mais l'évolution du rapport de ces caractéristiques à celles des modes alternatifs.

Une autre raison d'être prudent est l'abondance des fausses annonces relatives aux innovations dites de rupture dans les renouvelables. Pas une semaine sans une information sur un nouveau procédé révolutionnaire de stockage, ou sur une diminution par un facteur 2 ou 3 des coûts de production, de transport, de stockage. Un jour, c'est l'arbre à vent, un arbre dont les feuilles métalliques frétillent au moindre souffle du vent, produisant ainsi de l'électricité. Un autre jour, c'est le stockage par énergie cinétique : l'électricité fait tourner un gros cylindre d'acier, ou de ciment, qui continue à tourner lorsqu'il n'est plus alimenté, et qui peut alors produire de l'électricité. Un troisième jour, c'est un procédé de transport sur de très longues distances qui permettra à l'Europe d'utiliser l'électricité solaire produite au Sahara ou mieux encore en Chine (pour bénéficier du décalage horaire). Certaines de ces idées se révéleront peut-être fécondes, et il faut se féliciter de leur foisonnement. Trop souvent, ces annonces font pschitt. On a cité plus haut le courtelinesque épisode des mini-éoliennes de Belleville, inaugurées en grande pompe, qui n'ont jamais produit un seul KWh. On comprend la logique de ces annonces. Les promoteurs de ces innovations ont besoin de publicité et d'argent. Avant même d'avoir livré bataille, ils rédigent des bulletins de victoire, que les médias s'empressent de publier tels quels, sans jamais distinguer le concept du projet, le projet du pilote, et le pilote de la réalisation.

Il est donc très risqué de vouloir prédire ce que sera l'avenir des renouvelables dans le mélange électrique en 2050 ou même 2040. Atteindra-t-il 25 % ? ou 50 % ? Tout dépendra de la disponibilité ou non de technologies dont nous ne savons rien ou pas grand chose aujourd'hui.

Les prévisions de l'AIE, présentées au tableau VIII-11 sont probablement ce que l'on peut faire de mieux, ou de moins mal. Pour 2040 (pas 2050), elles proposent des taux de pénétration de 15 % dans le scénario du fil de l'eau, et de 21 % dans le scénario des « nouvelles politiques » qui incorpore des inflexions volontaristes en faveur des renouvelables. Ces estimations sont incertaines mais plausibles. Le 38 % du scénario très volontariste dit 450 semble être là pour faire plaisir aux maîtres politiques plus que pour refléter les contraintes technico-économiques.

Scénarios 100 % renouvelable – Ces difficultés n'arrêtent pas, mais au contraire stimulent, les amoureux des renouvelables. On a en France au moins deux institutions qui affirment qu'il est tout-à-fait possible, et plus encore désirable, d'atteindre en 2050 le 100 % renouvelable : l'ADEME, et négaWatt. On est très loin du 15 %-21 % (et même du 38 %) prévus par l'AIE, mais c'est parce que nous sommes plus forts que le reste du monde.

Tableau VIII-11 – Scénario 100 % renouvelable pour 2050

	Puissance (GW)			Production (TWh)		
	2016	2050	coef.	2016	2050	Coef.
Thermique	22	0	0	46	0	0
Nucléaire	63	0	0	384	0	0
Hydraulique	25	21	0,8	64	61	0,8
Solaire	7	63	9,0	8	82	10,0
Eolien	12	107	8,9	21	303	14,4
Autres	2	5	2,5	8	36	4,5
Total	131	196	1,5	531	482	0,9

Source : ADEME 2015, Tableau 5, p. 59.

L'ADEME est une institution publique entièrement contrôlée et financée par le ministère du Développement Durable. Elle a publié (toujours sous le timbre de la République Française) plusieurs « recherches » sur ce thème. On retiendra les deux dernières : *Un mix électrique 100 % renouvelable ? Analyse et Optimisation*, en 2015, et *Mix électrique 100 % renouvelable à 2050. Evaluation macro-économique*, en 2016.

Le tableau VIII-11 présente le scénario de l'ADEME (2015). Par rapport à 2016, thermique et nucléaire sont éliminés en 2050. Bizarrement, le poids de l'hydraulique diminue (un peu). L'importance du solaire est multipliée par 9 (en puissance installée) ou par 10 (en production) ; celle de l'éolien par 9 (en puissance) et par 14 (en production). La production totale diminue d'environ 10 %.

Un tel scénario soulève au moins trois problèmes. Un problème de *coût* d'abord. Augmenter de 151 GW la capacité de renouvelable engendre un investissement de 215 milliards d'euros (si l'on retient le coût de 1,43 G€ par GW de renouvelable utilisé plus haut). Ce problème de coût n'est pas le plus grave. Il ne s'agit pas ici de comparer le renouvelable neuf avec le nucléaire existant, mais le renouvelable neuf avec le nucléaire neuf. En 2050 les centrales nucléaires existantes auront cessé de fonctionner, et (si l'on préférait le nucléaire aux renouvelables) il faudrait en construire de nouvelles. Cela coûterait un peu moins de 400 G€, pour une durée de vie deux fois plus longue, il est vrai. Un problème *environnemental* ensuite. Multiplier par 9 le nombre d'éoliennes, c'est construire 80 000 éoliennes supplémentaires, une perspective qui est de nature à défigurer beaucoup de paysages et à susciter de fortes oppositions. Un problème *électrique* surtout. Les renouvelables sont par nature intermittents. Comment être sûr que le soleil et/ou le vent seront au rendez-vous lorsque le demande sera forte, et que le système ne tombera pas alors en panne ?

Pour explorer d'une façon concrète cette hypothèse, on a (comme on l'a fait au tableau VIII-3 ci dessus) considéré la demande et les conditions météorologiques de l'heure de pointe du soir du 19 janvier 2017. On présente ce qu'a été effectivement la production à cette heure-là, et ce qu'elle aurait été avec le parc de production du scénario de l'ADEME (ou si l'on préfère ce que sera la production en 2050 avec les conditions météorologiques qui ont prévalu le 19 janvier 2017).

Les productions thermiques et nucléaires sont égales à zéro. La production hydraulique est maintenue au même niveau, ce qui est une hypothèse généreuse, puisque le scénario de l'ADEME prévoit pour 2050 une puissance installée et une production annuelle inférieures à celles de 2017. La production solaire reste égale à zéro : la pointe considérée intervient à une heure (19 h) où le soleil est couché en janvier, et la

Tableau VIII-12 – Production dans les conditions de l'heure de pointe du 19 janvier 2017, 2017 et 2050

	Effectif 2017 (GWh)	Scénario 2050 (GWh)
Thermique	15,8	0
Nucléaire	55,5	0
Hydraulique	15,0	15,0
Solaire	0	0
Eolien	2,9	25,8
Autres	1,0	2,5
Total	89,7	43,3
Demande	93,1	93,1
Déficit	-3,4	-49,8

Sources: pour 2017: eco2mix. Pour 2025: Tableau VIII-11 et selon texte.

multiplication par 9 du parc n'a aucun effet sur la production. Reste l'éolien. Le 17 janvier 2017 à 19h, avec un parc de 12 GW, il a produit 2,9 GWh (on a noté plus haut que cette production n'était pas particulièrement basse pour un mois de janvier: la médiane des production horaires de janvier 2017 s'établit à 2,0 GWh). En 2050, avec un parc 8,9 fois plus important, il devrait produire 8,9 fois plus, soit 43,3 GWh. Restent aussi les autres renouvelables (comme la géothermie ou la cogénération au bois), qui ont produit 1 GWh en 2017, et qui devrait en produire 2,5 fois plus en 2050.

En 2017, à l'heure de pointe considérée, la production était inférieure à la demande de 3 GWh. Ce déficit a facilement pu être comblé par un recours aux importations d'électricité. En 2050, le déficit comparable sera de 50 GWh, 15 fois plus important. Il sera très difficile à combler. L'étude de l'ADEME prétend avoir examiné, avec des modèles très compliqués (et peu explicités), tous les cas de figure, et garantit l'équilibre pour toutes les heures de l'année. Pour y parvenir, elle tire sur un certain nombre de ficelles. En particulier : (i) elle suppose des moyens de stockage considérables ; (ii) elle réduit considérablement la demande, et en particulier la demande de pointe, grâce à la généralisation de compteurs « intelligents » (qui couperont l'alimentation des réfrigérateurs et autres lave-linge en cas de besoin), et à des accords de coupure avec des industriels volontaires et rémunérés à cet effet ; (iii) elle suppose un parc de 10 millions de véhicules électriques connectés au réseau qui pourraient alimenter celui-ci en cas de besoin ; (iv) elle suppose que la productivité des éoliennes (et des panneaux solaires) sera bien plus élevée (de 60 %) qu'aujourd'hui ; (v) elle suppose que la demande en général, et la demande de pointe en particulier, seront moindres en 2050 qu'en 2016 ; et (vi) elle suppose qu'un recours accru aux importations sera possible. Aucune de ces hypothèses n'est absurde. Mais aucune n'est certaine, et la probabilité qu'elles se vérifient toutes en même temps apparaît bien faible. En écrivant dans l'introduction de l'étude : « *Nous permettons qu'une hypothèse jusqu'ici impensable pour la majorité des acteurs devienne un hypothèse techniquement possible* », son responsable se vante un peu.

Ce scénario mirobolant fait l'objet d'une « évaluation macro-économique » (ADEME 2016), conduite avec les modèles et les experts de l'OFCE (Office Français de Conjoncture Economique), un autre organisme officiel français. Les résultats sont encore plus mirobolants.

Pour chacune des sept grandeurs calculées, le scénario 100 % renouvelable engendre des avancées considérables : (i) le PIB augmente (de 4 points en 2050) ; (ii) l'investissement augmente (de 50 milliards sur la période) ; (iii) l'emploi augmente (de 900 000 postes) ; (iv) le chômage diminue (de 3 ou 4 points) ;

le déficit de la balance commerciale se réduit (de 50 milliards); (v) la facture énergétique diminue (de 20 milliards); (vi) les rejets de CO_2 se réduisent (de 60 %); (vii) le revenu disponible des ménages bondit (de 250 milliards). Comment hésiter ? Si vous n'achetez pas le scénario 100 % renouvelable, c'est vraiment que vous êtes un mauvais Français.

NégaWatt est une association qui publie régulièrement des scénarios énergétiques basés sur les seuls renouvelables. La dernière version, datée de janvier 2017, est intitulée: *Scénario négaWatt 2017-2050. Dossier de synthèse.* Il a beaucoup de points communs avec le scénario de l'ADEME. On en épargnera au lecteur la description détaillée et l'analyse. Notons seulement deux points. Premièrement, le scénario de négaWatt ne concerne pas seulement l'électricité, mais l'énergie en général (y compris l'énergie consommée dans les transports et le chauffage). Cela rend l'exercice de négaWatt encore plus acrobatique que l'exercice de l'ADEME, car il est plus facile de trouver des substituts renouvelables à l'électricité nucléaire qu'aux carburants automobiles ou au gaz de chauffage. Deuxièmement, l'instrument majeur utilisé est la réduction de la consommation d'énergie: de moitié pour la consommation finale, au moyen de mesures plus ou moins (plutôt plus que moins) contraignantes.

Ces travaux font penser à l'histoire qui se raconte sur les campus anglo-saxons. Le bateau de trois savants embarqués pour une croisière scientifique a fait naufrage. Ils se retrouvent sur la plage d'une île déserte, en haillons, avec seulement une caisse pleine de boîtes de conserve. Ils ont faim. Le physicien dit: « je monte au sommet de ce cocotier, et projette une boite de conserve sur les rochers. $E = 1/2M^*V^2$. Elle se brise. Nous pouvons alors déjeuner ». « J'ai une meilleure idée, dit le chimiste. Je fais chauffer la boite. La pression augmente, et fait éclater le couvercle. Nous pouvons alors déjeuner, et en plus, déjeuner chaud ». « Tout cela est bien compliqué, reprend l'économiste. Le problème est pourtant simple : je suppose un ouvre-boite ; je l'introduis dans le couvercle ; je le fais tourner ; voilà la boite proprement et promptement ouverte ».

On terminera avec la « vision » de la situation en 2050 que présente un scientifique informé, Bernard Tardieu, de l'Académie des Technologies, où il préside une commission Energie et changement climatique : « *La production électrique intermittente a plafonné il y a deux décennies sous l'effet de la fin des subventions et des pénalités en fonction des prévisions de production non tenues et des perturbations sur le réseau électrique. Le plafond de puissance correspond à peu près à la demande d'été dans les pays tempéré (soit 50 GW en France où l'air conditionné s'est développé)* » [1]. Cet ordre de grandeur, qui correspond à deux fois et demie la puissance actuelle, semble plus réaliste que le 170 GW du rapport de l'ADEME imprudemment publié sous le timbre du gouvernement français.

1. Dans : *Quelles énergies dans le monde pour 2050 ?* préparé par Connaissance des Energies.

IX

Conclusion : énergies alternaïves

« A quoi bon faire des livres pour instruire les hommes ? Les passions n'ont jamais lu ; il n'y a point d'expérience pour elles ; elles se lassent quelquefois, mais elles ne se corrigent guère, et voilà pourquoi tant d'évènements se répètent »

Marivaux, *Réflexions sur les hommes*

Cette enquête sur les renouvelables intermittents fait apparaître sept ou huit caractéristiques du secteur.

Une réalité très récente – Le soleil et le vent sont bien entendu présents dans l'imaginaire des hommes depuis toujours. Le soleil a longtemps été, chez les Egyptiens, les Grecs, les Aztèques, considéré comme un Dieu, parfois même comme le Dieu. Dans des vers célèbres, c'est à lui que la Phèdre de Racine s'adresse :

Noble et brillant auteur d'une triste famille
Qui peut-être rougis du trouble où tu me vois
Soleil, je te viens voir pour la dernière fois !

Il est la force et la vie. Louis XIV se fait appeler le roi-soleil. Le Japon est le pays du soleil levant. Le vent est aussi très présent dans la littérature et la poésie, de Homère à Conrad, en passant par Villon ou Chateaubriand. Mais il est plutôt associé à la destruction et à la mort. *L'Odyssée* est une histoire de tempêtes, qui jettent Ulysse sur des rivages tantôt hostiles et tantôt enchanteurs.

Mais nous sommes là dans le symbole, pas dans la réalité. Ces éléments dominent l'homme, ils ne sont pas dominés par lui. Ils sont implorés, célébrés, craints, vénérés – mais peu ou pas utilisés. Certes, les moulins à vent servent (après les esclaves et l'eau courante) à moudre la farine. Mais cette contribution reste peu importante. Et Don Quichotte, qui vit au 17e siècle mais se rêve dans un moyen-âge fantasmé, les prend encore pour des brigands plus ou moins mythiques.

La passion des renouvelables a un goût de revanche. L'homme était soumis au soleil et au vent ; il va les soumettre. Mais il faut attendre l'invention de l'électricité, dans la deuxième moitié du 19e siècle pour que cette mobilisation économique des renouvelables intermittents devienne possible. Pas d'électricité, pas d'énergie solaire ou éolienne. Et il s'écoulera encore plus d'un siècle avant que cette mobilisation passe du concept à la réalisation.

L'électricité éolienne et plus encore solaire est en effet extrêmement récente. Au niveau mondial, elle n'existe pratiquement pas encore en 1990, où elle assure 0,03 % de l'électricité produite. Même en 2000, au début du 21e siècle, les renouvelables intermittents contribuent seulement pour 0,2 % à la production mondiale d'électricité. Comme l'électricité ne représente que 40 % de l'énergie (selon des conventions discutables), il faut diviser ces pourcentages par 2,5 pour apprécier la contribution des énergies renouvelables (intermittentes) à la consommation d'énergie du globe. Sous l'impulsion de l'Union Européenne, une poignée de pays européens (Danemark, Espagne, Allemagne, Royaume-Uni et Italie) se sont lancés avant les autres pays du monde dans cette aventure. Ils sont l'exception, une exception riche d'enseignements du reste, pas la règle. Le point important à souligner ici est que, au niveau mondial, la politique des énergies renouvelables n'a guère commencé qu'avec le 21e siècle. On pourrait même dire : seulement après 2010. A cette date très récente, les renouvelables intermittents ne comptent que pour 1,7 % de la consommation d'électricité du globe et pour 0,7 % de la consommation d'énergie du globe.

Un thème important – Ces petits chiffres pourraient donner à penser que le thème des renouvelables est secondaire. Il n'en est rien. Pour au moins trois raisons. La première est que ces moyennes cachent de grandes disparités entre pays. A côté de pays qui ignorent très largement les renouvelables, on a des pays, principalement en Europe, lourdement engagés dans ce secteur.

La deuxième est que ces chiffres grossissent très rapidement. Au cours des cinq dernières années, alors que la production d'électricité mondiale augmentait lentement (de 2,5 % par an), la production d'électricité renouvelable intermittente a augmenté fortement (de 24 % par an). Il en résulte que, en 2015, les renouvelables intermittents assurent 4,5 % de l'électricité du globe. Le renouvelable est un enfant, mais un enfant qui grandit très vite.

La troisième, qui est la plus importante, est la dimension stratégique du secteur. La série de poupées russes emboitées à considérer est la suivante :

Bien-être > énergie > électricité > renouvelables > intermittents

Les chiffres rendent mal compte des relations entre les composants de la séquence. Ces relations ne sont pas seulement d'inclusion. La contribution de l'énergie à l'économie, et par delà au bien-être, est multiple et féconde : plus d'énergie engendre plus de bien-être, par de multiples canaux. L'électricité n'est pas une énergie comme les autres : elle rend des services que le charbon ou le bois ne peuvent pas rendre, comme de faire fonctionner la télévision. Les renouvelables sont, au moins théoriquement, une filière électrique particulièrement recommandable, et celle qui peut être augmentée le plus facilement. Les intermittents (l'électricité éolienne et solaire), qui font d'ailleurs l'essentiel de l'électricité renouvelable (hors hydraulique), en sont la forme susceptible de croissance rapide, à la différence de l'hydraulique ou de la géothermie, par exemple. L'éolien et le solaire sont les chouchous des politiques. Ils constituent la meilleure des cibles, et bien souvent la seule, pour ceux qui veulent agir (quantitativement et qualitativement) sur l'énergie, ou sur l'électricité, ou sur les renouvelables. Comme le dit justement l'AIE (Agence Internationale de l'Energie), « *l'énergie renouvelable est le pilier central de la transition énergétique* » (IEA 2016, 4e de couverture). C'est pourquoi des formules abstraites et ronflantes comme « engager la transition énergétique » se résument largement en pratique à un trivial « développer l'électricité éolienne et solaire ».

Des justifications fragiles – Les politiques favorisant les renouvelables s'appuient sur deux justifications, qui sont toutes les deux fragiles. La première est que les combustibles fossiles, longtemps (et encore aujourd'hui) la principale source d'électricité et d'énergie, sont en voie d'épuisement rapide, affirme-t-on. Le pétrole, le gaz, et même le charbon, seront bientôt hors de prix et/ou épuisés ; et il nous faut les remplacer – par des renouvelables – ou nous préparer à disparaître. Beaucoup de prophètes à succès ont agité, et continuent d'agiter, cette menace. Elle figure en bonne place dans *tous* les manuels scolaires français. On sait maintenant qu'elle est largement bidon, au moins pour le futur prévisible.

La deuxième est que le remplacement des combustibles fossiles par des renouvelables intermittents est la seule façon de réduire les rejets de CO_2 qui menacent la survie de la planète. Elle n'est guère convaincante non plus. Tout d'abord, on peut réduire les rejets de CO_2 de bien d'autres façons : en remplaçant le charbon par le gaz, en récupérant le CO_2 émis par le charbon et le gaz, en développant le nucléaire, etc. Du reste, les amoureux des renouvelables ne semblent pas croire eux-mêmes à cet argument. En Allemagne, où ils sont nombreux et puissants, l'augmentation considérable des renouvelables a surtout servi à réduire l'électricité nucléaire, et n'a nullement diminué l'électricité thermique et ses rejets de CO_2. En France, on peut dire la même chose des décisions de la transition énergétique. Ensuite, la réalité, l'ampleur, et le calendrier de la menace que fait planer le CO_2 sont davantage assénées et répétées que véritablement assurées ; sans même parler des bienfaits du CO_2 sur la croissance des plantes et l'augmentation de la production agricole.

Ces deux soucis ne sont pas totalement illégitimes. Ils peuvent entraîner des attitudes prudentes de diversification des sources ou d'économies de consommation des énergies. Mais pas justifier des croisades ruineuses. Ces arguments font penser au « qui veut noyer son chien l'accuse de la rage » de la sagesse populaire plutôt qu'à l'impératif catégorique d'Emmanuel Kant.

Des inconvénients majeurs – Les renouvelables intermittents présentent trois inconvénients majeurs : des coûts directs élevés, bien que déclinants ; une électricité de piètre « qualité » ; et des coûts indirects sous-estimés.

Loin d'être gratuits (comme l'affirment ridiculement tous les manuels scolaires français), les coûts directs de production de l'électricité solaire et éolienne ont été, et restent, élevés, plus élevés que les autres formes d'électricité. C'est la raison pour laquelle elle ne s'est développée que grâce à des *subventions massives*. Sans subventions, pas de renouvelables. Lorsque l'Espagne a arrêté les subventions aux renouvelables, l'investissement dans le secteur s'est lui aussi arrêté. Il est vrai que ces coûts directs ont beaucoup diminué au cours des années récentes, et se rapprochent des coûts de production de certaines autres sources. Mais cela n'empêche pas les producteurs de renouvelables de protester vivement contre les baisses de subventions.

L'électricité solaire et éolienne a le lourd handicap de l'*intermittence*. Elle n'est produite que lorsque le vent souffle (25 % des heures de l'année) ou que le soleil brille (15 % des heures). Surtout, cette intermittence est largement aléatoire et imprévisible ; elle est incontrôlable (on dit parfois : non pilotable). Rien ne garantit qu'elle sera disponible au moment où l'on en aura besoin. Si l'électricité se stockait (comme l'acier ou les chaussures), cet inconvénient ne serait pas trop grave. Mais ce n'est malheureusement, et pour le moment, pas le cas. C'est en ce sens qu'un MWh d'électricité renouvelable n'est pas égal à un MWh d'électricité thermique ou nucléaire ou hydraulique. Et donc que les comparaisons de coûts au MWh des différentes filières sont boiteuses, et potentiellement trompeuses.

Elles le sont d'autant plus que les coûts à considérer ne sont pas seulement les coûts directs de production mais également les *coûts indirects*. Ils comprennent, pour les renouvelables, les coûts de stockage, les coûts supplémentaires de raccordement au réseau, les coûts de transport supplémentaires, les coûts d'adaptation du réseau à la brutalité des variations de la production éolienne ou solaire, le coûts des investissements dans des centrales thermiques nécessaires pour pallier les défaillances possibles de l'intermittence, les surcoûts causés aux autres modes par la priorité donnée aux renouvelables (qui engendre une diminution de la durée de fonctionnement des centrales thermiques ou nucléaires, ce qui augmente sensiblement leurs coûts de production unitaires), ou encore le coûts des dommages environnementaux tels que l'atteinte aux paysages. La liste est longue. Ces coûts sont mal connus. Ce que l'on sait avec certitude, c'est qu'ils augmentent exponentiellement, pas linéairement, avec les taux de pénétration des renouvelables. Un doublement de ce taux entraîne un triplement ou un quadruplement de ces coûts.

Une désinformation grossière – Le domaine des renouvelables donne lieu à des avalanches d'affirmations inexactes ou mensongères, de la part des lobbys intéressés (dans les deux sens du terme intéressé), des médias et des politiques. Cela va du mensonge simple au mensonge par omission en passant par le mensonge par sélection. Ils sont tantôt dictés par l'ignorance et tantôt par la malice. On en a relevé un certain nombre au cours des chapitres précédents. On en citera trois, parmi mille.

Ce livre s'ouvre sur l'affirmation d'un rapport officiel signé par Corinne Lepage, ancienne ministre de l'Environnement, au nom d'un groupe de 27 « spécialistes » : « *En 2014, l'énergie solaire représente 10 % de l'électricité du monde* ». Le chiffre exact est 0,8 %, douze fois moins. On est là dans la gigadésinformation.

Plus subtile, mais guère moins pernicieuse, est celle qui provient de l'AIE, et se rapporte au taux de pénétration des renouvelables en 2040. Le *World Energy Outlook 2016* de cette institution, un rapport sérieux, évalue (p. 412) ce taux à 21 %. Mais le *résumé pour décideurs*, la seule partie de ce rapport technique de 670 pages effectivement lue, écrit : « *environ 60 % de la capacité nouvelle de production d'électricité d'ici 2040 proviendra des renouvelables* » (*op. cit.*, p. 24). Le lecteur pressé, journaliste ou politique, comprend, et retient, et répètera, que l'AIE, une institution sérieuse, prévoit un taux de pénétration « d'environ 60 % » – trois fois plus que le taux effectivement calculé par l'AIE. Techniquement, l'affirmation du *résumé* est correcte. Mais son rédacteur, sous influence politique, a joué sur trois cordes. (i) Il parle de « capacité » c'est-à-dire de puissance (GW), plutôt que de production (TWh), alors qu'il sait très bien que c'est la production qui compte, et que le GW de renouvelable produit bien moins de TWh que le GW de thermique ou de nucléaire. (ii) Il parle de l'« augmentation » (de capacité) entre 2015 et 2040, annulant ainsi la réalité de 2015, qui déterminera en partie celle de 2040. Enfin, (iii) il parle de « renouvelables », incluant l'hydraulique, sachant très bien que beaucoup de lecteurs comprendront « éolien et solaire ». Et voilà comment on déguise 21 % en 60 %. C'est le mensonge qui s'avance appuyé sur la vérité.

Un troisième exemple de désinformation est offert par Ségolène Royal, ministre de l'Environnement. Le 18 janvier 2017, lors d'une vague de froid, elle déclare par écrit : « *aujourd'hui, l'éolien et le solaire vont produire l'équivalent de 8 réacteurs nucléaires* ». C'est un triple mensonge. Un mensonge simple, d'abord. En réalité, ce jour-la, la production d'électricité éolienne et solaire a été celle de 4,3 réacteurs. Un mensonge par sélection ensuite. Le choix du 18 janvier était-il représentatif ? Non. Si l'on considère tous les jours de la semaine, on voit que la production des renouvelables a été en moyenne égale à celle de 3 réacteurs. Un mensonge par focalisation enfin. Le choix d'une journée entière était-il pertinent ? Non. Ce qui importait dans cette vague de froid, c'était de savoir si le système français allait bien être capable de faire face aux demandes de pointe, de 19 h à 20 h, à une heure où la production d'électricité solaire était nulle, et donc ce qu'était la production d'électricité éolienne possible ou probable. Si l'on considère toutes les heures du mois, on voit que la médiane de cette production a été égale à celle de 2 réacteurs. On ne dira rien du mensonge par omission qui consiste à comparer renouvelables et nucléaire sans rien dire des coûts afférents.

Ces trois exemples de désinformation manifeste (que l'on pourrait multiplier à l'envi) ne sont pas des erreurs commises par des individus irresponsables ou mal informés. Elles sont au contraire le fait de groupes ou d'institutions, présentant un caractère officiel, jouissant de l'information et du concours de l'appareil d'Etat, et de surcroît exprimées par écrit. Elles ont toutes les apparences de la vérité. C'est d'ailleurs la raison pour laquelle elles sont reprises par les agences de presse et les médias, et répétées des centaines de fois. Bien entendu, le domaine qui nous occupe n'est pas le seul domaine dans lequel l'information officielle flirte avec la manipulation. L'économie, par exemple, en offre de jolis exemples. Mais rien de comparable avec l'ampleur de la désinformation en matière de renouvelables. Ici, ce n'est pas de flirt qu'il s'agit, c'est de stupre. La célèbre formule de Paul Valéry : « *Le mensonge et la crédulité s'accouplent et engendrent l'opinion* » semble avoir été imaginée pour décrire la désinformation relative aux renouvelables.

Un « big business » – L'image que répandent les tenants des renouvelables est celle d'une activité bucolique, presque artisanale, à taille humaine. Des manuels scolaires aux rapports d'activité internationaux, l'iconographie fait la part belle aux tournesols, et aux ruisseaux dans la montagne. La réalité est bien différente de ce cliché. Le secteur est hautement capitalistique, constitué de grandes entreprises internationales, épaulées et financées par de grandes banques et fonds également transnationaux. On n'y compte pas en millions de dollars, mais en milliards ou en dizaine de milliards de dollars. Une comparaison en témoigne : les investissements mondiaux annuels sont maintenant nettement plus élevés dans l'éolien et le solaire que dans l'industrie automobile, souvent considérée comme le parangon du grand capital oligopolistique manipulateur. Un signe qui ne trompe pas : Bloomberg, la puissante entreprise d'informations et d'analyses des grands groupes industriels et financiers (qui a fait la fortune de l'ancien maire démocrate de New York qui la possède) a considéré qu'il était opportun de créer une filiale, nommée BNEF (Bloomberg New Energy Finance) entièrement consacrée à notre secteur. BNEF publie d'ailleurs des informations de grande qualité fort utiles. Ce caractère capitalistique et financier des énergies renouvelables s'explique assez largement par le rôle joué par les Etats dans la croissance du secteur. L'essentiel des recettes du secteur provient des subventions publiques décidées par les Parlements et les ministères. On s'y enrichit davantage en passant son temps dans les couloirs de ces institutions que dans les laboratoires ou les usines. La comparaison entre le complexe écolo-industriel et le célèbre complexe militaro-industriel s'impose assez naturellement.

Un contexte réglementaire lamentable – Le cas de l'Europe mérite une mention spéciale. Cette région est caractérisée par : (i) un système de marché de l'électricité très libéral, (ii) un taux de pénétration des renouvelables bien plus important qu'ailleurs, et (iii) un paysage électrique catastrophique, avec des industriels en quasi-faillite malgré les prix aux consommateurs les plus élevés du monde. Y-a-t-il un rapport de cause à effet entre les deux premières caractéristiques et la troisième ? Hélas oui, même s'il n'est pas facile à expliquer. L'Union Européenne a imposé un marché unique à la fois inadapté et imparfait. Un marché inadapté parce que l'électricité est un secteur dans lequel les coûts de production marginaux sont généralement inférieurs aux coûts moyens, et donc dans lequel la vente (en gros) au coût marginal de production ne permet pas de couvrir les coûts de production. Un marché imparfait, parce que l'Union Européenne, violant ses propres principes, a simultanément introduit toutes sortes d'exceptions, et en particulier encouragé – pour ne pas dire prescrit – les subventions massives à l'électricité renouvelable.

Les producteurs d'électricité renouvelable ont naturellement répondu à cette incitation. Ils ont mis sur le marché de plus en plus d'électricité, avec un double effet. D'un côté, cette augmentation de l'offre a tiré les prix (de gros) vers le bas ; d'un autre côté, elle a tiré vers le haut les coûts unitaires des producteurs d'électricité non-renouvelable (en diminuant leur production). Vendre moins cher moins d'électricité plus coûteuse est une imparable recette de faillite. A peu près tous les producteurs européens sont dans le rouge. Pour sauver leur peau, ils se tournent vers les renouvelables subventionnés (dont la rentabilité est garantie par les Etats), vers les économies d'électricité (également subventionnées), vers le transport de l'électricité (monopoles tarifés convenablement), ou encore vers des pays lointains (pas encore contaminés par les folies de l'Union Européenne). EDF s'en tire plutôt moins mal que d'autres grâce à son important parc nucléaire amorti qui produit encore de l'électricité à un coût faible.

Le système de l'Union Européenne a deux autres conséquences, également déplorables. Primo, il fait grimper les prix de vente au détail de l'électricité. C'est le paradoxe de prix de gros qui déclinent et de prix de détail qui augmentent. On a vu pourquoi les prix de gros baissaient du fait de l'irruption des renouvelables. Mais les subventions qui permettent cette irruption sont presque partout financées par des impôts sur les prix de l'électricité, et gonflent les factures payées par les consommateurs. Le gaspillage que représentent des centrales thermiques ou nucléaires fonctionnant de moins en moins d'heures par an est un coût, qui se retrouve lui aussi dans les factures. Les coûts supplémentaires engagés pour adapter les réseaux à l'intermittence des renouvelables sont également répercutés dans les prix. Le résultat est que le prix payé par les consommateurs est plus élevé et a augmenté plus rapidement, en Europe qu'ailleurs, et qu'il est d'autant plus élevé que le taux de pénétration des renouvelables est élevé. Trois chiffres (du prix de l'électricité aux consommateurs, en $/MWh en 2015, selon le *Key World Energy Statistics* de l'AIE) illustrent ce propos : 130 aux Etats-Unis, 180 en France, 330 en Allemagne.

Secundo, ce système conduit à une impasse à moyen terme. Plus il y a de renouvelables et plus des centrales de non-renouvelables sont nécessaires. Elles constituent en effet un indispensable filet de sécurité pour pallier l'intermittence des renouvelables. Mais, comme on l'a vu, elles sont de moins en moins rentables. Leurs propriétaires sont donc incités à les fermer (et en ferment beaucoup), et en tout cas ils ne veulent pas et ne peuvent pas en construire de nouvelles. Dans le système mis en place par l'Union Européenne les renouvelables rendent le non-renouvelable à la fois nécessaire et impossible.

La situation est si désastreuse que l'Union Européenne, ou du moins la Commission Européenne, ont fini par en prendre conscience. Ils ont identifié les causes de la maladie : le système de marché généralisé, et les renouvelables imposés. Quels remèdes proposent-ils ? Davantage de marché, et davantage de renouvelable ! Ils cherchent à développer et à imposer un marché supplémentaire, dit de capacité, qui consiste à payer des entreprises pour créer et à entretenir des centrales d'électricité non-renouvelables afin d'être capables de fournir un peu d'électricité dans les seuls moments où soleil et vent font grève, afin d'éviter les grandes pannes qui nous menacent à moyen terme. Inutile de dire que cela se fera (ou ferait) à un coût économique, mis à la charge des consommateurs.

Un avenir incertain – Le taux de pénétration des renouvelables intermittents (solaire et éolien) est actuellement dans le monde d'environ 5 %, avec de très grandes différences entre pays. Que devrait-il être, que sera-t-il, demain et après-demain ?

La réponse n'est claire qu'en ce qui concerne le cas du désirable pour la France et le futur proche. Pour les années à venir, disons jusqu'en 2025, la demande d'électricité en France restera à son niveau. Elle est satisfaite à 94 % par le nucléaire, l'hydraulique, et le thermique ; et à 5 ou 6 % par les renouvelables intermittents. Comme il n'y a aucune raison de réduire l'électricité hydraulique (qui ne coûte presque rien) ou thermique (qui est faible et assure les pointes), davantage de renouvelable intermittent signifie moins de nucléaire. On ne peut guère avoir plus d'éolien et de solaire sans avoir moins de nucléaire. C'est bien ce que prévoit la loi de transition énergétique, qui réduit la production d'électricité nucléaire de 130 TWh et augmente d'autant la production de renouvelable intermittent. Cela porte le taux de pénétration du solaire et de l'éolien à 31 %. Un tel taux n'est actuellement atteint dans aucun pays du monde, sauf au Danemark (dont on a vu qu'en matière d'électricité, il était davantage une province de l'Ensemble Nordique qu'un pays). Surtout, cela implique un investissement d'environ 250 milliards d'euros. En contrepartie, la fermeture de 20 centrales nucléaires en état de marche n'économise qu'une vingtaine de milliards de remises aux normes, et quelques milliards de combustibles. Le coût net de l'opération est d'au moins 25 milliards par an. Elle n'entraîne, faut-il le préciser, absolument *aucune* réduction de notre consommation de combustibles fossiles ni de nos rejets de CO_2 – les deux arguments brandis pour motiver le recours aux renouvelables intermittents. L'augmentation à 31 % du taux de pénétration est désastreuse pour les consommateurs, juteuse pour les industriels et les financiers du renouvelable, et neutre pour l'environnement. Elle n'est pas désirable. La raison indique que la France d'aujourd'hui n'a nullement besoin de davantage d'électricité solaire et éolienne, et devrait, pour le moment, se contenter de son taux de pénétration de 5 ou 6 %. Bien entendu, ce n'est pas ce qui va se passer, et la passion va l'emporter sur la raison. Ce taux va augmenter, et affaiblir notre niveau de vie et notre économie. Mais il ne va pas augmenter à la vitesse prévue par l'absurde loi de transition énergétique. Au mieux – c'est-à-dire au pire du point de vue de l'intérêt national – il pourrait atteindre 15 % en 2025.

Cependant le cas de la France d'aujourd'hui n'est absolument pas généralisable. La France jouit d'une extraordinaire rente nucléaire : avec son parc nucléaire amorti, elle produit à bas coût une électricité décarbonée. Très peu de pays bénéficient d'un tel avantage ; aucun n'en bénéficie autant que nous. Il ne durera pas. Dans quinze ou vingt ans, nos centrales nucléaires finiront bien par fermer. Il faudra alors les remplacer, soit par des installations éoliennes et solaires neuves, soit par des centrales nucléaires neuves. Ce choix (bien différent de celui qu'implique la transition énergétique française) est celui qui s'offre aujourd'hui à la plupart des pays du monde. Au Royaume-Uni, par exemple, la production d'électricité repose sur le thermique, le nucléaire et le renouvelable intermittent. Si ce pays veut réduire la part du thermique (polluant), il lui faut choisir entre augmenter celle du nucléaire (coûteux) ou celle des renouvelables (également coûteux).

Les prévisions les plus sérieuses sur les résultats auxquels conduiront les choix qui seront faits sont sans doute celles de l'AIE (Agence Internationale de l'Energie). Elles produisent des taux moyens de pénétration des renouvelables intermittents de 12-14 % en 2025 et de 15-21 % en 2040. On est assez loin des 31 % (en 2025) de la loi de transition énergétique française, ou des 100 % (en 2050) des scénarios des agences officielles du gouvernement français.

En réalité, il est très difficile, presque impossible, de prévoir les avenirs des renouvelables intermittents. Ces avenirs dépendent largement de deux forces très puissantes et très peu modélisables : la technologie et la passion.

Tout d'abord, le développement des renouvelables intermittents sera largement déterminé par les innovations et inventions technologiques des prochaines décennies. Le cas du stockage est le plus évident, mais il n'est pas le seul. Si l'on parvient à rendre possible le stockage de longue durée à bas coût de l'électricité, alors les inconvénients de l'intermittence seront largement effacés, et les taux de pénétration du solaire et de l'éolien feront un bond en avant. D'un côté, on cherche à stocker de l'électricité depuis déjà presque deux siècles, vainement, ce qui est décourageant. D'un autre côté, on cherche aujourd'hui avec des moyens décuplés ou centuplés, ce qui est un motif d'espoir.

Ensuite, ce développement est soutenu par une véritable passion. Des millions d'êtres humains sont persuadés que l'avenir de l'humanité est suspendu à l'avènement de l'électricité solaire et éolienne. Le cas de la France illustre bien le caractère religieux de cette passion : les justifications classiques (réduction du CO_2 et économie de combustibles fossiles) ne s'appliquent pas du tout, mais cela ne diminue en rien la ferveur des croyants. Rien ne peut entamer la *foi absolue* de M. Hulot. Le fait que cette passion religieuse ou idéologique soit entretenue soigneusement par les financiers et les industriels du secteur ne change rien à l'affaire. Elle est. Les politiques sont à l'écoute de cette passion, et leur rôle est essentiel puisque les renouvelables se nourrissent des subventions qu'ils décident.

Pour deviner ce que sera l'avenir des renouvelables, mieux vaut peut-être se tourner vers Baudelaire que vers les rapports de l'AIE, même si sa vision sombre n'est pas forcément la bonne :

Notre âme est un trois-mâts cherchant son Icarie ;
Une voix retentit sur le pont : « ouvre l'œil ! »
Une voix de la hune, ardente et folle, crie :
« Amour... gloire... bonheur ! » Enfer ! c'est un écueil !

Chaque îlot signalé par l'homme de vigie
Est un Eldorado promis par le Destin ;
L'imagination qui dresse son orgie
Ne trouve qu'un récif aux clartés du matin.

Sources

Le domaine des renouvelables, même et surtout limité aux renouvelables intermittents, c'est-à-dire à l'électricité solaire et éolienne, est très chargé émotionnellement et parfois même politiquement. Beaucoup des textes, déclarations, affirmations, sont soit « pour » soit « contre ». Pour se protéger de ces influences a-scientifiques ou anti-scientifiques, on a choisi de marcher à l'abri des chiffres. Dans la mesure du possible, les analyses et les jugements présentés dans ce petit volume s'appuient sur des données statistiques.

Sur la plupart des questions abordées, l'auteur a cherché à rassembler et à structurer l'information disponible et à la présenter sous forme de tableaux. Ces tableaux, au nombre d'environ 50, sont le squelette de l'essai. Le lecteur pourra, ou non, être d'accord avec le commentaire, ou si l'on préfère le mode d'emploi, qui en est fait. L'auteur n'assène pas ses vérités, mais met les cartes sur la table, et donne le matériau nécessaire au lecteur pour forger sa propre opinion.

Chaque tableau contient des sources et des notes qui permettent au lecteur, s'il en a l'envie et le temps, de refaire le tableau. La reproductibilité est en effet une condition nécessaire (mais non suffisante) de la démarche scientifique.

Bien entendu, toutes les sources statistiques ne se valent pas. Pratiquement, tous les chiffres disponibles publiquement sont « vrais ». Mais ils sont souvent incomplets, ou choisis, ou ambigus, et de ce fait trompeurs – volontairement ou non. On pense à ce génial dessin de Steinberg montrant un homme qui parle ; de sa bouche sort un flot de petits « oui », qui finissent par dessiner un gros « non ». De ce point de vue, les données diffusées par les organismes professionnels (qui ont évidemment des intérêts à défendre) sont toujours à considérer avec précaution, même si elles sont parfois très utiles. Les principales sources sont les suivantes.

Sources internationales

AIE (Agence Internationale de l'Energie) – L'AIE, une petite sœur de l'OCDE, créée en 1975, au lendemain du premier choc pétrolier, est une grosse productrice de statistiques et d'analyses sur tous les aspects de l'énergie. Ses rapports annuels sur les statistiques énergétiques (*World Energy Statistics 2016*, 789 p.), sur l'électricité (*Electricity Information 2016*, 650 p.), sur les renouvelables (*Renewables Information*, 477 p.) ou sur la prospective de l'énergie (*World Energy Outlook 2016*, 684p) font autorité. Ils sont malheureusement vendus, même en version informatique, à des prix de 150 à 200 euros pièce. De la part d'une institution qui prêche la tarification au coût marginal, cette pratique est surprenante (pour ne pas dire choquante) pour des documents diffusables électroniquement à un coût marginal nul. Elle met ces documents produits avec l'argent des contribuables hors de portée d'un chercheur indépendant non financé par des institutions ou des intérêts particuliers.

Eurostat – Eurostat, l'INSEE de la Communauté européenne, est assez pauvre en données sur l'électricité. On n'y trouve que des données très globales (par pays et par années) sur la production, la consommation, les importations/exportations, mais pratiquement rien sur le mélange électrique. Même dans un section intitulée « énergies renouvelables », hydraulique et intermittents sont regroupés. Eurostat est surtout utile pour ses données sur les prix de l'électricité dans les pays membres et leur évolution.

BP (British Petroleum) – Assez curieusement, le rapport annuel publié par la firme pétrolière (très active dans les énergies renouvelables) et intitulé *BP Statistical Review of World Energy* est l'une des meilleures sources de statistiques sur l'électricité et les renouvelables. C'est une source facilement accessible sur internet. Les données sont évidemment toutes issues de publications officielles. On y trouve, pour presque tous les pays du globe, et pour les vingt ou trente dernières années, une vingtaine de tableaux relatifs à la production et la consommation totale d'électricité, et par source (hydraulique, nucléaire, éolienne, solaire, autres renouvelables).

Bloomberg New Energy Finance – Le groupe d'information et d'analyse financières Blomberg (propriété du miliardaire ancien maire démocrate de New York) a créé une filiale spécialisée dans la finance des énergies nouvelles, c'est-à-dire principalement éolienne et solaire. Cette filiale publie chaque année, en collaboration avec le PNUE (le Programme des Nations Unies pour l'Environnement, UNEP en anglais), un rapport intitulé *Global Trends in Renewable Energy Investment* (Tendances mondiales de l'investissement dans les renouvelables), qui contient les meilleurs chiffres (sans doute les seuls) disponibles sur les investissements annuels dans l'investissement dans les renouvelables, en distinguant les principaux pays ou groupes de pays.

Sources nationales

Pour la *France*, les très nombreuses publications du Ministère de l'Environnement et de l'énergie sont assez décevantes. Elles visent davantage à faire la publicité de l'action du ministère qu'à informer le public. On y trouve plus de lettres que de chiffres. Par exemple, dans la publication annuelle intitulée *Baromètre [2016] des énergies renouvelables électriques en France* on trouve des séries sur la puissance éolienne et solaire installée, sur les emplois de la filière (à l'unité près, ce qui est suspect), mais aucune série sur la production électrique solaire ou éolienne. Les deux sources statistiques les plus utiles sont sans doute RTE (Réseau de Transport de l'Electricité) et la CRE (Commission de Régulation de l'Energie). RTE publie chaque année un utile *Bilan de l'Electricité*. Il diffuse également un site intitulé *eco2mix* qui donne, demi-heure (ou quart d'heure) par demi-heure, la production d'électricité par filière et la consommation au cours des années passées, et jusqu'au moment où on le consulte. La CRE est la meilleure source d'informations chiffrées sur la CSPE (contribution au service public de l'électricité) et les subventions, même s'il n'est pas facile de les débusquer (dans une Annexe à une Délibération).

Pour les autres pays, il faut souvent avoir recours à des sources statistiques spécifiques. Les *Etats-Unis* ont une agence spécialisée, EIA (Energy Information Administration) sur le site de laquelle on trouve facilement ce que l'on cherche. Pour l'*Allemagne*, il faut consulter l'Office fédéral statistique (destatis. de Facts & Figures). Pour l'*Espagne*, Red Electrica de Espana, Balance electrico anual & Potencia instalada. Pour le *Royaume-Uni*, le site du BEIS (Business, Energy & Industrial Strategy) a une rubrique intitulée « Statistics at BEIS » qui offre en général l'information cherchée, et renvoie au chapitre

« Electricité » du DUKES (Digest of UK Energy Statistics). Pour la *Chine*, on a au moins deux institutions qui diffusent des séries statistiques en anglais : la NEA (National Energy Administration) et le CEC (China Energy Council).

Sigles & acronymes

$	dollar des Etats-Unis
Δ	delta = variation
ABF	Architecte des Bâtiments de France
ADEME	Agence de l'Environnement et de la Maitrise de l'Energie
AIE	Agence Internationale de l'Energie (en anglais : IEA)
BEI	Banque Européenne d'Investissement
BNEF	Bloomberg New Energy Finance
BP	British Petroleum
CDNN	Contributions Déterminées au Niveau National
CO_2	dioxyde de carbone = gaz carbonique
CRE	Commission de Régulation de l'Energie
CSPE	Contribution pour le service public d'électricité
EdF	Electricité de France
EEG	Erneuerbare Energien Gesetz
ENEDIS	nouveau nom de ERDF
ARENH	Accès Régulé à l'Electricité Nucléaire Historique
ENEL	Ente Nazionale per l'Energia Elettrica
ERDF	Electricité Réseau Distribution France
GWh	gigawatt-heures
IEA	International Energy Agency (en français : AIE)
kWh	kilowatt-heures
MWh	mégawatt-heures
ONG	organisation non gouvernementale
PIB	Produit Intérieur Brut
PNUE	Programme des Nations Unies pour l'Environnement
PSO	Public Service Obligations

PV	photovolatïque
RTE	Réseau de Transport de l'Electricité
SER	Syndicat des Energies Renouvelables
Tep	tonnes équivalent pétrole
TWh	Terawatt-heures

Références

Académie Nationale de Médecine. 2017. *Nuisances sanitaires des éoliennes terrestres*. Rapport d'un groupe de travail présidé par le Dr Tran-Ba-Huy. 26 p.

ADEME. 2012a. *Contribution de l'ADEME à l'élaboration de versions énergétique 2030-2050*. 45 p.

ADEME. 2012b. *Vision 2030-2050-Document technique*. 297 p.

ADEME et al. 2013. *Etude sur le potentiel du stockage d'énergies*. 235 p.

ADEME. *Un mix électrique 100 % renouvelable ? Analyses et optimisation*. 158 p.

ADEME. 2016 *Mix électrique 100 % renouvelable à 2050*. 40 p.

Bercoff, André. 2016. *Donald Trump : les raisons de la colère*. Edition First.

Bloomberg (New Energy Finance) & UNEP. 2016. *Global Trends in Renewable Energy Investment*

Bourdonnais, R. & Keppler, T. H. 2013. *Estimation de l'élasticité-prix de la demande d'électricité en France*. Univ. Paris Dauphine. 5 p.

Bressand, Albert. 2016. *L'Europe face aux défis du pétro-solaire*. Fondation pour l'innovation politique. 33 p.

CCA (Council of Canadian Academies). 2015. *Understanding the Evidence : Wind Turbine Noise*. 35 p.

CGDD. 2015. *Chiffre-clés des énergies renouvelables – édition 2015*. 59 p.

CRE. 2013. *Eléments de méthode pour la valorisation des effacements de consommation d'électricité sur les marchés de l'énergie et sur le mécanisme d'ajustement*. 32 p.

CRE. 2014a. *Coûts et rentabilité des énergies renouvelables en France métropolitaine*. 62 p.

CRE. 2014b. *La CSPE : mécanisme, historique et prospective*. 144 p.

DGEC. *L'industrie des énergies décarbonées.*

EU (European Union). Annuel. *Energy in Figures. Statistical Pocket Book*

Fédération des EPL (Entreprises Publiques Locales) et SER. 2010. *Les EPL et l'éolien : modalité d'intervention des collectivités locales*. 35 p.

Gerondeau, Christian. 2015. *Climat : j'accuse*. Ed. du Toucan. 175 p.

IEA (International Energy Agency). 2010. *Projected Costs of Generating Electricity – 2010 edition*. 213 p.

IEA (International Energy Agency). 2015. *Projected Costs of Generating Electricity – 2015 edition*. ? p.

IEA. 2016. *Next Generation Wind and Solar Power*. 32 p.

Jancovici, Jean-Marc & Alain Grandjean. 2006. *Le Plein s'il vous plait !* Le Seuil. 185 p.

Jancovici, Jean-Marc & Alain Granjean. 2009. *C'est maintenant ! 3 ans pour sauver le monde*. Le Seuil. 285 p.

Long Lam, Lee Branstetter, & Ines Azavedo. 2017. *Against the Wind : China's Struggle to Integrate Wind Energy in the National Grid*. Peterson Institute for International Economics Policy Brief 15-5.

Machenaud, Hervé. 2017. *La France dans le noir – Les méfaits de l'idéologie en politique énergétique*. Manitoba / Les Belles Lettres. 113 p.

MEDDE (Ministère de l'Ecologie, du Développement Durable et de l'Energie). 2014. *Evolution des mécanismes de soutien aux installations sous obligations d'achat*. 25 p.

négaWatt (Association). 2017. *Scénario négaWatt 2017-2050. Dossier de synthèse*. 48 p.

NERA. 2015. *An Econometric Assessment of Electricity Demand in the US*. 15 p.

OCDE/AEN. 2012. *Energie nucléaire et renouvelables, effets systémiques dans les réseaux électriques bas carbone. Synthèse*. 9 p.

OECD (in collaboration with Climate Policy Initiative). 2015. *Climate Finance in 2013-2014 and the US$ 100 Billion Goal.*

Percebois, Jacques. 2015 (2e ed.). *Energie : Economie & Politiques*. de Boeck. 780 p.

Prud'homme, Rémy. 2015. *L'idéologie du réchauffement : Science molle et doctrine dure*. L'Artilleur. 281 p.

RTE (Réseau de Transport de l'Electricité). 2016. *Schéma décennal de développement du réseau : édition 2016.*

SER (Syndicat des Energies Renouvelables). *2014. Etat des coûts de production de l'éolien terrestre en France*. 22 p.

URF (Union Routière de France). 2016. *Faits & chiffres 2016*. 139 p.

Wahrenholt, Fritz. 2017. *Germany's Energiewende : A Disaster in the Making*. (Lecture at the House of Commons). GWPF. 13 p.

MAQUETTE ET MISE EN PAGES

Zeharbegi@

ACHEVÉ D'IMPRIMER EN SEPTEMBRE 2017
SUR LES PRESSES DE L'IMPRIMERIE CORLET S.A.
À CONDÉ-SUR-NOIREAU (14)
DÉPÔT LÉGAL : SEPTEMBRE 2017. N° D'IMPRESSION 190377
Imprimé en France